AF629472

Gerd Lehmann
Paul Ziesche

Elektronische Eigenschaften von Metallen

Gerd Lehmann
Paul Ziesche

Elektronische Eigenschaften von Metallen

Mit 61 Abbildungen
und 6 Tabellen

AKADEMIE-VERLAG · BERLIN

Autoren:

Prof. Dr. sc. nat. GERD LEHMANN
Zentralinstitut für Festkörperphysik und
Werkstofforschung Dresden
Akademie der Wissenschaften der DDR

Prof. Dr. rer. nat. habil PAUL ZIESCHE
Technische Universität Dresden
Sektion Physik

Erschienen im Akademie-Verlag, DDR-1086 Berlin, Leipziger Str. 3–4
© Akademie-Verlag Berlin 1984
Lizenznummer: 202 · 100/487/84
Printed in the German Democratic Republic
Gesamtherstellung: VEB Druckhaus „Maxim Gorki", 7400 Altenburg
Lektor: Dipl.-Phys. Ursula Heilmann
Hersteller: Joachim Hiebsch
LSV 1185
Bestellnummer: 763 257 4 (6778)
02500

Vorwort

Obwohl der Schlüssel für das prinzipielle Verständnis der Eigenschaften fester Körper auf mikroskopischer Ebene bereits mit der Quantentheorie geschaffen wurde, setzte erst in den letzten 20 Jahren eine stürmische Entwicklung zum detaillierten quantitativen Verständnis ein. Besonders die Untersuchung der elektronischen Struktur vermittelte tiefe Einsichten über das Verhalten der kondensierten Materie.

Im engeren Sinne wird unter elektronischer Struktur oft das Quasiteilchenspektrum oder die Bandstruktur der Elektronen verstanden. Das findet seine Begründung in der von Landau entwickelten Theorie der Elementaranregungen, wonach die Reaktion eines Systems auf eine schwache äußere Störung durch die fast wechselwirkungsfreien niederenergetischen Anregungen mit Einteilchencharakter beschrieben werden können. In Metallen sind diese Anregungen in der Nähe der Fermi-Energie nur schwach gedämpft. Auf dieser Grundlage können viele elektronisch bedingte Eigenschaften, speziell der Metalle, verstanden und in zunehmendem Maße auch berechnet werden. Damit wird durch die Festkörperphysik ein immer stärkerer Beitrag für die Werkstoffwissenschaft geleistet.

Die Behandlung der elektronischen Eigenschaften der Metalle kann auf dem zur Verfügung stehenden Raum keineswegs erschöpfend sein. Für ein detailliertes Studium sei daher auf eine Vielzahl guter Darstellungen verwiesen (Ziman, 74, Abrikossow, 76, Kittel, 73, Lifschitz u. a. 75, Brauer, 72,

Weißmantel u. Hamann, 79). Dgl. sind WTB-Bände, wie etwa K. Kreher, Festkörperphysik, Akademie-Verlag, Berlin 1973, ebenfalls als ergänzende Lektüre zu empfehlen. Wir wollen das Augenmerk neben dem angestrebten Verständnis einiger wichtiger Grundprinzipien besonders auf aktuelle Entwicklungen und moderne Anwendungen legen, für die noch keine zusammenfassenden Darstellungen vorliegen. Entsprechend ist der Vertiefungsgrad der einzelnen Teile unterschiedlich. In Teil [1] werden die wichtigsten Aussagen im Einteilchenbild der Metallelektronen formuliert einschließlich dessen vielteilchentheoretischer Begründung. Die gebräuchlichen Methoden zur Berechnung der elektronischen Struktur geordneter und ungeordneter Metalle können in Teil [2] zum Teil nur in ihren physikalischen Grundzügen erläutert werden. Einen mehr verbalen Überblick über die damit erzielten Ergebnisse gibt Teil [3]. Während Teil [4] die Verbindung der Theorie mit den wichtigsten Experimenten herstellt, wird in Teil [5] die Berechnung der makroskopischen Eigenschaften aus der Bandstruktur erläutert. Dabei kann die Darstellung meist nur als Einführung dienen. Für weiterführende Studien, insbesondere zu Teil [5] sei auf die zitierte Original- und Übersichtsliteratur verwiesen. Teil [6] ist schließlich einem modernen Gebiet zunehmender Aktualität, nämlich Ober- und Grenzflächen sowie niederdimensional strukturierten Festkörpern gewidmet.

Bei der Erarbeitung des Manuskriptes waren uns die Diskussionen mit unseren Kollegen eine wertvolle Hilfe. Herzlich danken wir dafür besonders Professor Dr. R. Lenk, Dr. W. John und Dr. H. Eschrig. Frau B. Lehmann, Frau I. Koehler, Frau I. Schöpf und Frau L. Wilhelm danken wir für die Anfertigung der Reinschrift. Dem Verlag sind wir für die gute Zusammenarbeit zu Dank verpflichtet.

Dresden, Dezember 1983 G. LEHMANN, P. ZIESCHE

Inhaltsverzeichnis

1. Einteilchenbild der Metallelektronen

2. Methoden zur Bandberechnung

5. Weitere elektronische Eigenschaften

6. Oberflächen, Schichten, quasi-ein- und quasi-zweidimensionale Leiter

1. Einteilchenbild der Metallelektronen

Nahezu frei bewegliche Leitungselektronen bestimmen die wesentlichen Eigenschaften von Metallen. Sie bilden ein entartetes Fermi-Gas. Die Periodizität des Gitters führt zum Auftreten von erlaubten und verbotenen Energiegebieten für die Elektronen. Für die Berechnung der Festkörpereigenschaften muß die Bandstruktur innerhalb der Brillouinschen Zone bekannt sein. Die im Grundzustand des Gesamtsystems besetzten Einteilchenzustände im $\boldsymbol{k}$-Raum definieren den Fermi-Körper.

Die adiabatische Näherung gestattet die Abtrennung der Bewegung der Elektronen von der des Gitters, den Phononen. Das Einteilchenbild der Metallelektronen läßt sich näherungsweise aus dem Vielteilchenproblem ableiten. Als besonders praktisch und erfolgreich für die Berechnung des Einteilchen-Kristallpotentials erwies sich die Näherung der lokalen Dichte.

1.1. Elektronengas

1.1.1. Freie Elektronen und Metalleigenschaften

Die Hypothese über die Existenz freier Elektronen in Metallen gestattete die qualitative Deutung einer Reihe typischer metallischer Eigenschaften und wurde bald nach ihrer Aufstellung durch Drude (1900) experimentell bestätigt. Bei den metallischen Eigenschaften handelt es sich um

– die hohe elektrische Leitfähigkeit σ_{el}, die mit sinkender Temperatur steigt,

- die ebenfalls gute Wärmeleitfähigkeit σ_W, die über das Wiedemann-Franzsche Gesetz $\sigma_W \sim (k_B T/|e|)\,\sigma_{el}$ mit der elektrischen Leitfähigkeit zusammenhängt,
- den Metallglanz, der von der Totalreflexion des Lichtes hervorgerufen wird, sowie weitere optische E genschaften (Frequenzabhängigkeit der Absorption),
- die Glühemission von Elektronen,
- den lichtelektrischen Effekt,
- den Hall-Effekt sowie weitere thermoelektrische und galvanomagnetische Effekte sowie
- die Ergebnisse des Versuches von Tolman als direkten Nachweis für die Existenz freier Elektronen.

Die ersten Erklärungsversuche für diese Eigenschaften waren nur qualitativer Art, Rechnungen lieferten falsche Größenordnungen. Am deutlichsten wurde dies bei den Messungen des Elektronenanteils der spezifischen Wärmekapazität von Metallen, die zeigten, daß nur ein kleiner Teil der Elektronen am Temperaturgleichgewicht teilnimmt.

Die Erklärung dafür lieferte erst die Quantentheorie bzw. die Quantenstatistik für das Fermi-Gas freier Elektronen. Sie wird genauer in [5.1.1] besprochen. Weitere Diskrepanzen bei der Untersuchung des Hall-Effekts konnten ebenfalls mit der Quantentheorie aufgeklärt werden, wenn man die Bewegung der Elektronen in einem periodischen Kristallpotential untersucht.

In der einfachsten Vorstellung werden die Elektronen als in einem konstanten Potential frei beweglich angenommen. Sie werden am Verlassen des Metalls durch elektrostatische Kräfte gehindert, bewegen sich also in einem Metalltopf (Abb. 1.1–1). Nach der Fermi-Dirac-Statistik (s. Gl. (7)) füllen die Elektronen bei der Temperatur $T = 0$ den Potentialtopf bis zur Fermi-Energie ε_F. Die mittlere Besetzungszahl für Zustände mit kleinerer Energie ist gleich Eins, für Zustände mit höherer Energie verschwindet sie. Für endliche Temperaturen wird die Besetzung der Zustände bei ε_F in einem Intervall der Breite $k_B T$ verschmiert. Mit dieser Statistik konnte Pauli auch den temperaturunabhängigen Spinparamagnetismus der Elektronen erklären (s. dazu [5.1.4]).

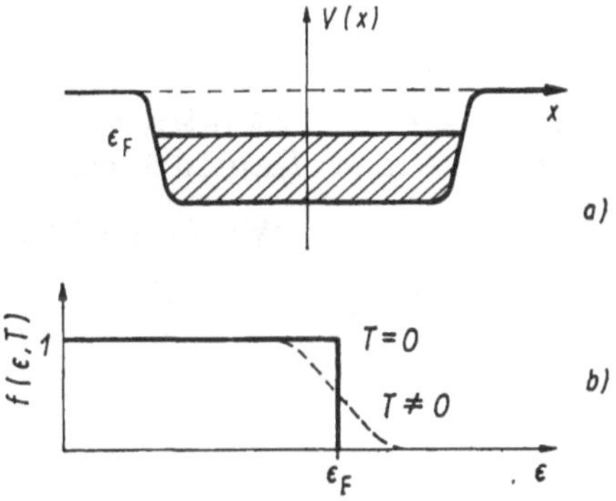

Abb. 1.1-1. a) Schematische Darstellung des Potentialverlaufs $v(x)$ für freie Elektronen im Metall
b) Besetzungszahl der Zustände als Funktion der Energie für $T = 0$ (ausgezogene Kurve) und $T \neq 0$ (gestrichelt)

1.1.2. Fermi-Kugel

Für eine mathematische Behandlung ist die Betrachtung der Elektronen in dem Potentialtopf der Abb. 1.1-1a nicht sehr geeignet. Da der genaue Verlauf des Potentials am Rande des Topfes die Bewegung der Elektronen nur in einem kleinen Gebiet (von der Größe weniger Atomabstände) in der Nähe der Oberfläche beeinflußt, kann man bei genügend großen Systemen diesen „Oberflächeneinfluß" vernachlässigen und eine bequemere Form der Randbedingung wählen, nämlich das sogenannte periodische Volumen. Der Zustand freier Elektronen wird dann durch ihren Impuls $\boldsymbol{p} = \hbar \boldsymbol{k}$ und ihren Spin s bestimmt. Die Wellenfunktionen sind ebene Wellen $\psi(\boldsymbol{r}) \sim e^{i\boldsymbol{k}\boldsymbol{r}}$, ihre Energie ist durch $\varepsilon = p^2/2\,m$ gegeben. Das periodische Volumen bedeutet, daß sich die Wellenfunktion in Richtung der Koordinatenachsen (hier für die x-Rechnung) nach der Länge L_x des periodischen Volumens wiederholt:

$$\psi(x + L_x) = \psi(x). \tag{1}$$

Das führt auf die Bedingung

$$k_x L_x = 2\pi n_x \quad \text{mit} \quad n_x = 0, \pm 1, \pm 2, \ldots \tag{2}$$

für die Wellenzahl k_x in x-Richtung.

Im dreidimensionalen $\boldsymbol{k}$-Raum sind die erlaubten Zustände somit durch ein Punktgitter mit den Kantenlängen $\Delta k_i = \dfrac{2\pi}{L_i}$ $(i = x, y, z)$ gegeben (Abb. 1.1–2). Wegen des Pauli-

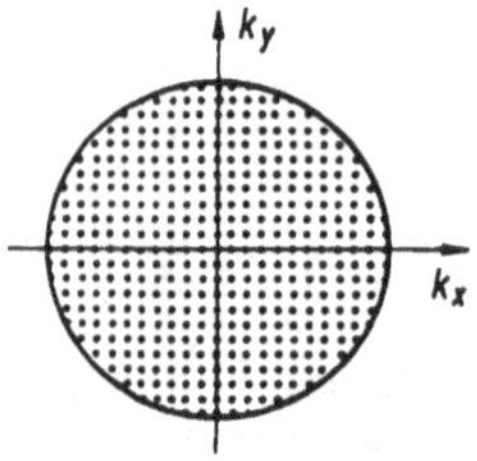

Abb. 1.1-2. Erlaubte Einteilchenzustände im $\boldsymbol{k}$-Raum. Im Grundzustand des Gesamtsystems sind die Einteilchenzustände unterhalb der Fermi-Energie besetzt.

Prinzips kann jeder Zustand doppelt besetzt werden, denn für ein Elektron existieren zwei Spineinstellungen. Von N Elektronen werden demzufolge im Grundzustand des Gesamtsystems alle innerhalb der in Abb. 1.1–2 eingezeichneten Fermi-Kugel mit dem Radius $k_F = 2m\sqrt{\varepsilon_F}/\hbar$ liegenden Zustände besetzt sein. Die Gesamtenergie ist dann

$$E = \sum_{\boldsymbol{k}}^{\text{bes}} (\hbar \boldsymbol{k})^2/2m. \tag{3}$$

Bei sehr großen Teilchenzahlen N kann man wegen (2) von der Summation über die Zustände zur Integration im $\boldsymbol{k}$-Raum übergehen:

$$\sum_{\boldsymbol{k}}^{\text{bes}} \to 2 \int \mathrm{d}n_x \, \mathrm{d}n_y \, \mathrm{d}n_z = \frac{2\mathscr{V}}{(2\pi)^3} \int \mathrm{d}^3k. \tag{4}$$

Das Volumenelement $\Delta k_x\,\Delta k_y\,\Delta k_z = \dfrac{(2\pi)^3}{(L_xL_yL_z)}$ bzw. $\mathscr{V}\,\mathrm{d}^3k = (2\pi)^3$ im $\boldsymbol{k}$-Raum kann dabei von 2 Elektronen besetzt sein, was den Faktor 2 verursacht. $\mathscr{V} = L_xL_yL_z$ ist das Volumen des periodischen Grundgebiets. Für Teilchenzahl N bzw. Dichte n und Energie E erhält man damit

$$N = \frac{2\mathscr{V}}{(2\pi)^3}\,\frac{4\pi}{3}\,k_\mathrm{F}{}^3 \qquad \text{bzw.} \qquad n = \frac{N}{\mathscr{V}} = \frac{1}{3\pi^2}\,k_\mathrm{F}{}^3 \tag{5}$$

und

$$E = \frac{2\mathscr{V}}{(2\pi)^3}\int\limits_{k\leqq k_\mathrm{F}} \mathrm{d}^3k\,\frac{\hbar^2k^2}{2m} = \frac{3}{5}\,N\,\varepsilon_\mathrm{F} \qquad \text{bzw.} \qquad \bar{\varepsilon} = \frac{E}{N} = \frac{3}{5}\,\varepsilon_\mathrm{F}. \tag{6}$$

(5) gibt den Zusammenhang zwischen Teilchendichte n und Fermi-Wellenzahl k_F. Ein System mit hoher Dichte n weist wegen der hohen kinetischen Energien in dem kleinen zur Verfügung stehenden Volumen eine mit $n^{5/3}$ ansteigende Gesamtenergie pro Volumen auf.

Für endliche Temperaturen ist die durch die Verteilungsfunktion der Fermi-Dirac-Statistik

$$f(\varepsilon, T) = (\mathrm{e}^{(\varepsilon-\zeta)/k_\mathrm{B}T} + 1)^{-1} \tag{7}$$

beschriebene Besetzung der Zustände in (5) und (6) zu berücksichtigen (Abb. 1.1–1 b). Sie stellt im wesentlichen nur eine Verwaschung der Breite $k_\mathrm{B}T$ in der Nähe des chemischen Potentials $\zeta(T)$, das die mittlere Teilchendichte des Systems bei $T \neq 0$ bestimmt, dar. Dabei gilt $\zeta(0) = \varepsilon_\mathrm{F}$. Da ε_F für Metalle in der Größenordnung von 10 eV liegt (Cu : 7 eV), ist in der Regel $k_\mathrm{B}T$ klein gegen ε_F, denn die Energie von $k_\mathrm{B}T = 1$ eV entspricht einer Temperatur von 11600 K! Man spricht daher wegen der Bedingung $k_\mathrm{B}T \ll \varepsilon_\mathrm{F}$ von einem entarteten Elektronengas. Der Temperatureinfluß äußert sich in (5) und (6) nur in schwachen Korrekturen mit quadratischer Temperaturabhängigkeit. Das bedeutet, daß nur relativ wenige der vorhandenen freien Elektronen am Temperaturgleichgewicht und bei Transportprozessen teilnehmen. Detaillierter werden diese Effekte in [4.1] und [5.1] untersucht.

Unter Annahme von einem freien Elektron pro Atom ergeben sich für die einwertigen Metalle folgende Werte für die Dichte n:

	Li	Na	Cu	Ag
$n/10^{28}\ \mathrm{m}^{-3}$	4,6	2,5	8,5	5,6
$r_s = \left(\frac{3}{4\pi n}\right)^{1/3} a_0^{-1}$	3,2	3,9	2,67	3,06

1.2. Bandstruktur

1.2.1. Bloch-Bedingung

Das Auftreten einer Bandstruktur mit für die Bewegung von Elektronen erlaubten und verbotenen Energiebereichen als wesentlichem Merkmal ist durch die regelmäßige Kristallstruktur bedingt. Zur Durchleuchtung dieses Sachverhalts wird daher zunächst die Bewegung eines Elektrons in einem äußeren Potential $v(\boldsymbol{r})$, das die Kristallsymmetrie aufweist, diskutiert. Diese wird durch die stationäre Schrödinger-Gleichung

$$\left(-\frac{\hbar^2}{2m}\frac{\partial^2}{\partial \boldsymbol{r}^2} + v(\boldsymbol{r})\right)\psi(\boldsymbol{r}) = \psi(\boldsymbol{r})\,\varepsilon \tag{1}$$

gegeben. Diese partielle Differentialgleichung zweiter Ordnung liefert die zeitunabhängige Wellenfunktion $\psi(\boldsymbol{r})$ und die Energieeigenwerte ε, die die gesamte zur Beschreibung der E genschaften und des Verhaltens des Elektrons benötigte Information enthalten. D e Eigenwerte werden durch die Bedingung bestimmt, daß sich der Absolutbetrag $|\psi|^2$ der Wellenfunktion physikalisch als Wahrscheinlichkeitsdichte dafür, daß sich das Elektron am Orte $\boldsymbol{r}$ befindet, interpretieren läßt und damit im zur Verfügung stehenden Volumen $\mathscr{V}$ normierbar ist:

$$\int_{\mathscr{V}} \mathrm{d}^3r \, |\psi(\boldsymbol{r})|^2 = 1 . \tag{2}$$

Die Kristallsymmetrie des Potentials drückt sich darin aus, daß es bei Verschiebung um einen Gittervektor $\boldsymbol{R}$ invariant ist:

$$v(\boldsymbol{r} + \boldsymbol{R}) = v(\boldsymbol{r}) . \tag{3}$$

Ein beliebiger Gittervektor $\boldsymbol{R}$ läßt sich als eine Summe von Vielfachen der drei Gitterbasisvektoren $\boldsymbol{a}_i$ darstellen:

$$\boldsymbol{R} = m_1 \boldsymbol{a}_1 + m_2 \boldsymbol{a}_2 + m_3 \boldsymbol{a}_3 . \tag{4}$$

m_1, m_2, m_3 sind dabei ganze Zahlen. Durch fortgesetzte (N-fache) Verschiebung einer Elementarzelle um alle möglichen Gittervektoren (4) kann das sogenannte Bravais-Gitter des gesamten Kristalls aufgebaut werden (vgl. Paufler/Leuschner 1975). Das Volumen der Elementarzelle ist $\mathscr{V}_0 = \mathscr{V}/N$, wobei N ihre Anzahl darstellt.

Die Ebenen, die senkrecht auf der Mitte der Vektoren $\boldsymbol{R}$ zu den Nachbarpunkten eines betrachteten Gitterpunkts stehen, begrenzen die sogenannte Wigner-Seitz-Zelle (WS-Zelle). Die Kugel gleichen Volumens wird WS-Kugel genannt. Handelt es sich um primitive Gitter, d. h. um Gitter mit nur einem Atom pro Elementarzelle, ist die WS-Zelle mit dieser identisch.

Durch die in (3) formulierte Translationssymmetrie vereinfacht sich die Lösung der Schrödinger-Gleichung (1) beträchtlich, denn die Periodizität des Kristallpotentials drückt sich in der Wellenfunktion in Form des Bloch-Theorems

$$\psi_{\boldsymbol{k}\nu}(\boldsymbol{r} + \boldsymbol{R}) = \mathrm{e}^{i\boldsymbol{k}\boldsymbol{R}} \, \psi_{\boldsymbol{k}\nu}(\boldsymbol{r}) \tag{5}$$

aus. Die Wellenfunktion ist damit nicht invariant wie das Potential, sondern wird bei Verschiebung von Zelle zu Zelle mit einem konstanten Faktor exp ($i\boldsymbol{k}\boldsymbol{R}$) multipliziert. Wegen der Normierbarkeitsbedingung (2) muß dieser Faktor vom Betrage Eins sein. Bei endlichen Systemen sind aber auch andere Werte, die exponentiell ansteigende oder abfallende Lösungen beschreiben, möglich. Sie können z. B. Zustände, die in der Nähe von Ober- oder Grenzflächen auftreten, charakterisieren (s. [6.1]).

Die Wahrscheinlichkeitsdichte $|\psi|^2$ als beobachtbare Größe ist nach (12) genauso invariant wie das Potential.

Andere Möglichkeiten zur Darstellung von (5) sind

$$\psi_{\boldsymbol{k}\nu}(\boldsymbol{r}) = N^{-1/2}\, \mathrm{e}^{i\boldsymbol{k}\boldsymbol{r}}\, u_{\boldsymbol{k}\nu}(\boldsymbol{r}) \quad \text{mit} \quad u_{\boldsymbol{k}\nu}(\boldsymbol{r} + \boldsymbol{R}) = u_{\boldsymbol{k}\nu}(\boldsymbol{r}) \tag{5'}$$

und (für primitive Gitter)

$$\psi_{\boldsymbol{k}\nu}(\boldsymbol{r}) = N^{-1/2} \sum_{\boldsymbol{R}} \mathrm{e}^{i\boldsymbol{k}\boldsymbol{R}}\, w_\nu(\boldsymbol{r} - \boldsymbol{R}). \tag{5''}$$

Das Normierungsintegral (2) ergibt für alle N Elementarzellen mit dem Volumen $\mathscr{V}_0$ den gleichen Wert und kann somit als

$$\int_{\mathscr{V}} \mathrm{d}^3r |\psi_{\boldsymbol{k}\nu}(\boldsymbol{r})|^2 = \int_{\mathscr{V}_0} \mathrm{d}^3r |u_{\boldsymbol{k}\nu}(\boldsymbol{r})|^2 = 1 \tag{2'}$$

geschrieben werden. Daraus wird auch ersichtlich, warum in (5′) und (5″) der Normierungsfaktor $N^{-1/2}$ auftaucht.

In allen Darstellungen charakterisiert $\boldsymbol{k}$ den Eigenwert des Translationsoperators, der das Argument $\boldsymbol{r}$ der Wellenfunktion um einen Gittervektor $\boldsymbol{R}$ ändert. Der Bandindex ν unterscheidet die verschiedenen Lösungen der Schrödinger-Gleichung (1) mit der Translationseigenschaft (5). Aus dem ersten Faktor in (5′) erkennt man die Ähnlichkeit von $\boldsymbol{k}$ mit dem Impuls $\boldsymbol{p} = \hbar\boldsymbol{k}$ eines freien Teilchens, das durch eine ebene Welle exp $(i\boldsymbol{k}\boldsymbol{r})$ beschrieben wird. Wegen dieser Beziehung wird $\hbar\boldsymbol{k}$ auch als Quasiimpuls bezeichnet. $\boldsymbol{k}$ in (5) ist dabei jedoch nur bis auf Vektoren $\boldsymbol{G}$ des reziproken Gitters, die durch die Beziehung (7) definiert sind, bestimmt, da exp $(i\boldsymbol{k}\boldsymbol{R})$ und exp $i(\boldsymbol{k} + \boldsymbol{G})\,\boldsymbol{R}$ wegen $\mathrm{e}^{i(\boldsymbol{k}+\boldsymbol{G})\boldsymbol{R}} = \mathrm{e}^{i\boldsymbol{k}\boldsymbol{R}}$ identische Translationseigenwerte[1]) darstellen, wenn die Bedingung

$$\boldsymbol{G}\boldsymbol{R} = 2\pi s \quad (s \text{ ganze Zahl}) \tag{6}$$

erfüllt ist. $\boldsymbol{G}$ läßt sich analog zu (4) durch die Basisvektoren $\boldsymbol{b}_j$ des reziproken Gitters darstellen:

$$\boldsymbol{G} = n_1\boldsymbol{b}_1 + n_2\boldsymbol{b}_2 + n_3\boldsymbol{b}_3 \tag{7}$$

Die $\boldsymbol{a}_i$ und $\boldsymbol{b}_j$ hängen über die Beziehung

$$\boldsymbol{a}_i\boldsymbol{b}_j = 2\pi\delta_{ij} \tag{8}$$

zusammen (Abb. 1.2–1).
Man sieht sofort, daß die Beziehung (6) mit (7) und (8) für beliebige Werte $\boldsymbol{G}$ und $\boldsymbol{R}$ erfüllt ist.

Die Darstellung (5′) ist besonders geeignet für die Beschreibung fast freier Elektronen. Die periodische Funktion $u_{\boldsymbol{k}\nu}(\boldsymbol{r})$ kennzeichnet dabei die Abweichungen der Kristallelektronen vom Verhalten freier Elektronen (u weicht dann nur geringfügig von Eins ab), während (5″) besser dem Verhalten stark gebundener Elektronen entspricht. In (5″) entsteht die Wellenfunktion $\psi_{\boldsymbol{k}\nu}(\boldsymbol{r})$ durch Überlagerung der sogenannten Wannier-Funktionen $w_\nu(\boldsymbol{r})$, die an den jeweiligen Ionenorten $\boldsymbol{R}$ im Gitter lokalisiert sind. Die Summe läuft über alle Gitterpunkte $\boldsymbol{R}$. Für sehr stark gebundene Elektronen und sehr große Abstände zwischen den Ionen sind die $w_\nu(\boldsymbol{r})$ mit den stark lokalisierten atomaren Wellenfunktionen identisch. In diesem Grenzfall bezeichnet der Index ν die atomaren Niveaus. Im allgemeinen lassen sich immer Zustände $w_\nu(\boldsymbol{r})$ konstruieren, die nur über wenige Elementarzellen ausgedehnt sind (vgl. dazu [2.1]).

---

[1]) Es sei darauf hingewiesen, daß im Gegensatz zu einem freien Teilchen $\boldsymbol{k}$ für Gitterelektronen nur in der Kombination $\exp(i\boldsymbol{k}\boldsymbol{R})$ eine physikalische Bedeutung hat. $\boldsymbol{R}$ stellt dabei einen endlichen Gittervektor dar. Bei freien Elektronen ist das Potential konstant, d. h. invariant gegen beliebige $\boldsymbol{R}$. Daher kennzeichnet jedes $\boldsymbol{k}$ für freie Elektronen einen unterschiedlichen physikalischen Zustand.

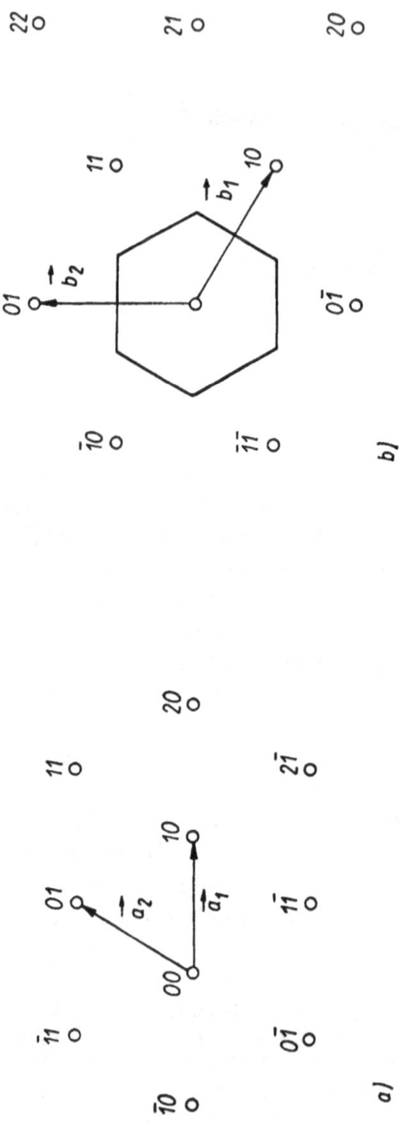

Abb. 1.2-1. Zur Konstruktion der Vektoren des reziproken Gitters (zweidimensional)
a) Gittervektoren des Ortsraumes
b) Vektoren des reziproken Gitters

Man verwendet auch bei Gitterelektronen die vom Gas freier Elektronen her bekannten periodischen Randbedingungen [1.1.2]. Bei Systemen mit geringen Abmessungen (evtl. auch nur in einer Richtung) ist die Berücksichtigung von entsprechenden Randbedingungen, die der konkreten physikalischen Situation entsprechen, natürlich wesentlich. Wir wählen hier die periodischen Randbedingungen in der Form, daß das periodische Volumen mit der Form eines Parallelepipeds in den Richtungen $\boldsymbol{a}_i$ aus N_i Elementarzellen besteht. Die möglichen $\boldsymbol{k}$-Werte sind dann diskret

$$\boldsymbol{k} = \frac{m_1}{N_1}\boldsymbol{b}_1 + \frac{m_2}{N_2}\boldsymbol{b}_2 + \frac{m_3}{N_3}\boldsymbol{b}_3 \tag{9}$$

mit den ganzen Zahlen m_i

$$0 \leqq m_i < N_i.$$

Sie bilden ein feines regelmäßiges Gitter. Das Volumen $\Delta^3\boldsymbol{k}$ zwischen benachbarten Punkten beträgt

$$\begin{aligned}&\Delta^3\boldsymbol{k} = (N_1N_2N_3)^{-1}\,[\boldsymbol{b}_1, \boldsymbol{b}_2, \boldsymbol{b}_3] = (2\pi)^3/N\mathscr{V}_0 = (2\pi)^3/\mathscr{V}\\ &\text{bzw.}\quad d^3k\mathscr{V} = (2\pi)^3.\end{aligned} \tag{10}$$

Dabei wurde der aus (8) folgende Zusammenhang zwischen dem Spatprodukt $[\boldsymbol{b}_1, \boldsymbol{b}_2, \boldsymbol{b}_3]$ der Basisvektoren des reziproken Gitters mit dem Volumen der Elementarzelle $\mathscr{V}_0 = [\boldsymbol{a}_1, \boldsymbol{a}_2, \boldsymbol{a}_3]$

$$[\boldsymbol{b}_1, \boldsymbol{b}_2, \boldsymbol{b}_3] = (2\pi)^3/[\boldsymbol{a}_1, \boldsymbol{a}_2, \boldsymbol{a}_3]$$

benutzt und die Gesamtzahl $N_1N_2N_3$ der Elementarzellen mit N bezeichnet.

Die Funktionen $\psi_{\boldsymbol{k}\nu}(\boldsymbol{r})$ sind als Lösungen der Schrödinger-Gleichung (1) mit einem hermiteschen Hamilton-Operator im ganzen Raum zueinander orthogonal:

$$\int_{\mathscr{V}} \mathrm{d}^3r\psi^*_{\boldsymbol{k}\nu}(\boldsymbol{r})\,\psi_{\boldsymbol{k}'\nu'}(\boldsymbol{r}) = \delta_{\boldsymbol{k}\boldsymbol{k}'}\delta_{\nu\nu'}. \tag{2''}$$

Bezüglich $\boldsymbol{k}$ und $\boldsymbol{k}'$, die im Grundgebiet des $\boldsymbol{k}$-Raumes, der noch zu behandelnden ersten Brillouinschen Zone, liegen, folgt diese Orthogonalität aus dem Bloch-Theorem (5), mit dem (2″) auf ein Integral über eine Elementarzelle reduziert werden kann. Die dabei entstehende Summe über die Phasenfaktoren

$$\sum_{\boldsymbol{R}} e^{i(\boldsymbol{k}'-\boldsymbol{k})\boldsymbol{R}} = N \sum_{\boldsymbol{G}} \delta_{\boldsymbol{k}-\boldsymbol{k}',\boldsymbol{G}} \tag{11}$$

liefert genau das Kronecker-Symbol bezüglich $\boldsymbol{k}$ und $\boldsymbol{k}'$. Die Summanden in (11) löschen sich dabei durch Interferenz aus, falls nicht $\boldsymbol{k}$ und $\boldsymbol{k}'$ gleich sind bzw. sich um einen reziproken Gittervektor $\boldsymbol{G}$ unterscheiden. Dann sind sie wegen (6) alle gleich Eins. Die verschiedenen Lösungen $\psi_{\boldsymbol{k}\nu}$ zum gleichen $\boldsymbol{k}$ sind in der Elementarzelle voraussetzungsgemäß orthogonal, was das Kronecker-Symbol $\delta_{\nu\nu'}$ in (2″) liefert. Man kann zeigen, daß die Wannier-Funktionen in (5″) die Orthonormierungsbeziehung erfüllen:

$$\int d^3r w_\nu(\boldsymbol{r} - \boldsymbol{R})\, w_{\nu'}(\boldsymbol{r} - \boldsymbol{R}') = \delta_{\nu\nu'}\delta_{\boldsymbol{R}\boldsymbol{R}'}. \tag{2‴}$$

1.2.2. Energiebänder, Brillouin-Zonen, Fermi-Flächen, Zustandsdichte

Die Energieeigenwerte von (1) hängen wie $\psi(\boldsymbol{r})$ analog zu (5) auch vom Wellenzahlvektor $\boldsymbol{k}$ und von ν ab:

$$\varepsilon = \varepsilon_\nu(\boldsymbol{k}) \quad \text{mit} \quad \varepsilon_\nu(\boldsymbol{k} + \boldsymbol{G}) = \varepsilon_\nu(\boldsymbol{k}). \tag{12}$$

Wegen der physikalischen Identität (6) müssen die Energien zu $\boldsymbol{k}$ und $\boldsymbol{k} + \boldsymbol{G}$ gleich sein, d. h., $\varepsilon_\nu(\boldsymbol{k})$ ist eine im $\boldsymbol{k}$-Raum periodische Funktion, deren Periodizität durch das reziproke Gitter gegeben ist.

Eine weitere Eigenschaft von $\varepsilon_\nu(\boldsymbol{k})$, das natürlich als Eigenwert von (1) reell sein muß, folgt, wenn wir das konjugiert

Komplexe von (1) nehmen:

$$\left(-\frac{\hbar^2}{2m}\frac{\partial^2}{\partial \boldsymbol{r}^2} + v(\boldsymbol{r})\right)\psi^*_{\boldsymbol{k}\nu}(\boldsymbol{r}) = \psi^*_{\boldsymbol{k}\nu}(\boldsymbol{r})\,\varepsilon_\nu(\boldsymbol{k}). \tag{1'}$$

Die Funktion $\psi^*_{\boldsymbol{k}\nu}(\boldsymbol{r})$ erfüllt nach (5) die Bedingung

$$\psi^*_{\boldsymbol{k}\nu}(\boldsymbol{r} + \boldsymbol{R}) = \mathrm{e}^{-i\boldsymbol{k}\boldsymbol{R}}\,\psi^*_{\boldsymbol{k}\nu}(\boldsymbol{r}).$$

Das ist identisch mit der Bloch-Bedingung für die Funktion $\psi_{-\boldsymbol{k}\nu}(\boldsymbol{r})$. Wenn es zu jedem Wert $\boldsymbol{k}\nu$ nur eine Funktion gibt, gilt daher

$$\psi_{-\boldsymbol{k}\nu}(\boldsymbol{r}) = \psi^*_{\boldsymbol{k}\nu}(\boldsymbol{r}). \tag{13}$$

Aus (1′) und (13) folgt unmittelbar

$$\varepsilon_\nu(\boldsymbol{k}) = \varepsilon_\nu(-\boldsymbol{k}). \tag{14}$$

Die Energie stellt also eine symmetrische Funktion im $\boldsymbol{k}$-Raum dar, wie das von freien Teilchen her ($\varepsilon = \hbar^2\boldsymbol{k}^2/2m$) schon bekannt ist. Diese Symmetrie ist eng mit der Invarianz des Problems gegen Zeitumkehr verbunden.

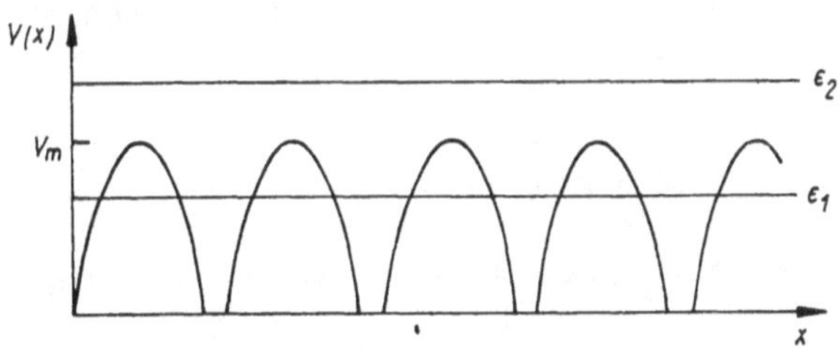

Abb. 1.2–2. Bewegung im periodischen Potential

Bevor wir mit der Berechnung der konkreten Form der Energieeigenwerte beginnen, wollen wir zunächst die Bewegung im periodischen Potential am eindimensionalen Fall diskutieren. In Abb. 1.2–2 sind im periodischen Potential

$v(x)$ Zustände mit den Energien ε_1 und ε_2 eingetragen. Klassisch stellt ein Zustand mit der Energie ε_1 ein gebundenes, mit der Energie ε_2 ein freies Teilchen dar. Beide Zustände unterscheiden sich wesentlich.

Im quantenmechanischen Fall erscheint der Unterschied nicht so kraß: Auch für $\varepsilon_2 > v_m$ (Maximalwert des Potentials) tritt eine Reflexion des Wellenpakets an den Potentialbergen ein, die bei richtigen Phasenverhältnissen der an den verschiedenen Potentialbergen reflektierten Wellen zu starken Abweichungen vom klassischen Verhalten führen kann (für gewisse Wellenlängen und Energien ist daher eine Wellenausbreitung nicht möglich, man spricht von „verbotenen" Gebieten bzw. Energielücken). Für $\varepsilon_1 < v_m$ dagegen können infolge des Tunneleffekts die Elektronen die Potentialberge durchdringen und besitzen auch so noch eine gewisse Beweglichkeit.

Das Auftreten verbotener Gebiete ist für periodische Potentiale beliebiger Form charakteristisch. Diese Energielücken trennen Gebiete mit einem (im Grenzfall $\mathcal{V} \to \infty$) kontinuierlichen Spektrum der Eigenwerte $\varepsilon_\nu(\boldsymbol{k})$, die sogenannten Energiebänder, in denen sich die Elektronen durch den Kristall bewegen können, voneinander ab. Für Elektronen mit Energien im verbotenen Bereich ist das nicht möglich.

Für das bessere Verständnis der Problematik wollen wir noch zwei Grenzfälle untersuchen:

- die Näherung von freien Elektronen her und
- die Näherung von freien Atomen her.

Für freie Elektronen im konstanten Potential $v = 0$ gilt

$$\varepsilon^{(0)}(\boldsymbol{k}) = \hbar^2\boldsymbol{k}^2/2m\,, \quad \psi_{\boldsymbol{k}}^{(0)}(\boldsymbol{r}) = \mathcal{V}^{-1/2}\,\mathrm{e}^{i\boldsymbol{k}\boldsymbol{r}}. \tag{15}$$

Der Einfluß eines als klein angenommenen periodischen Potentials soll durch Schrödingersche Störungsrechnung bestimmt werden, in der das freie Elektron als nullte Ordnung erscheint (daher die Kennzeichnungen $\varepsilon^{(0)}$ und $\psi^{(0)}$ in (15)). Die erste Ordnung $\Delta\varepsilon^{(1)}$ liefert einfach eine von $\boldsymbol{k}$ unabhängige

Verschiebung der Energie um das mittlere Potential

$$\Delta\varepsilon^{(1)}(\boldsymbol{k}) = \frac{1}{\mathcal{V}}\int \mathrm{d}^3r v(\boldsymbol{r}) = \bar{v}. \tag{16}$$

In zweiter Ordnung ergibt sich ein komplizierterer Ausdruck

$$\Delta\varepsilon^{(2)}(\boldsymbol{k}) = \sum_{\boldsymbol{k}'(\neq\boldsymbol{k})} \frac{|\langle\boldsymbol{k}|\, v\, |\boldsymbol{k}'\rangle|^2}{\varepsilon^{(0)}(\boldsymbol{k}') - \varepsilon^{(0)}(\boldsymbol{k})}. \tag{17}$$

$\langle\boldsymbol{k}|\, v\, |\boldsymbol{k}'\rangle$ bezeichnet das Matrixelement des Potentials zwischen den ebenen Wellen mit den Wellenzahlvektoren $\boldsymbol{k}$ und $\boldsymbol{k}'$

$$\langle\boldsymbol{k}|\, v\, |\boldsymbol{k}'\rangle = \frac{1}{\mathcal{V}}\int \mathrm{d}^3r\, \mathrm{e}^{-i\boldsymbol{k}\boldsymbol{r}}\, v(\boldsymbol{r})\, \mathrm{e}^{i\boldsymbol{k}'\boldsymbol{r}}. \tag{18}$$

Das periodische Potential läßt sich als Fourier-Reihe

$$v(\boldsymbol{r}) = \sum_{\boldsymbol{G}} v_{\boldsymbol{G}}\, \mathrm{e}^{i\boldsymbol{G}\boldsymbol{r}} \tag{19}$$

darstellen. Die Matrixelemente

$$\langle\boldsymbol{k}|\, v\, |\boldsymbol{k}'\rangle = \sum_{\boldsymbol{G}} v_{\boldsymbol{G}}\delta_{\boldsymbol{k}-\boldsymbol{k}',\boldsymbol{G}} \tag{20}$$

sind daher nur von Null verschieden, falls die Differenz von $\boldsymbol{k}$ und $\boldsymbol{k}'$ gleich einem reziproken Gittervektor $\boldsymbol{G}$ ist, wie es das Kronecker-Symbol $\delta_{\boldsymbol{k}-\boldsymbol{k}',\boldsymbol{G}}$ in (20) ausdrückt. Die Stärke des durch das Potential hervorgerufenen Übergangs von der ebenen Welle $\exp(i\boldsymbol{k}\boldsymbol{r})$ zur ebenen Welle $\exp i(\boldsymbol{k}+\boldsymbol{G})\,\boldsymbol{r}$ wird durch den Fourier-Koeffizienten $v_{\boldsymbol{G}}$

$$v_{\boldsymbol{G}} = \frac{1}{\mathcal{V}}\int \mathrm{d}^3r\, \mathrm{e}^{-i\boldsymbol{G}\boldsymbol{r}}\, v(\boldsymbol{r}) \tag{21}$$

gegeben.

Wegen der Kleinheit des Potentials ist der Beitrag zweiter Ordnung (17) nur wichtig, falls der Energienenner nahezu verschwindet, d. h., falls nach (15) $\boldsymbol{k}$ in der Nähe des durch

$$k^2 = (\boldsymbol{k} - \boldsymbol{G})^2 \quad \text{oder} \quad 2\boldsymbol{k}\boldsymbol{G} = G^2 \tag{22}$$

bestimmten Wertes liegt.

In diesem Falle versagt die Störungsrechnung, und die beiden gleichen Energiewerte $\varepsilon^{(0)}(\boldsymbol{k})$ und $\varepsilon^{(0)}(\boldsymbol{k} + \boldsymbol{G})$ spalten um die Größe $2v_G$ auf. In Abb. 1.2–3 ist das für den eindimensionalen Fall dargestellt. Nach (22) treten die Abweichungen von dem parabelförmigen Verhalten für freie Elektronen bei den Werten $k = G/2$ auf. In Abb. 1.2–3b) ist für die Darstellung die Periodizitätseigenschaft (12) benutzt worden. Während die Darstellung von Abb. 1.2–3a) dem Verhalten freier Elektronen angepaßt ist und die Funktion $\varepsilon(k)$ als unstetige Funktion im ganzen k-Raum definiert ist, benötigen wir in der Darstellung der Abb. 1.2–3b) nur die Kenntnis der im Grundgebiet von $-G/2$ bis $G/2$ (der ersten Brillouinschen Zone) stetigen, aber jetzt vieldeutigen Funktion $\varepsilon_\nu(k)$. In dieser Darstellung treten die durch verbotene Gebiete der Breite $2v_G$ getrennten Bänder deutlich hervor.

Das Auftreten einzelner Bänder wird bei der Betrachtung des entgegengesetzten Grenzfalls, der Näherung von freien Atomen her, deutlicher. Dazu denken wir uns die N Atome des Kristalls in einem regelmäßigen Gitter mit der Gitterkonstanten a angeordnet, die sich im Gedankenexperiment von der tatsächlich beobachteten a_{exp} unterscheidet. Im Grenzfall $a \to \infty$ stören sich die benachbarten Atome überhaupt nicht, und es werden daher die diskreten Energieniveaus der freien Atome beobachtet, die jeweils N-fach entartet sind. Bei der Verringerung von a wird diese Entartung wegen der Überlappung der Wellenfunktion benachbarter Atome aufgehoben: Die isolierten, entarteten Niveaus spalten in Bänder auf (Abb. 1.2–4). Die Aufspaltung beim Gleichgewichtswert a_{exp} ist für die stark gebundenen und räumlich lokalisierten Elektronen im Ionenrumpf gering, da für sie das benachbarte Atom nur eine geringe Störung darstellt; für die schwach gebundenen und weiter ausgedehnten Valenzelektronen (z. B. bei Alkalimetallen) ist die Störung

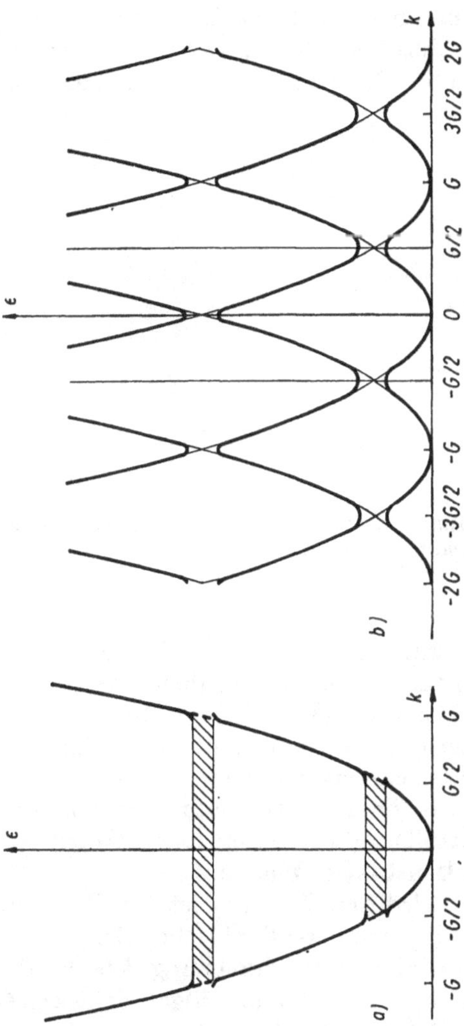

Abb. 1.2–3. a) Dispersionsrelation für Elektronen in einem eindimensionalen Potential (ausgezogene Kurve) bzw. für freie Elektronen (gestrichelte Kurve). Schraffiertes Gebiet: verbotene Zone

b) Dispersionsrelation im periodischen Schema gezeichnet

durch die Nachbarn stark, so daß dort breite Bänder entstehen, die sich auch überlappen können und die sich dem Grenzfall freier Elektronen nähern. Diese Leitungselektronen können sich also fast frei durch den Kristall bewegen, während die Elektronenzustände in den Ionenrümpfen nahezu un-

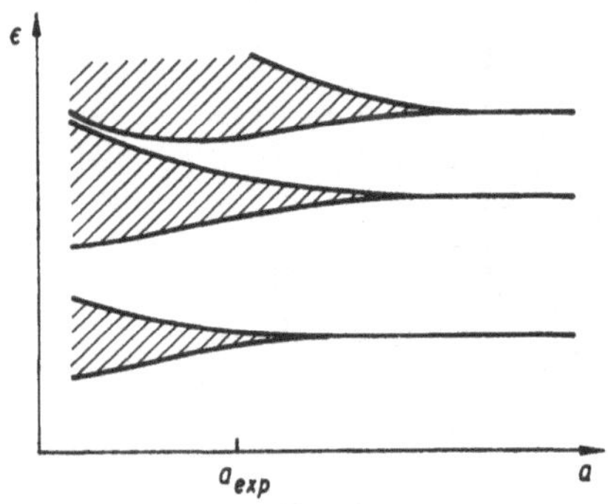

Abb. 1.2–4. Bandbreite als Funktion des Gitterabstandes a (schematisch). a_{exp} Gitterabstand im Gleichgewicht

verändert bleiben. Die zugehörigen Bänder können daher wie die atomaren Niveaus entsprechend dem Drehimpuls der Wellenfunktion als s-, p- und d-Bänder bezeichnet werden, während das bei den Leitungsbändern nicht mehr eindeutig möglich ist. Für Leitungselektronen hat die Wellenfunktion eher die Struktur (5′) mit einem über weite Strecken konstanten u (nur in unmittelbarer Nähe der Ionen treten Abweichungen von diesem konstanten Wert auf).

Im Dreidimensionalen wird das Grundgebiet für die periodische Funktion $\varepsilon_\nu(\boldsymbol{k})$, die erste Brillouinsche Zone (BZ), ebenfalls durch (22) bestimmt. Die Gleichung $\boldsymbol{kG} = \boldsymbol{G}^2/2$ stellt Ebenen dar, die senkrecht zu den jeweiligen Vektoren $\boldsymbol{G}$ des reziproken Gitters stehen und diese gerade halbieren. Die erste BZ bezeichnet dabei das größte zusammenhängende Gebiet um $\boldsymbol{k} = 0$, das durch die zu den kleinsten reziproken Gittervektoren $\boldsymbol{G}$ gehörenden Unstetigkeitsflächen begrenzt wird. Das zu einem kubisch flächenzentrierten Gitter reziproke Gitter ist kubisch raumzentriert, die zugehörige 1. BZ ist in Abb. 1.2–5 dargestellt.

Die Zuordnung der anderen BZ zum Grundgebiet ist nicht so einfach wie im in Abb. 1.2–3 dargestellten eindimensionalen

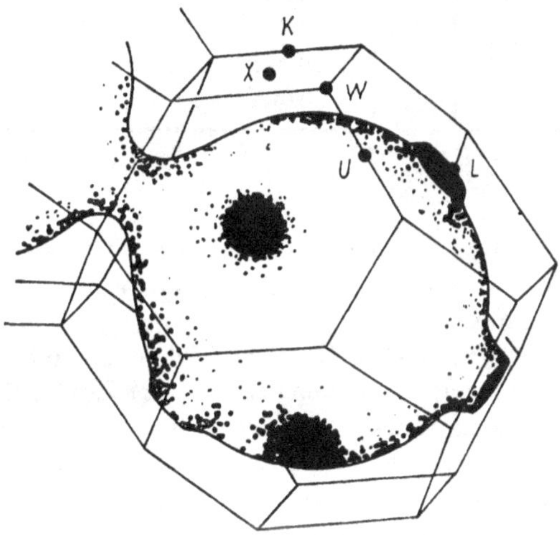

Abb. 1.2–5. Erste Brillouinsche Zone und Fermi-Fläche für Kupfer. In der linken oberen Hälfte ist die benachbarte BZ im periodischen Schema angedeutet. Die eingezeichneten Bezeichnungen für die hochsymmetrischen Punkte *X*, *U*, *W*, *K* und *L* werden in Abb. 1.2–7. verwendet.

Fall. Wegen der Periodizitätseigenschaft (12) der Energiefunktion können wir alle außerhalb des Grundgebietes liegenden Bereiche durch Verschiebung um Vektoren $\boldsymbol{G}$ auf dieses beziehen. Der Vorteil dieses Vorgehens besteht darin, daß sich im Inneren des Grundgebietes die verschiedenen Bruchstücke der Energiefunktion aus Symmetriegründen jeweils zu einer stetigen Energiefunktion zusammenfügen lassen. Diese Reduktion auf das Grundgebiet ermöglicht den Übergang zu der im Grundgebiet stetigen, aber vieldeutigen Funktion $\varepsilon_\nu(\boldsymbol{k})$:

<table>
<tr>
<td>$\varepsilon(\boldsymbol{k})$ unstetig

$\boldsymbol{k}$ läuft über den ganzen $\boldsymbol{k}$-Raum
„ausgedehntes Zonenschema“</td>
<td>↔</td>
<td>$\varepsilon_\nu(\boldsymbol{k})$ stetig im Grundgebiet (Brillouinsche Zone)
vieldeutig (ν)

„reduziertes Zonenschema“</td>
</tr>
</table>

(23)

Die Funktion $\varepsilon_\nu(\boldsymbol{k})$ im reduzierten Schema ist nach (12) periodisch. Nutzt man diese Eigenschaft, spricht man auch vom periodischen Zonenschema.

Dabei kann das Zentrum des Grundgebietes an einen anderen Ort im $\boldsymbol{k}$-Raum verlegt werden. Das ist für Zustände in der Nähe der oberen Bandgrenze von Vorteil, wie Abb. 1.2–6 zeigt. Zur Veranschaulichung der Reduktion auf das Grundgebiet ist in Abb. 1.2–6 ein zweidimensionales quadratisches Gitter mit den niedrigsten Unstetigkeitsflächen dargestellt. Die Gitterpunkte sind durch Kreise angedeutet. Auf den ausgezogenen Linien befinden sich die Unstetigkeiten. Das innere Quadrat stellt die erste BZ dar, die zweite setzt sich aus den vier schraffierten Gebieten zusammen, die durch die eingezeichneten Gittervektoren in das Grundgebiet verschoben werden. Sie stoßen an den gestrichelten Linien stetig aneinander. Die acht Teile der 3. BZ sind mit 3 bezeichnet. In Abb. 1.2–6b) sind für die erste BZ Linien konstanter Energie eingezeichnet. Innen besitzen sie noch Kreisform (wie bei freien Elektronen), in der Nähe der Zonengrenze treten aber starke Abweichungen auf. Bemerkenswert ist, daß wegen der in (13) enthaltenen Eigenschaft die Linien konstanter Energie senkrecht auf die Zonengrenze stoßen.

Die anschauliche Darstellung der Dispersionsrelation $\varepsilon(\boldsymbol{k})$ ist durch Flächen konstanter Energie möglich. Die Zahl $\mathrm{d}\mathcal{N}$ der Zustände zwischen zwei Flächen konstanter Energie mit dem Abstand $d\varepsilon$ bezeichnet man als Zustandsdichte $D(\varepsilon)$.

$$D(\varepsilon) = \frac{d\mathcal{N}}{N\, d\varepsilon}. \tag{24}$$

Mit dem für einen Zustand zur Verfügung stehenden Volumen $\Delta^3 \boldsymbol{k}$ aus (11) folgt völlig analog zu (1.1–4) für die Zahl $d\mathcal{N}$

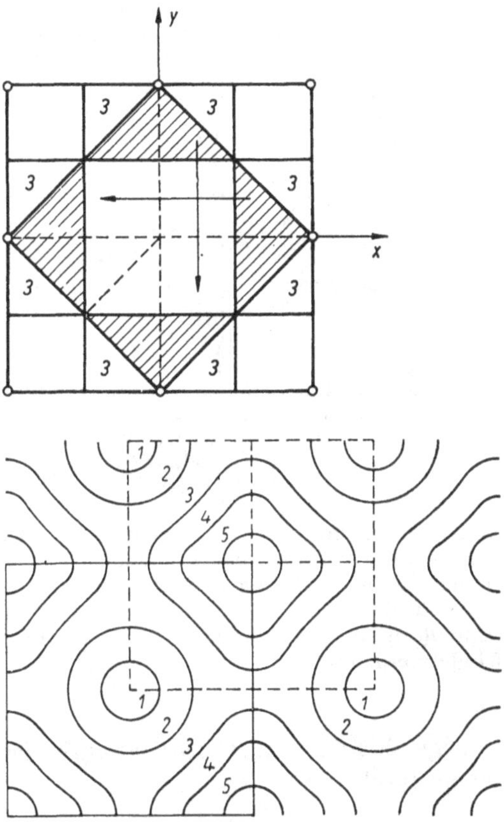

Abb. 1.2–6. a) Unstetigkeiten für ein zweidimensionales quadratisches Gitter
b) Linien konstanter Energie im periodischen Schema; sie sind nach wachsender Energie numeriert.

der Zustände im Volumenelement d^3k des $\boldsymbol{k}$-Raumes

$$d\mathcal{N} = \frac{2\mathcal{V}}{(2\pi)^3}\, d^3k. \tag{25}$$

Der Faktor 2 entsteht durch die beiden möglichen Spineinstellungen. Beispiele für berechnete Zustandsdichten enthalten die Abbildungen 1.2–7, 3.2–2b, 3.3–1 und 3.3–2b.

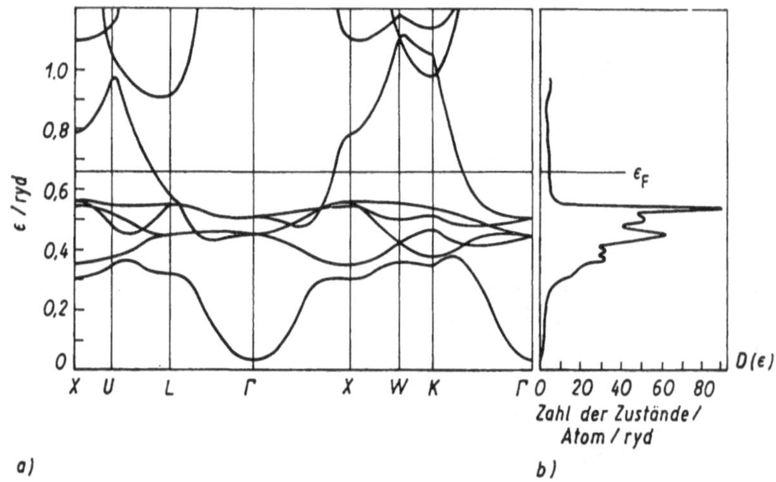

Abb. 1.2–7. a) Bandstruktur von Kupfer (nach Woittennek 74). Der Punkt Γ bezeichnet den Mittelpunkt der Brillouinschen Zone, die Lage der Punkte X, W, K, U und L auf ihrem Rande ist in Abb. 1.2–5. gegeben.
b) Zustandsdichte $D(\varepsilon)$ für Kupfer. Die scharfen Spitzen werden durch die d-Bänder verursacht.

Eine besonders wichtige Fläche konstanter Energie ist die Fermi-Fläche, gegeben durch

$$\varepsilon(\boldsymbol{k}) = \varepsilon_F. \tag{26}$$

Wie beim Gas freier Elektronen in [1.1.2] trennt sie die im Grundzustand des Systems mit Elektronen besetzten Gebiete von den unbesetzten. Die Fermi-Energie ε_F wird daher aus der Bedingung bestimmt, daß die vorhandenen Elektronen gerade alle Zustände in dem von der Fermi-Fläche eingeschlossenen Volumen, dem Fermi-Körper, besetzen. Für freie Elektronen ist die Fermi-Fläche eine Kugelfläche $\boldsymbol{k}^2 = k_F{}^2$, für Gitterelektronen, besonders wenn mehrere Leitungselektronen pro Atom vorhanden sind, weicht sie oft beträchtlich von der Kugelgestalt ab. In Abb. 1.2–5 ist als relativ übersichtliches Beispiel die Fermi-Fläche von Kupfer (ein Leitungselektron pro Atom) eingezeichnet. Experimentelle Methoden zur Bestimmung der Fermi-Fläche werden in [4] erläutert.

Eine weitere Möglichkeit zur Darstellung der Dispersionsrelation $\varepsilon_\nu(\boldsymbol{k})$ wurde in Abb. 1.2–7 benutzt. Dabei wird $\varepsilon_\nu(\boldsymbol{k})$ längs Geraden zwischen hochsymmetrischen Punkten der BZ aufgetragen.

1.3. Vielteilchenprobleme

Die Beschreibung der elektronischen Struktur von Festkörpern im Einteilchenbild erfordert eine genauere Begründung; denn bei diesen handelt es sich um makroskopische Systeme aus N Atomen, wobei N in der Größenordnung 10^{20} liegt. Die Vereinfachungen, die sich durch die regelmäßige Struktur in Kristallen ergeben, sind schon im vorigen Abschnitt besprochen worden. Hier soll es im wesentlichen um die Abtrennung der Bewegung der Elektronen von der der Ionen und um die Wechselwirkung der Elektronen untereinander gehen (zur letzteren Frage s. auch Ziesche, Lehmann u. Eschrig 83, Ziesche u. Paasch 83, Rennert u. Paasch 83).

1.3.1. Adiabatische Näherung

Ein Festkörper kann i. a. nichtrelativistisch beschrieben werden, da die für die Bindung charakteristischen Teilchenenergien mit der Größenordnung 1 *ryd* klein gegen die relativistischen Elektronen-Energien der Größenordnung 10^4 *ryd* sind. Genauere Beachtung erfordert lediglich die Spin-Bahn-Kopplung als relativistischer Effekt (schwere Metalle ab Ordnungzahl 40). Der Hamilton-Operator H_{tot} des Gesamtsystems

$$H_{\text{tot}} = T_{\text{k}} + T_{\text{e}} + V_{\text{kk}} + V_{\text{ee}} + V_{\text{ke}} \tag{1}$$

besteht aus den Operatoren der kinetischen Energien von Kernen T_{k} und Elektronen T_{e} sowie den Wechselwirkungsenergien der Kerne und Elektronen untereinander: V_{kk}, V_{ee} und V_{ke}. Unter normalen Verhältnissen wird ein Teil der Elektronen wie im freien Atom stärker an die Kerne gebunden; es bilden sich Ionen, die von der Bewegung der übrigen Elektronen (den Valenzelektronen) nur schwach gestört werden.

Das quantenchemische Bewegungsproblem eines Systems aus Elektronen und Ionen läßt sich wegen des großen Massenunterschieds zwischen diesen näherungsweise separieren in ein Bewegungsproblem für die miteinander wechselwirkenden Elektronen in einem zeitlich konstanten äußeren Feld mit dem Hamilton-Operator H',

$$H' = T_{\text{e}} + V_{\text{ee}}(\boldsymbol{r}_1, \boldsymbol{r}_2, \ldots) + V_{\text{ie}}(\boldsymbol{r}_1, \boldsymbol{r}_2, \ldots, \boldsymbol{R}_1, \boldsymbol{R}_2, \ldots), \tag{2}$$

und ein Bewegungsproblem für die Ionen mit einer vom Elektronenzustand n abhängigen effektiven Wechselwirkung $E_n(\boldsymbol{R}_1, \boldsymbol{R}_2, \ldots)$,

$$H_{\text{i}} = T_{\text{i}} + V_{\text{ii}}(\boldsymbol{R}_1, \boldsymbol{R}_2, \ldots) + E_n(\boldsymbol{R}_1, \boldsymbol{R}_2, \ldots). \tag{3}$$

Die soeben beschriebene Separation heißt adiabatische Näherung und wurde für Moleküle von Born und Oppenheimer (27) begründet. Für die Wellenfunktion $\Phi(\boldsymbol{r}_1, \boldsymbol{r}_2, \cdots, \boldsymbol{R}_1, \boldsymbol{R}_2, \ldots)$ des Gesamtsystems (1) bedeutet das eine Aufspaltung

$$\Phi(\boldsymbol{r}_1, \boldsymbol{r}_2, \ldots, \boldsymbol{R}_1, \boldsymbol{R}_2, \ldots) = \Phi^{\text{i}}(\boldsymbol{R}_1, \boldsymbol{R}_2, \ldots)\, \Psi_n^{\text{e}}(\boldsymbol{r}_1, \boldsymbol{r}_2, \ldots, \boldsymbol{R}_1, \boldsymbol{R}_2, \ldots) \tag{4}$$

in einen Elektronenanteil $\Psi_n^e(\boldsymbol{r}_1, \boldsymbol{r}_2, \ldots, \boldsymbol{R}_1, \boldsymbol{R}_2, \ldots)$ entsprechend H' aus (2) und einen Ionenanteil $\Phi^i(\boldsymbol{R}_1, \boldsymbol{R}_2, \ldots)$. Dabei treten in H' und Ψ_n^e die Ionenorte $\boldsymbol{R}_1, \boldsymbol{R}_2, \ldots$ als äußere Parameter auf. Die Eigenwerte $E_n(\boldsymbol{R}_1, \boldsymbol{R}_2, \ldots)$, der zu (2) gehörigen Schrödinger-Gleichung hängen ebenfalls von $\boldsymbol{R}_1$, $\boldsymbol{R}_2, \ldots$ ab, sie wirken als zusätzliche rücktreibende Kräfte für die Ionenbewegung in (3). Setzt man die Gleichgewichtsorte der Ionen im Kristall ein, so liefert (2) letzten Endes die Bandstruktur. Für kleine Auslenkungen aus den Ruhelagen ergibt (3) das Anregungsspektrum der Gitterschwingungen der Phononen.

Der physikalische Inhalt der adiabatischen Näherung besteht in folgendem: Wegen des großen Massenunterschieds zwischen den Elektronen und Ionen erfolgt die Ionenbewegung gemessen an der Zeitskala der Elektronen sehr langsam, d.h. quasistatisch. Das Elektronensystem bleibt daher bei der Bewegung der Ionen im gleichen Quantenzustand Ψ_n^e (der von den Ionenorten parametrisch abhängt).

Der kleine Parameter für die adiabatische Näherung (4) ist das Verhältnis $\alpha = m/M$ von Elektronen- zu Ionenmasse m bzw. M. Aus der Gleichheit von kinetischer und potentieller Energie der Ionenbewegung folgt, daß die Auslenkung der Ionen aus der Gleichgewichtslage proportional zu $\alpha^{1/4}$ und das Verhältnis der Energien der Gitterschwingungen $\hbar\omega_{\text{Ph}}$ zu denen der Elektronen (Fermi-Energie ε_{F})

$$\hbar\omega_{\text{Ph}}/\varepsilon_{\text{F}} \sim \alpha^{1/2} \tag{5}$$

beträgt.

Die Korrekturen an der adiabatischen Näherung bewirken die Wechselwirkung von Elektronen und Phononen.

Eine vollständige Analyse des Problems für Metalle mit Hilfe der Vielteilchenstörungsrechnung wurde von Brovman und Kagan (74) gegeben. Sie zeigten, daß die nicht-adiabatischen Korrekturen zu den Phononenfrequenzen im allgemeinen proportional α sind, nur in einer engen Umgebung um die Migdal-Kohn-Anomalien (s. [6]) sind sie von größerer Ordnung ($\sim \alpha^{1/2}$). Die Phononenlebensdauern infolge der Elektron-

Phonon-Wechselwirkung sind proportional $\alpha^{1/2}$. Dagegen sind die Korrekturen zu den Elektronenenergien in der Nähe der Fermi-Energie d. h. für $|\varepsilon(\boldsymbol{k}) - \varepsilon_F| \lesssim \hbar\omega_{Ph}$ groß. Sie müssen daher in Meßgrößen genauer berücksichtigt werden (z. B. beim Elektronenanteil der spezifischen Wärme [5.1.2]).

1.3.2. Begründung des Einteilchenbildes

Für die weitere Vereinfachung des Vielteilchenproblems (2) der wechselwirkenden Elektronen im äußeren Feld stehen drei Wege zur Verfügung:

1. direkte selbstkonsistente Näherungen, wie sie z. B. als Hartree-Fock-Näherungen aus der Physik der Atome und Moleküle bekannt sind,
2. der Dichte-Funktional-Formalismus,
3. die Methode der Greenschen Funktionen, die eng an das Quasiteilchenkonzept des wechselwirkenden Elektronengases (im konstanten äußeren Potential) anschließt.

Die beiden ersten liefern primär Näherungswerte für die Gesamtenergie und die Ladungsdichte, während der dritte Anregungsenergien liefert. Es konnte jedoch gezeigt werden (Hedin u. Lundqvist 69), daß zumindest für Metalle alle drei Methoden sehr ähnliche effektive Potentiale liefern, so daß eine selbstkonsistente Berechnung im Einteilchenbild gerechtfertigt ist.

Mit der Methode der Greenschen Funktionen konnte auch das Landausche Konzept der Quasiteilchen begründet werden (s. Landau u. Lifschitz 80), das die Erklärung dafür liefert, warum Elektronen trotz der starken Coulomb-Abstoßung untereinander als nahezu freie Teilchen behandelt werden können. Die Wechselwirkung führt lediglich zu einer endlichen Lebensdauer $\tau \sim (k - k_F)^{-2}$ der Zustände mit der Energie $\varepsilon(\boldsymbol{k})$; sie wird für Elektronen an der Fermi-Energie sogar unendlich, da diese infolge der Gültigkeit von Pauli-Prinzip, Energie- und Impulssatz praktisch nicht durch die

Coulomb-Wechselwirkung gestreut werden können. Die Konsequenzen des scharfen Sprungs in der Impulsverteilung wechselwirkender Elektronen beim Fermi-Impuls k_F werden in [4.2.1] diskutiert.

In der Hartree-Fock-Näherung wird die Gesamtwellenfunktion Ψ^e des Elektronensystems als Determinante von Einteilchenfunktionen $\psi_n(\boldsymbol{r}_i)$ angesetzt. Damit genügt Ψ^e dem Pauli-Prinzip. Zu dem Einteilchenpotential in (1.2–1) tragen die übrigen Elektronen über das Coulomb-Potential

$$V_c(\boldsymbol{r}) = \int d^3r' n(\boldsymbol{r}') \frac{\epsilon^2}{|\boldsymbol{r} - \boldsymbol{r}'|} \tag{6}$$

mit der Dichte der Elektronen $n(\boldsymbol{r})$ in den besetzten Einteilchenzuständen $\psi_n(\boldsymbol{r})$

$$n(\boldsymbol{r}) = \sum^{\text{bes}} \psi_n{}^*(\boldsymbol{r})\, \psi_n(\boldsymbol{r}) \tag{7}$$

und das Austauschpotential

$$\hat{V}_x \psi_n(\boldsymbol{r}) = -\epsilon^2 \int d^3r' \sum_{n'}^{\text{bes}} \frac{\psi_{n'}^*(\boldsymbol{r}')\, \psi_{n'}(\boldsymbol{r})}{|\boldsymbol{r} - \boldsymbol{r}'|}\, \psi_n(\boldsymbol{r}') \tag{8}$$

bei. Dabei stehen hier n bzw. $\boldsymbol{r}$ für Orts- und Spinzustand bzw. -variable der Elektronen. (8) stellt einen schwer zu handhabenden Integraloperator $\hat{V}_x$ dar, der das räumliche Ausweichen von Elektronen im gleichen Spinzustand infolge des Pauli-Prinzips beschreibt. Das Ergebnis hängt somit vom Zustand ψ_n ab, auf den der Operator wirkt (nichtlokaler Austausch). Eine Mittelung von (8) über alle besetzten Zustände im homogenen Elektronengas liefert den einfachen Ausdruck

$$V_x^S(n(\boldsymbol{r})) = -3 \left(\frac{3n(\boldsymbol{r})}{8\pi}\right)^{1/3} \frac{\epsilon^2}{2a_0}. \tag{9}$$

Dieser Ausdruck wurde von Slater (51) auch für inhomogene Systeme vorgeschlagen (Slater-Austausch). Ein solches lokales

Austauschpotential hat sich in vielen Berechnungen von Gesamtenergien, Ionisierungsenergien und Ladungsdichten atomarer Systeme bewährt.

Der Dichte-Funktional-Formalismus geht auf Hohenberg und Kohn (64) zurück. Sie bewiesen, daß die Wellenfunktion und damit alle Eigenschaften des Grundzustandes eines Vielteilchensystems in einem gegebenen äußeren Potential $V_a(\boldsymbol{r})$ eindeutige Funktionale der Teilchendichte $n(\boldsymbol{r})$ allein sind und die Grundzustandsenergie als

$$E_v[n] = \int d^3r\, V_a(\boldsymbol{r})\, n(\boldsymbol{r}) + F[n] \tag{10}$$

geschrieben werden kann, wobei $F[n]$ ein universelles, d. h. von $V_a(\boldsymbol{r})$ unabhängiges Funktional der Teilchendichte $n(\boldsymbol{r})$ ist. Dieses ist allerdings nicht bekannt und enthält die gesamte Vielteilchenproblematik. Die sich in einem Potential $V_a(\boldsymbol{r})$ einstellende exakte Dichte $n(\boldsymbol{r})$ minimiert dabei das Funktional (10) bei festgehaltenem $V_a(\boldsymbol{r})$ und gegebener Teilchenzahl.

Kohn und Sham (65) konnten zeigen, daß mit dem Variationsansatz

$$n(\boldsymbol{r}) = \sum_n |\psi_n(\boldsymbol{r})|^2 \tag{7'}$$

mit zu variierenden Testfunktionen $\psi_n(\boldsymbol{r})$ sich für diese gerade die Schrödinger-Gleichung (1.2–1) ergibt, wobei das Potential sich aus dem äußeren Anteil $V_a(\boldsymbol{r})$ (der Kerne), dem Coulomb-Anteil (6) $V_c(\boldsymbol{r})$ der Elektronen und dem sogenannten Austausch- und Korrelationsanteil $V_{xc}(\boldsymbol{r})$ über eine Funktionalableitung von $F[n]$ ergibt:

$$v(\boldsymbol{r}) = V_a(\boldsymbol{r}) + V_c(\boldsymbol{r}) + V_{xc}(\boldsymbol{r}). \tag{11}$$

Für das Minimum von (10) erhält man für die Dichte $n(\boldsymbol{r})$ genau die Summe (7) über die besetzten Einteilchenzustände.

Für die praktische Rechnungen müssen Näherungsausdrücke von $F[n]$ benutzt werden. Kohn und Sham (sowie Gaspar) benutzten als einfachste Näherung die vom homogenen Elektronengas bekannte Abhängigkeit von der Dichte. In der Hartree-Fock-Näherung (d. h. nur Berücksichtigung der Austauschenergie) erhält man

$$V_{xc}(\boldsymbol{r}) \approx V_x^{KSG}(\boldsymbol{r}) = \frac{2}{3} V_x^S(n(\boldsymbol{r})) \tag{12}$$

mit V_x^S aus (9).

In der Theorie des Elektronengases kann die Gesamtenergie durch die dielektrische Funktion ε aus [5.2.1] ausgedrückt werden. Mit Hilfe der besten gegenwärtig dafür bekannten Ausdrücke erhielten Hedin und Lundqvist (71) die sogenannte lokale Dichte-Näherung (LDA)

$$V_{xc}(\boldsymbol{r}) = \alpha(r_s)\, V_x^S(n) \tag{13}$$

$$\alpha(r_s) = \frac{2}{3} + 0{,}0246 r_s \ln(1 + 21/r_s).$$

Für metallische Dichten liegt α bei etwa 0,8. Die Ausdrücke (9), (12) und (13) sind alle von der Form $\alpha V_x{}^s$ mit Werten von α zwischen 2/3 und 1. Das gab Anlaß, die X_α-Methode einzuführen (s. dazu Slater 74), in der α einen an Hartree-Fock-Rechnungen für isolierte Atome empirisch angepaßten Parameter darstellt. Seine Werte liegen (bis auf Wasserstoff) im Bereich zwischen 0,7 und 0,8. Auch (13) und die Methode der Greenschen Funktionen liefern damit nahezu übereinstimmende Werte, die jedoch auf völlig verschiedene Weise gewonnen wurden. Das Ergebnis zeigt aber, daß zur Berechnung von Gesamtenergie und -dichte und zur Berechnung des Anregungs-(Quasiteilchen)-Spektrums dasselbe effektive Austausch- und Korrelationspotential verwendet werden kann und daß der X_α-Ausdruck weit mehr als die Hartree-Fock-Näherung enthält. Hierin ist die Ursache für den großen praktischen Erfolg der X_α-Methode zu sehen.

Die Grundgleichungen für die selbstkonsistente Berechnung des Kristallpotentials stellen (7), (11) und (13) in Verbindung mit der Schrödinger-Gleichung (1.2–1) dar. Zunächst wird diese mit einem Startpotential, das sich aus einer Überlagerung atomarer Beiträge ergibt, gelöst. Daraus folgen ψ_n und $n(\boldsymbol{r})$ und über (11) wieder das verbesserte Potential. Dieser Zyklus wird bis zur Selbstkonsistenz mehrfach wiederholt. Auf diese Weise wurde das Kristallpotential für eine große Anzahl reiner Metalle berechnet (s. z. B. Moruzzi u. a. 78).

Barth und Hedin (72) berechneten zu (13) analoge Formeln für spinpolarisierte Systeme, es sind dann α_+ und α_- und die Abhängigkeit von n_+ und n_- je nach der Richtung des Spins zu berücksichtigen. Das eröffnet den Zugang zum Verständnis und zur Berechnung kooperativer magnetischer Erscheinungen (wie z. B. Ferromagnetismus) von ersten Prinzipien her. Über die Größe $(n_+ - n_-')$ läßt sich dabei auch der räumliche Verlauf der magnetischen Momente berechnen, die durch die elastische Streuung polarisierter Neutronen (magnetischer Formfaktor) experimentell bestimmt werden können. Die lokalen magnetischen Momente pro Atom ergeben sich dabei durch Integration von $(n_+ - n_-)$ über die WS-Zelle. Die dabei erhaltenen Ergebnisse werden kurz in [3.2] dargestellt.

Die Eigenwerte erweisen sich als weniger empfindlich gegen die Näherungen für das Potential als die Eigenfunktionen. Phänomene, die zur theoretischen Beschreibung Wellenfunktionen erfordern, geben daher einen Schlüssel für die Grenzen der Einteilchenmodelle und zum tieferen Verständnis von Vielteilcheneffekten. Leider geben gegenwärtig jedoch nur wenige Experimente eindeutige Informationen über die Wellenfunktionen in Metallen. Eine Ausnahme könnten die mit Neutronenbeugung gemessenen magnetischen Formfaktoren darstellen.

2. Methoden zur Bandberechnung

Die Methoden zur Berechnung der Bandstruktur sind vielfältig. In einfachen Metallen ist das effektive Kristallpotential nur schwach, für die Berechnung der Bandstruktur ist daher die Pseudopotentialmethode gut geeignet. Für allgemeinere Fälle stehen die Methoden der starken Bindung, die APW- und die KKR-Methode zur Verfügung. Letztere gehen von einer speziellen Form des Potentials, dem Muffin-tin-Potential, aus, das die Berechnung der Bandstruktur als Problem der Vielfachstreuung der Elektronen an den Potentialtöpfen der einzelnen Atome gestattet. Gegenwärtig setzen sich wegen der möglichen Einsparung an Rechenzeit immer stärker lineare Methoden durch. Die Grundidee der Methode des kohärenten Potentials, die für die Berechnung ungeordneter Legierungen geeignet ist, wird kurz dargestellt.

Die Bandstruktur enthält entscheidende Informationen über die elektronische Struktur insgesamt. Diese Aussage gilt besonders gut für Systeme und Eigenschaften, in denen das Anregungsspektrum im Einteilchenbild beschrieben werden kann. Wir gehen daher in diesem Teil von der Annahme aus, daß das Einteilchenpotential $v(\boldsymbol{r})$ gegeben sei und Vielteilcheneffekte einbeziehe [1.3.2]. Die Lösung der Schrödinger-Gleichung (1.2–1) liefert dann Energieeigenwerte $\varepsilon_\nu(\boldsymbol{k})$ und Wellenfunktionen $\psi_{\boldsymbol{k}\nu}(\boldsymbol{r})$, mit denen sich die Eigenschaften des Systems berechnen lassen.

Die Periodizität (1.2–3) des Potentials bietet den entscheidenden Vorteil, daß die Aufgabe nur in einer Elementarzelle gelöst werden muß und über das Bloch-Theorem (1.2–5) die Lösung auf alle anderen Kristallbereiche ausgedehnt werden kann.

Die einzelnen entwickelten Methoden der Bandberechnung entsprechen unterschiedlichen physikalischen Situationen im Festkörper:

- Methode der starken Bindung (Tight Binding – daher auch TB-Methode)
- Pseudopotentialmethode (ausgehend von nahezu freien Elektronen – abgekürzt NFE).

Strengere Methoden, die beide Fälle umfassen, stellen die

- APW-Methode und die
- KKR-Methode dar.

Eine Methode, die sowohl stark gebundene als auch fast freie Elektronen und deren Wechselwirkung (Hybridisierung – H) in physikalisch durchsichtiger Weise beschreibt, läßt sich aus der KKR-Methode ableiten, die

- H-NFE-TB-Methode.

Für Legierungssysteme mit kristalliner Unordnung ist die

- Methode des kohärenten Potentials (CPA) geeignet.

Wesentliche Teile der ersten vier Methoden wurden schon in den vierziger und fünfziger Jahren entwickelt. Allerdings erlangten sie erst vor 20 Jahren an Bedeutung, als experimentelle Aussagen zur Bandstruktur und speziell zu Fermi-Flächen gewonnen wurden und damit einigermaßen sichere Aussagen über die Kristall-Potentiale vorlagen. In engem Wechselspiel von Theorie und Experiment gelang es dabei, zu verstehen und zu begründen, warum sich die Leitungselektronen in Metallen wie fast freie Elektronen verhalten. Mit dem gestiegenen Leistungsvermögen der Großrechner erfuhren ab Ende der sechziger Jahre die APW- und KKR-Methode, die einen beträchtlichen numerischen Aufwand erfordern, eine breitere Anwendung. Das Bestreben, diesen Aufwand zu senken und damit kompliziertere Systeme schnell und mit einer größeren Variationsbreite zu behandeln, führte ab Mitte der siebziger Jahre zur Entwicklung der sogenannten linearen Methoden (LAPW, LKKR LMTO), von denen die H-NFE-TB-Methode als typischer Vertreter behandelt wird. Zur Behandlung der Spin-Bahn-Wechselwirkung existieren für nahezu alle dieser Methoden relativistische Versionen.

2.1. Methode der starken Bindung

2.1.1. Atomare Wellenfunktionen und deren Linearkombinationen

Die Methode geht davon aus, daß die Nachbarn eines betrachteten Atoms nur eine schwache Störung für dieses darstellen. Diese Vorstellung läßt sich am besten mit der Wannier-Darstellung (1.2–5'') beschreiben, wenn die Wannier-Funktion $w(\boldsymbol{r} - \boldsymbol{R})$ tatsächlich gut am Gitterplatz $\boldsymbol{R}$ lokalisiert und ihre Überlappung mit benachbarten Wellenfunktionen gering ist. In der einfachsten, nullten Näherung wird $w(\boldsymbol{r})$ durch die atomare Wellenfunktion $\varphi_n^{\mathrm{at}}(\boldsymbol{r})$ des n-ten Niveaus dargestellt:

$$w_n(\boldsymbol{r}) \approx \varphi_n^{\mathrm{at}}(\boldsymbol{r}). \tag{1}$$

Diese Näherung versagt, wenn mehrere atomare Niveaus angenähert dieselbe Energie besitzen oder direkt entartet sind. Dann muß eine Linearkombination dieser atomaren Wellenfunktionen (Orbitale) verwendet werden.

$$\sum_{n'} \varphi_{n'}^{\mathrm{at}}(\boldsymbol{r})\, c_{n'n}. \tag{2}$$

Das Verfahren trägt daher die Bezeichnung *LCAO-Methode*. Die Summe n' in (2) läuft dabei über alle im interessierenden Energiebereich in Betracht kommenden atomaren Zustände. Bei der Behandlung von d-Elektronen sind das also mindestens 5 Zustände.

Die LCAO-Methode stellt eines der ältesten Verfahren zur Berechnung der Bandstruktur dar (Slater u. Koster 54). Bei der detaillierteren Darstellung verwenden wir die moderne Version von Eschrig (83a), die eine Reihe von Nachteilen der ursprünglichen Methode überwindet.

$\varphi_n^{\mathrm{at}}(\boldsymbol{r})$ sind dabei die Eigenfunktionen eines „atomaren“ Hamilton-Operators $H^{\mathrm{at}} = T + v^{\mathrm{at}}(\boldsymbol{r})$.

$$\left(T + v^{\mathrm{at}}(\boldsymbol{r})\right) \varphi_n^{\mathrm{at}}(\boldsymbol{r}) = \varphi_n^{\mathrm{at}}(\boldsymbol{r})\, \varepsilon_n \tag{3}$$

mit den Eigenwerten ε_n. Das Potential sollte dabei dem Kristallpotential in der Nähe des betrachteten Ions im Koordinatenursprung möglichst nahe kommen, kann aber im Außenbereich weitgehend willkürlich gewählt werden. Die Funktionen φ_n^{at} sind natürlich orthogonal,

$$\int \mathrm{d}^3r \varphi_n^{\mathrm{at}*}(\boldsymbol{r})\, \varphi_{n'}^{\mathrm{at}}(\boldsymbol{r}) = \delta_{nn'}, \tag{4}$$

und bilden einen vollständigen Satz. Wir teilen sie in stark lokalisierte Rumpfzustände (Index c) und weiter ausgedehnte Valenzzustände (Index n) auf. Die Überlappung der Rumpfzustände an benachbarten Gitterplätzen kann daher im folgenden vernachlässigt werden:

$$\int \mathrm{d}^3r \varphi_c^{\mathrm{at}*}(\boldsymbol{r})\, \varphi_c^{\mathrm{at}}(\boldsymbol{r} - \boldsymbol{R}) = \delta_{\boldsymbol{R},0}. \tag{5}$$

Für Valenzzustände gilt das nicht. Sie müssen daher zweckmäßigerweise zu den Rumpfzuständen $\varphi_c^{\mathrm{at}}(\boldsymbol{r} - \boldsymbol{R})$ benachbarter Atome orthogonalisiert werden:

$$\varphi_n(\boldsymbol{r}) = \varphi_n^{\mathrm{at}}(\boldsymbol{r}) - \sum_{c,\boldsymbol{R}\neq 0} \varphi_c^{\mathrm{at}}(\boldsymbol{r} - \boldsymbol{R})\, a_{c,\boldsymbol{R}}^n. \tag{6}$$

Die Wahl der $a_{c,\boldsymbol{R}}^n$ als

$$a_{c,\boldsymbol{R}}^n = \int \mathrm{d}^3r \varphi_c^{\mathrm{at}*}(\boldsymbol{r} - \boldsymbol{R})\, \varphi_n^{\mathrm{at}}(\boldsymbol{r}) \tag{7}$$

gewährleistet dabei die gewünschte Orthogonalität

$$\int \mathrm{d}^3r \varphi_c^{\mathrm{at}*}(\boldsymbol{r} - \boldsymbol{R})\, \varphi_n(\boldsymbol{r}) = 0 \quad \text{für alle } \boldsymbol{R}. \tag{8}$$

Die Summen über die Nachbarplätze $\boldsymbol{R}$ in (6) stellen kleine Korrekturen an der Wellenfunktion dar, die aber wegen der tiefen Potentiale in unmittelbarer Nähe der Ionen und der großen Bindungsenergien ε_c der Rumpfzustände wesentliche Energiekorrekturen bewirken können. Für größere $\boldsymbol{R}$ verringern sich die Koeffizienten $a^n_{c,\boldsymbol{R}}$ allerdings schnell.

Aus den $\varphi_n(\boldsymbol{r})$ in (6) an den verschiedenen Gitterplätzen können nun analog (1.2–5'') Funktionen $\varphi_{n\boldsymbol{k}}(\boldsymbol{r})$ mit der gewünschten Gittersymmetrie aufgebaut werden,

$$\varphi_{n\boldsymbol{k}}(\boldsymbol{r}) = N^{-1/2} \sum_{\boldsymbol{R}} \mathrm{e}^{i\boldsymbol{k}\boldsymbol{R}} \varphi_n(\boldsymbol{r} - \boldsymbol{R}). \tag{9}$$

Entsprechend (2) ergibt eine Überlagerung der in (9) enthaltenen „atomaren Orbitale" die Wellenfunktion des Kristalls

$$\psi_{\boldsymbol{k}\nu}(\boldsymbol{r}) = \sum_{n'} c_{\nu n'}(\boldsymbol{k})\, \varphi_{n'\boldsymbol{k}}(\boldsymbol{r}). \tag{10}$$

Die Summe in (10) läuft über alle Zustände n', deren Energie in der Nähe des interessierenden Energiegebietes liegt. Die Koeffizienten $c_{\nu n'}(\boldsymbol{k})$ sind über das Variationsprinzip (11) zu bestimmen. Da die φ_n^{at} ein vollständiges Funktionen-System repräsentieren, ist die Darstellung des Bloch-Zustandes (10) exakt[1]). Wegen der bereits erfolgten Orthogonalisierung (6) zu den Rumpfzuständen können diese in (10) ausgeschlossen werden. Da somit die Summe über n' in (10) nur über die wenigen Valenzzustände im interessierenden Energiegebiet läuft, läßt sich der numerische Aufwand bei hoher Rechengenauigkeit in der Version (6), (9) und (10) beträchtlich reduzieren.

Die Variation der Energie ε nach den Koeffizienten $c_{\nu n'}$

$$\delta\varepsilon = 0 \text{ mit } \varepsilon = \int \mathrm{d}^3r \psi^*_{\boldsymbol{k}\nu}(\boldsymbol{r})\, H\psi_{\boldsymbol{k}\nu}(\boldsymbol{r}) \Big/ \int \mathrm{d}^3r \psi^*_{\boldsymbol{k}\nu}(\boldsymbol{r})\, \psi_{\boldsymbol{k}\nu}(\boldsymbol{r}) \tag{11}$$

---

[1]) In Wirklichkeit ist die Wellenfunktion (10) sogar überbestimmt, da die $\varphi_n^{\mathrm{at}}(\boldsymbol{r} - \boldsymbol{R})$ für jedes einzelne $\boldsymbol{R}$ ein vollständiges System bilden. Durch die Begrenzung auf einen endlichen Satz der n ist diese Frage jedoch rein akademisch.

liefert für die $c_{\nu n'}(\boldsymbol{k})$ das lineare System der *LCAO-Gleichungen*

$$\sum_{n'} \left(H_{n''n'}(\boldsymbol{k}) - \varepsilon_\nu(\boldsymbol{k})\, N_{n''n'}(\boldsymbol{k})\right) c_{\nu n'}(\boldsymbol{k}) = 0 \tag{12}$$

mit

$$H_{n''n'}(\boldsymbol{k}) = \sum_{\boldsymbol{R}} \mathrm{e}^{i\boldsymbol{k}\boldsymbol{R}} \int \mathrm{d}^3 r \varphi^*_{n''}(\boldsymbol{r} + \boldsymbol{R})\, H \varphi_{n'}(\boldsymbol{r}) \tag{13'}$$

und

$$N_{n''n'}(\boldsymbol{k}) = \sum_{\boldsymbol{R}} \mathrm{e}^{i\boldsymbol{k}\boldsymbol{R}} \int \mathrm{d}^3 r \varphi^*_{n''}(\boldsymbol{r} + \boldsymbol{R})\, \varphi_{n'}(\boldsymbol{r}) \tag{13''}$$

sowie H aus (15).

Die Benutzung von (6) unter Berücksichtigung der starken Lokalisation der durch $H\varphi_c(\boldsymbol{r}) = \varepsilon_c \varphi_c(\boldsymbol{r})$ bestimmten Rumpffunktionen liefert für die Integrale in (13) und (13′) entsprechende Ausdrücke in den atomaren Funktionen:

$$\begin{aligned} H^{\boldsymbol{R}}_{n''n'} &= \int \mathrm{d}^3 r \varphi^*_{n''}(\boldsymbol{r} + \boldsymbol{R})\, H\varphi_{n'}(\boldsymbol{r}) \\ &= \int \mathrm{d}^3 r \varphi^{\mathrm{at}*}_{n''}(\boldsymbol{r} + \boldsymbol{R})\, H\varphi_{n'}(\boldsymbol{r}) - \sum_{c,\boldsymbol{R}'}{}' \varepsilon_c\, a^{n''*}_{c\boldsymbol{R}'}\, a^{n'}_{c(\boldsymbol{R}'-\boldsymbol{R})} \end{aligned} \tag{14'}$$

$$\begin{aligned} N^{\boldsymbol{R}}_{n''n'} &= \int \mathrm{d}^3 r \varphi^*_{n''}(\boldsymbol{r} + \boldsymbol{R})\, \varphi_{n'}(\boldsymbol{r}) \\ &= \int \mathrm{d}^3 r \varphi^{\mathrm{at}*}_{n''}(\boldsymbol{r} + \boldsymbol{R})\, \varphi_{n'}(\boldsymbol{r}) - \sum_{c,\boldsymbol{R}'}{}' a^{n''*}_{c,\boldsymbol{R}'}\, a^{n'}_{c(\boldsymbol{R}'-\boldsymbol{R})} . \end{aligned} \tag{14''}$$

Der Strich an den Summen in (14) bedeutet, daß die Summanden mit $\boldsymbol{R}' = 0$ ausgeschlossen werden dürfen, da dann die Integrale $a^n_{c\boldsymbol{R}'}$ gleich Null sind.

2.1.2. Zweckmäßige Wahl des atomaren Potentials

Die Berechnung der Integrale $H^{\boldsymbol{R}}_{nn'}$ und $N^{\boldsymbol{R}}_{nn'}$ in (14) erfordert den größten numerischen Aufwand. Sind die atomaren Funktionen $\varphi_n{}^{\mathrm{at}}$ gut lokalisiert, kann man sich auf kleine Werte von $\boldsymbol{R}$ beschränken. Hierbei erweist sich die von Eschrig (82) eingeführte Wahl des atomaren Potentials (3) als entscheidender Vorteil. Das Kristallpotential $v(\boldsymbol{r})$ im Hamilton-Operator H,

$$H = T + v(\boldsymbol{r}), \tag{15}$$

läßt sich als Überlagerung von Ionenpotentialen $\tilde{v}$ an den einzelnen Gitterplätzen $\boldsymbol{R}$ darstellen:

$$v(\boldsymbol{r}) = \sum \tilde{v}(|\boldsymbol{r} - \boldsymbol{R}|). \tag{16}$$

Die Verwendung von $\tilde{v}$ in (3) führt zu prinzipiellen Schwierigkeiten, derentwegen die gesamte Methode in Zweifel gezogen wurde (Ziman 71). Der Grund liegt im ungünstigen asymptotischen Verhalten des Ionenpotentials für große Abstände

$$\tilde{v} \sim r^{-1} \text{ für } r \to \infty. \tag{17}$$

Das führt einmal dazu, daß die zugehörigen Funktionen φ^{at} schlecht lokalisiert sind und weit über die WS-Zelle hinausreichen und damit zu einer schlechten Konvergenz der Summen in (13) führen. Andererseits zerfällt die Gesamtheit der Zustände im Potential $\tilde{v}$ in gebundene und freie. Es gibt zwar wegen (17) eine unendliche Anzahl gebundener Zustände, diese bilden dennoch kein vollständiges System. Ein Weglassen der freien Zustände führt daher zu prinzipiellen Schwierigkeiten, da die Wellenfunktionen aller gebundenen Zustände mit Energien oberhalb des Leitungsbandes innerhalb der betrachteten WS-Zelle nahezu den gleichen Verlauf haben und nur die freien Zustände den erforderlichen qualitativen Verlauf (mit mehr Nullstellen) in diesem Raumgebiet aufweisen. Eschrig wählt daher

$$v^{\text{at}}(\boldsymbol{r}) = v(\boldsymbol{r}) + (r/r_0)^n. \tag{18}$$

Damit fallen alle genannten prinzipiellen Nachteile weg. Für $r_0 \approx R_{\text{WS}}$ (Radius der WS-Zelle) haben die Lösungen von (3) im Innern der Atome den erforderlichen Verlauf atomarer Wellenfunktionen, fallen aber außerhalb genügend schnell ab. Das Potential (18) besitzt dabei nur gebundene Zustände.

Als besonders günstig für eine schnelle Konvergenz und kleine Funktionensätze in (10) erwies sich die Wahl $n = 4$ und $r_0 \approx R_{\mathrm{WS}}$. Die Summen über $\boldsymbol{R}$ in (13) brauchen dabei nur bis zu zweitnächsten Nachbarn geführt werden, Dreizentrenintegrale in (14′) vom Typ

$$\int \mathrm{d}^3r \varphi_n{}^{\mathrm{at}*}(\boldsymbol{r} + \boldsymbol{R})\, v^{\mathrm{at}}(\boldsymbol{r} + \boldsymbol{R}')\, \varphi_{n'}(\boldsymbol{r}),$$

deren Berechnung beträchtlichen numerischen Aufwand erfordert, können meist ganz vernachlässigt werden. Mit (18) sind die Wellenfunktionen $\varphi_n(\boldsymbol{r})$ aus (6) gut lokalisiert. Durch eine Linearkombination der $\varphi_{n'}(\boldsymbol{r} - \boldsymbol{R})$ lassen sich gut lokalisierte Wannier-Funktionen erzeugen,

$$w_\nu(\boldsymbol{r}) = \sum_{n',\boldsymbol{R}} \alpha^{\boldsymbol{R}}_{\nu n'} \varphi_{n'}(\boldsymbol{r} - \boldsymbol{R}), \tag{19}$$

die der Orthogonalitätsrelation (1.2–2‴) genügen. Die Koeffizienten $\alpha^{\boldsymbol{R}}_{\nu n'}$ klingen für wachsende R sehr schnell ab.

2.1.3. Tight-Binding-Näherung

Bei atomaren Zuständen, die sich (wie die d-Zustände) nur schwach überlappen und daher nur schmale Bänder bilden, läßt sich (12) weiter vereinfachen. Dabei werden alle Überlappungen benachbarter Wellenfunktionen in (13″) vernachlässigt:

$$N_{n''n'}(\boldsymbol{k}) = \delta_{n''n'}. \tag{20}$$

Mit (14), (15) und (16) und unter Verwendung von (3) entsteht dann aus (13) die sogenannte *Tight-Binding-Näherung* (TB)

$$\sum_{n'} \left[V_{n''n'}(\boldsymbol{k}) - \left(\varepsilon_\nu(\boldsymbol{k}) - \varepsilon_{n'}\right) \delta_{n''n'}\right] c_{\nu n'}(\boldsymbol{k}) = 0, \tag{21}$$

$$V_{n''n'}(\boldsymbol{k}) = \sum_{\boldsymbol{R}} \mathrm{e}^{i\boldsymbol{k}\boldsymbol{R}} \int \mathrm{d}^3r \varphi^{\mathrm{at}*}_{n''}(\boldsymbol{r} + \boldsymbol{R}) \left(V(\boldsymbol{r}) - \tilde{v}(\boldsymbol{r})\right) \varphi^{\mathrm{at}}_{n'}(\boldsymbol{r}). \tag{22}$$

Die Summe n' läuft dabei nur über die Gruppe der interessierenden Bänder. Für die vom Leitungsband getrennten, relativ schmalen Valenzbänder in Nichtmetallen liefern die einfachen Gleichungen (21) meist eine völlig ausreichende Näherung. Für die d-Bänder in Übergangsmetallen genügt (21) in den Fällen, wo der relativ kleine Bereich im $\boldsymbol{k}$-Raum, in dem die Hybridisierung mit dem sp-Band auftritt, keine Rolle spielt.

Die TB-Näherung wird oft als empirisches Interpolationsverfahren benutzt. Dabei werden die in (22) enthaltenen Überlappungsintegrale als offene, anzupassende Parameter angesehen.

Für ein isoliertes, stark gebundenes Band reduziert sich (21) zu einer einzigen Gleichung

$$\varepsilon_\nu(\boldsymbol{k}) = \varepsilon_\nu + \sum_{\boldsymbol{R}} e^{i\boldsymbol{k}\boldsymbol{R}} V_\nu(\boldsymbol{R}), \tag{23}$$

$$V_\nu(\boldsymbol{R}) = \int d^3r \varphi_\nu^{at*}(\boldsymbol{r} + \boldsymbol{R}) \left(V(\boldsymbol{r}) - \tilde{v}(\boldsymbol{r})\right) \varphi_\nu^{at}(\boldsymbol{r}). \tag{23'}$$

Die Summe über $\boldsymbol{R}$ ist dabei auf die nächsten Nachbarn begrenzt. ε_ν ist dabei mit der Energie ε_n des atomaren Zustands, aus dem das Band hervorgeht, identisch.

Im kubischen Fall treten bei s-Bändern aus Symmetriegründen nur zwei verschiedene Überlappungsintegrale $V_\nu(0)$ und $V_\nu(R)$ auf. $V_\nu(0)$ stellt die vom Kristallpotential hervorgerufene Verschiebung des atomaren Niveaus ε_ν dar, $V_\nu(R)$ liefert die Bandstruktur, die infolge der Überlappung von Wellenfunktion und Potential an den Nachbarplätzen entsteht.

Die LCAO-Methode ist besonders geeignet für die Darstellung lokaler Größen, ihre Vorzüge wurden daher bisher besonders in der theoretischen Chemie zum Verständnis der kovalenten Bindung (auch in Halbleitern) genutzt. Daher existieren auch viele empirische oder halbempirische Versionen .

Zunehmend erlangt sie in der Festkörperphysik Bedeutung für die Beschreibung von Erscheinungen im Ortsraum wie in Systemen ohne Fernordnung bzw. bei der genaueren

Berücksichtigung der Elektron-Elektronwechselwirkung (z. B. Hubbard-Modell).

2.2. Pseudopotentialmethode

2.2.1. Orthogonalisierte ebene Wellen

Wir wenden uns nun der Berechnung des schwachen Potentials für die Valenzelektronen zu, dessen Kenntnis für die Näherung nahezu freier Elektronen (NFE) nötig ist. Die Grundüberlegung folgt dabei aus der Feststellung, daß für viele Metalle die Wellenfunktion aus zwei Anteilen besteht. In sehr großen Raumbereichen verhält sie sich wie eine freie ebene Welle (der Faktor $u_{k\nu}(\boldsymbol{r})$ in (1.2–5′) ist dort nahezu konstant, für Natrium zeigt das die Wellenfunktion in Abb. 2.2–1), nur in unmittelbarer Umgebung der Ionenrümpfe

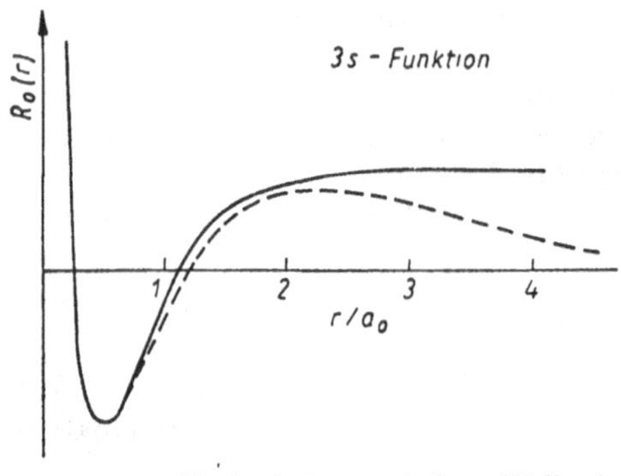

Abb. 2.2–1. Verlauf der radialen Wellenfunktion des Valenzzustandes in Natrium;
im Kristall für $\boldsymbol{k} = 0$ (gezeichnet bis zum Wigner-Seitz-Radius); und im freien Atom (gestrichelt)

weist sie einen stark oszillierenden Verlauf auf. Dieses Verhalten wird analog zu (2.1–6) gerade durch den Ansatz

$$\chi_{\boldsymbol{k}}(\boldsymbol{r}) = \mathrm{e}^{i\boldsymbol{k}\boldsymbol{r}} - \sum_{c} \varphi_{c\boldsymbol{k}}(\boldsymbol{r})\, a_c(\boldsymbol{k}) \tag{1}$$

beschrieben. Der erste Summand stellt die ebene Welle dar, während der zweite eine Linearkombination der TB-Funktionen (2.1–9) aller tiefer liegender Bänder des Kristalls repräsentiert. Die Funktionen $\varphi_{c\boldsymbol{k}}$ zeigen gerade in der Nähe der Ionen das stark oszillierende Verhalten. Daß die Funktion $\chi_{\boldsymbol{k}}$ an diesen Orten das richtige Verhalten (d. h. die dem Valenzzustand entsprechende radiale Knotenzahl) aufweist, garantiert die dem Pauli-Prinzip genügende Wahl der Koeffizienten $a_c(\boldsymbol{k})$, d. h. ihre Orthogonalisierung zu den tiefer liegenden Zuständen $\varphi_{c\boldsymbol{k}}$:

$$a_c(\boldsymbol{k}) = \int d^3r \varphi^*_{c\boldsymbol{k}}(\boldsymbol{r})\, e^{i\boldsymbol{k}\boldsymbol{r}}. \tag{2}$$

Die so bestimmte Funktion $\chi_{\boldsymbol{k}}(\boldsymbol{r})$ wird orthogonalisierte ebene Welle oder kurz OPW (Orthogonalized Plane Wave) genannt:

$$\chi_{\boldsymbol{k}}(\boldsymbol{r}) = e^{i\boldsymbol{k}\boldsymbol{r}} - \sum_c \varphi_{c\boldsymbol{k}}(\boldsymbol{r}) \int d^3r' \varphi^*_{c\boldsymbol{k}}(\boldsymbol{r}')\, e^{i\boldsymbol{k}\boldsymbol{r}'}. \tag{3}$$

Die Wellenfunktion eines Valenzelektrons wird nun als Linearkombination aus lauter OPW zum gleichen Eigenwert $\boldsymbol{k}$ des Translationsoperators dargestellt:

$$\psi_{\boldsymbol{k}}(\boldsymbol{r}) = \sum_{\boldsymbol{G}} \alpha_{\boldsymbol{k}+\boldsymbol{G}}\, \chi_{\boldsymbol{k}+\boldsymbol{G}}(\boldsymbol{r}). \tag{4}$$

Die Koeffizienten $\alpha_{\boldsymbol{k}+\boldsymbol{G}}$ und der zugehörige Energieeigenwert $\varepsilon(\boldsymbol{k})$ werden aus dem Erwartungswert $\bar{H}$ mit der Funktion (4) durch Variation nach den $\alpha_{\boldsymbol{k}+\boldsymbol{G}}$ bestimmt. Man nimmt dabei an, daß die Reihe (4) schnell konvergiert, da das erste Glied $\chi_{\boldsymbol{k}}$ schon das Verhalten der gesamten Funktion recht gut beschreibt, so daß die wenigen restlichen Koeffizienten $\alpha_{\boldsymbol{k}+\boldsymbol{G}}$ in (4) leicht durch eine Störungsrechnung bestimmt werden können. Die Näherung der freien Elektronen wird somit auf einer neuen Stufe der Interpretation wiederholt. Man nennt das geschilderte Verfahren *OPW-Methode*, ihre erste Näherung, in der man nur ein Glied $\chi_{\boldsymbol{k}}$ in (4) verwendet, heißt Ein-OPW-Näherung.

2.2.2. Pseudopotentiale

Wir wollen nun die behauptete schnelle Konvergenz der Reihe (4) untersuchen. Dazu stellen wir (4) mit (3) als

$$\psi_k(\boldsymbol{r}) = \Phi_k(\boldsymbol{r}) + \varphi_k(\boldsymbol{r}) \text{ mit } \Phi_k(\boldsymbol{r}) = \sum_{\boldsymbol{G}} \alpha_{\boldsymbol{k}+\boldsymbol{G}}\, e^{i(\boldsymbol{k}+\boldsymbol{G})\boldsymbol{r}}, \tag{5}$$

$$\varphi_k(\boldsymbol{r}) = -\sum_{\boldsymbol{G},c} \varphi_{ck}(\boldsymbol{r}) \int d^3r' \varphi_{ck}^*(\boldsymbol{r}')\, e^{i(\boldsymbol{k}+\boldsymbol{G})\boldsymbol{r}'} \alpha_{\boldsymbol{k}+\boldsymbol{G}} = -\sum_c P_c \Phi_k \tag{6}$$

mit

$$P_c \Phi_k(\boldsymbol{r}) = \varphi_{ck}(\boldsymbol{r}) \int d^3r \varphi_{ck}^*(\boldsymbol{r}')\, \Phi_k(\boldsymbol{r}') \tag{6'}$$

dar, wobei $\Phi_k(\boldsymbol{r})$ den glatten Anteil der Wellenfunktion enthält. P_c bezeichnet man als Projektionsoperator, der die Anteile der Funktion $\varphi_{ck}(\boldsymbol{r})$ aus der Funktion $\Phi_k(\boldsymbol{r})$ herausprojiziert. Schreibt man statt der Schrödinger-Gleichung (1.2–1) für ψ_k unter Benutzung von (2), (5) und (6) eine äquivalente Differentialgleichung für die Pseudowellenfunktion Φ_k hin,

$$h\Phi_k = \Phi_k \varepsilon(\boldsymbol{k}), \quad h = -\frac{\hbar^2}{2m}\frac{\partial^2}{\partial \boldsymbol{r}^2} + w(\boldsymbol{r}), \tag{7}$$

so kann man an dieser Gleichung tatsächlich sehen, daß Φ_k glatt ist, d. h., daß das Pseudopotential $w(\boldsymbol{r})$ tatsächlich nur eine geringe Störung des Hamilton-Operators $-\frac{\hbar^2}{2m}\frac{\partial^2}{\partial \boldsymbol{r}^2}$ für freie Elektronen darstellt. (7) bezeichnet man in Verbindung mit den Gleichungen (8) und (9) als Phillips-Kleinman-Gleichung. Die Umrechnung von (1.2–1) auf (7) liefert für das Pseudopotential

$$w(\boldsymbol{r}) = v(\boldsymbol{r}) + \hat{v}_R(\boldsymbol{r}) \tag{8}$$

mit

$$\hat{v}_R(\boldsymbol{r}) = \sum_c \left(\varepsilon(\boldsymbol{k}) - \varepsilon_c\right) P_c. \tag{9}$$

Es besteht demnach aus dem Ionenpotential $v(\boldsymbol{r})$ und dem sogenannten Repulsionspotential $\hat{v}_R(\boldsymbol{r})$, die sich beide nahezu kompensieren. $\hat{v}_R$ stellt nach (9) ein nichtlokales Potential dar, das P_c als Integraloperator enthält, der auf die Funktion Φ_k wirkt. Es hängt außerdem von dem zu berechnenden Energieeigenwert $\varepsilon(\boldsymbol{k})$ und den Rumpfenergien ε_c ab. $\hat{v}_R$ bewirkt effektiv, daß wegen des Pauli-Prinzips die Valenzelektronen nur schwach in den Ionenbereich eindringen können und somit das starke Ionenpotential $v(\boldsymbol{r})$ nicht spüren.

Das soeben skizzierte Verfahren heißt *Pseudopotentialmethode* (Harrison 66). Es ist für die sogenannten einfachen Metalle und auch Halbleiter wie Silizium geeignet und führt zu einer guten Übereinstimmung mit experimentell bestimmten Bandstrukturen. Bei den einfachen Metallen werden die Leitungs- und Valenzbänder von s- und p-Zuständen gebildet.

Mit der Pseudopotentialmethode ist die Berechnung der Bandstruktur von ersten Prinzipien her möglich (für die konsequente Anwendung der Methode auf reine Metalle und Legierungen s. z. B. Hafner 77 u. 79). Bei der im folgenden Abschnitt beschriebenen Methode der Modellpotentiale verwendet man dagegen gewisse Informationen (die z. B. schwer zu berechnende Vielteilcheneffekte betreffen) über die atomaren Potentiale aus experimentellen Daten, die an freien Atomen bzw. Ionen gewonnen wurden. Der Rechenaufwand reduziert sich dabei beträchtlich.

2.2.3. Modellpotentiale

In der verwandten Methode des Modellpotentials (Heine und Abarenkov 64) benutzt man ein Potential der Form (Abb. 2.2–2)

$$w^0(r) = -Z\epsilon^2 \begin{cases} 1/r \\ A_l(\varepsilon) \end{cases} \quad \text{für} \quad r \gtrless R_l. \tag{10}$$

Im Außenraum $r > R_l$ besitzt es denselben Verlauf wie ein Z-fach geladenes Ion. Im Innenraum ersetzt man es in Anlehnung an (9) durch eine drehimpuls- und energieabhängige Konstante $A_l(\varepsilon)$. Aus diesem Grunde ist auch das Modellpotential nichtlokal, d. h., es wirkt auf verschiedene Zustände unterschiedlich. $A_l(\varepsilon)$ kann im interessierenden Energiebereich aus den Funkenspektren der freien Ionen bestimmt

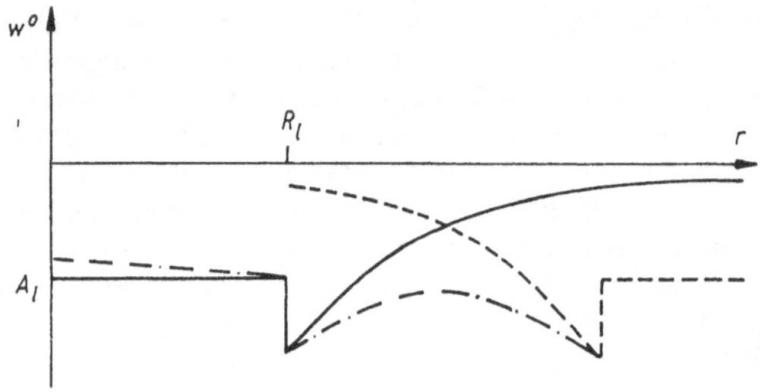

Abb. 2.2–2. Modellpotential w^0(r) von Heine und Abarenkov nach Gleichung (2.2–10) für ein Ion im Koordinatenursprung (ausgezogene Kurve) und ein benachbartes Ion (gestrichelte Kurve) sowie deren Überlagerung (bis auf eine additive Konstante strichpunktierte Kurve).

werden. Dabei verwendet man die Bedingung, daß das Potential (10) die gemessenen Einelektronenspektren des Ions reproduzieren soll. Die zum Potential w^0 in (10) gehörende Pseudowellenfunktion hat im Außenraum $r > R_l$ denselben Verlauf wie die echte Wellenfunktion. Im Innenraum besitzt die Pseudowellenfunktion im Gegensatz zur echten keine Knoten, das Modellpotential verläuft daher wesentlich flacher als das echte Potential.

Im Kristall wird das entstehende Potential noch glatter durch die Überlagerung der Anteile der benachbarten Atome (Abb. 2.2–2) sowie durch die Abschirmung des weitreichenden Coulomb-Anteils r^{-1} der Ionen durch das Gas der freien Leitungselektronen.

Die Fourier-Transformierte des Kristallpotentials

$$W(\boldsymbol{r}) = \sum_{\boldsymbol{R}} w(\boldsymbol{r} - \boldsymbol{R}) \tag{11}$$

ergibt sich analog (1.2–21) zu

$$W(\boldsymbol{k}) = \frac{1}{\mathcal{V}} \int \mathrm{d}^3 r \, \mathrm{e}^{-i\boldsymbol{kr}} \, W(\boldsymbol{r}) = w(\boldsymbol{k}) \, S(\boldsymbol{k}) \tag{12}$$

mit der Fourier-Transformierten eines einzelnen, abgeschirmten Ionenpotentials $w(\boldsymbol{r})$, dem *Atomformfaktor*

$$w(\boldsymbol{k}) = \frac{1}{\mathcal{V}_0} \int \mathrm{d}^3 r \, \mathrm{e}^{-i\boldsymbol{kr}} \, w(\boldsymbol{r}), \tag{13}$$

und dem die Anordnung der N Atome im Kristall charakterisierenden *Strukturfaktor*

$$S(\boldsymbol{k}) = \frac{1}{N} \sum_{\boldsymbol{R}} \mathrm{e}^{-i\boldsymbol{kr}}. \tag{14}$$

Das abgeschirmte Modellpotential w ergibt sich aus dem Potential (10) des „nackten" Ions w^0 und der die Abschirmung durch das Gas der fast freien Elektronen charakterisierenden *dielektrischen Funktion* $\varepsilon/(k)$ aus (5.2–22) zu

$$w(\boldsymbol{k}) = w^0(\boldsymbol{k}) / \varepsilon^e(\boldsymbol{k}). \tag{15}$$

Bemerkenswert an (12) und (15) ist die völlige Trennung von Eigenschaften der freien Ionen (w^0), ihrer Anordnung (S) und ihrer Abschirmung im Metall (ε^e).

Je glatter der Verlauf des Modellpotentials $W(\boldsymbol{r})$ ist, desto kleiner wird $W(\boldsymbol{k})$ für große k (d. h. kleine Wellenlängen). Das wird bei der Konstruktion des „optimierten Pseudopotentials" nach Shaw (68) ausgenutzt, das wie in Abb. 2.2–3

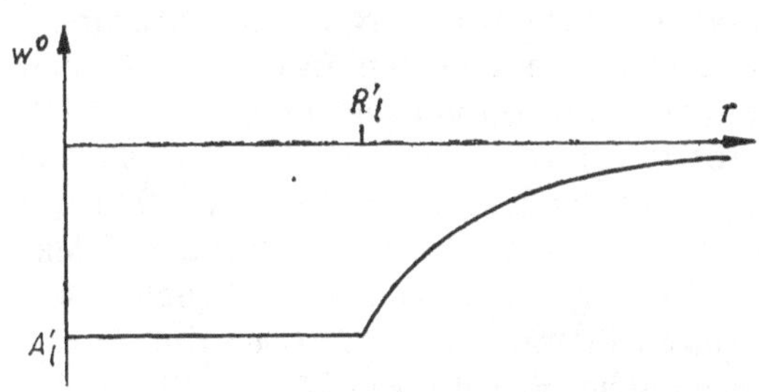

Abb. 2.2–3. Optimiertes Pseudopotential nach Shaw für ein einzelnes Ion

dargestellt den Potentialsprung bei R_l' vermeidet, indem in (10) R_l' nach $A_l'(\varepsilon) = 1/R_l'$ gewählt wird. Die Korrekturen von Gl. (15) infolge der Nichtlokalität des Potentials haben für die Bandberechnung nur relativ geringe Bedeutung und sollen daher nur erwähnt werden.

Die für Aluminium berechnete Bandstruktur zeigt Abb. 2.2–4. Wie in Abb. 1.2–7 werden die Energiewerte längs der Geraden zwischen hochsymmetrischen Punkten der BZ von Abb. 1.2–5 aufgetragen. Die gestrichelte Kurve zeigt das Verhalten freier Elektronen. Vom Punkt Γ in der Mitte der BZ gehen die Parabeln für freie Elektronen aus (Linien $\overline{\Gamma X}$ und $\overline{\Gamma K}$). Die Linie $\overline{XW}$ liegt auf der Oberfläche der BZ, sie stellt bei freien Elektronen ebenfalls ein Parabelstück dar. Für die Elektronen im konstanten Potential sind diese Stücke gemäß (1.2–22) entartet. Durch das Gitterpotential wird diese Entartung aufgehoben. Nach den Überlegungen von [1.2] beträgt diese Aufspaltung $2W_G$. Man sieht daher aus der Breite der Aufspaltung auf der Linie $\overline{XW}$, daß die Fourier-Komponente des Potentials klein ist gegen die ungestörte Energie $\varepsilon = \hbar^2k^2/2m$. Das zeigt die Berechtigung der Störungsrechnung an. Das parabelförmige Verhalten in der Nähe von Γ wird durch eine Korrektur 2. Ordnung gestört. Nur in unmittelbarer Nähe der Zonengrenze ist die Störung von erster Ordnung.

Die hier für Bandberechnungen erläuterte Methode der Modell- bzw. Pseudopotentiale stellt ein außerordentlich leistungsfähiges Handwerkszeug zur quantitativen Berechnung vieler physikalischer Größen dar, da sie einerseits eine Behandlung des Potentialeinflusses durch eine Störungsrechnung 2. Ordnung ausgehend von den freien Elektronen gestattet und andererseits die Berücksichtigung von Vielteilcheneffekten, die für die Berechnung von Größen wie die Gesamtenergie des Systems wichtig sind, über die Theorie des wechselwirkenden Elektronengases (mit Hilfe der dielektrischen Funktion in (15), vgl. dazu [5.2]) ermöglicht. Auf diese Weise können quantitative Aussagen über die stabile Gitterstruktur und elastische Konstanten [5.3.1], über das

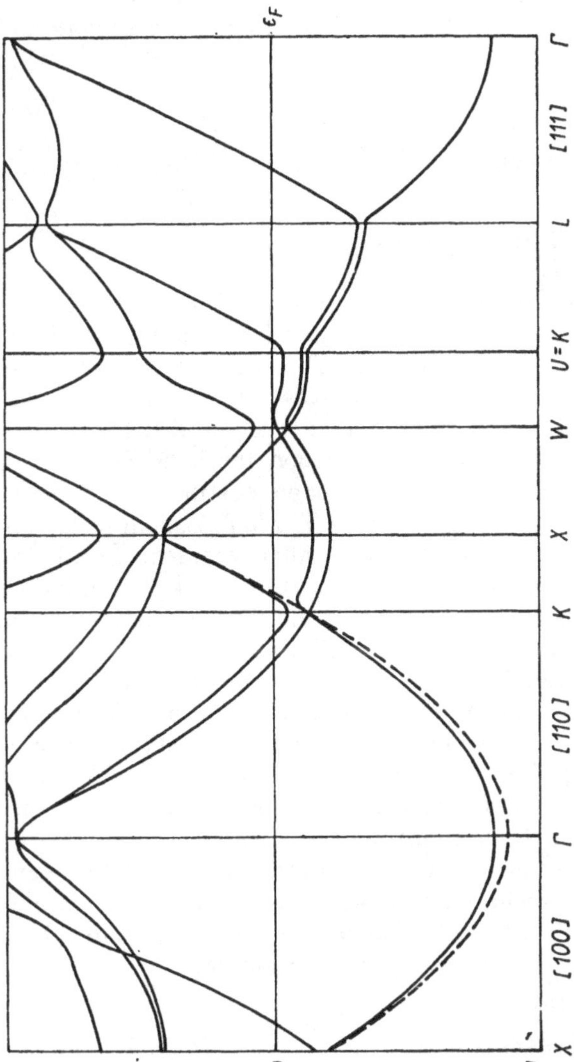

Abb. 2.2–4. Bandstruktur von Aluminium; gestrichelt: Verhalten freier Elektronen ($\varepsilon_F = 0{,}868\,ryd$); Gitterkonstante $a = 7{,}60 a_0$, selbstkonsistente LCAO-Rechnung mit Austausch-Korrelationspotential nach Hedin und Lundqvist (Eschrig 82a)

Anregungsspektrum der Gitterschwingungen [5.3.2] und über Transporteigenschaften wie den elektrischen Widerstand gemacht werden.

2.3. Streukonzept

2.3.1. Muffin-Tin-Potential

Die konkrete Form der Bandstruktur wird durch den Potentialverlauf bestimmt. In Metallen mit frei beweglichen Elektronen kann dieser in sehr guter Näherung durch folgendes „Muffin-Tin"-Modell (deutsch: Keksschachtelmodell) beschrieben werden (Abb. 2.3–1). In der Nähe der Ionen wird das Potential für die Leitungselektronen durch die Kernladung und die stark gebundenen Elektronen bestimmt und daher innerhalb der gezeichneten Muffin-Tin(MT)-Kugeln mit dem Radius R_{MT} als kugelsymmetrisch angenommen. In diesem Gebiet ist das Potential räumlich sehr stark veränderlich und durch tiefe Töpfe wie bei freien Ionen bestimmt. Im Gebiet zwischen den Kugeln (MT-Flur) ist das Potential konstant. Für Metalle stellt das wegen der dichten Packung der Atome und der hohen Symmetrie um die Atome im Gegensatz zu den offenen Strukturen bei Halbleitern eine gute Näherung dar, die sowohl den konkreten Potentialverlauf in unmittelbarer Ionennähe als auch das Vorhandensein fast freier Leitungselektronen berücksichtigt.

Die MT-Näherung ermöglicht auch in den Fällen eine schnelle Bandberechnung, in denen nicht wie in [2.2] das effektive Potential als klein angesehen werden kann. Diese Situation tritt z. B. bei Übergangsmetallen auf.

2.3.2. Streudarstellung

Die Bewegung eines Elektrons in diesem MT-Potential läßt sich im Zwischengebiet durch ebene Wellen beschreiben, die an den kugelförmigen Potentialtöpfen fortwährend gestreut werden. Ein solcher Vielfachstreuprozeß ist in Abb. 2.3–1 eingezeichnet. Die Aufsummation aller möglichen Streuprozesse, die unter Ausnutzung der Translationssymmetrie bei der Anordnung der Potentialtöpfe möglich ist, liefert dann die Bandstruktur.

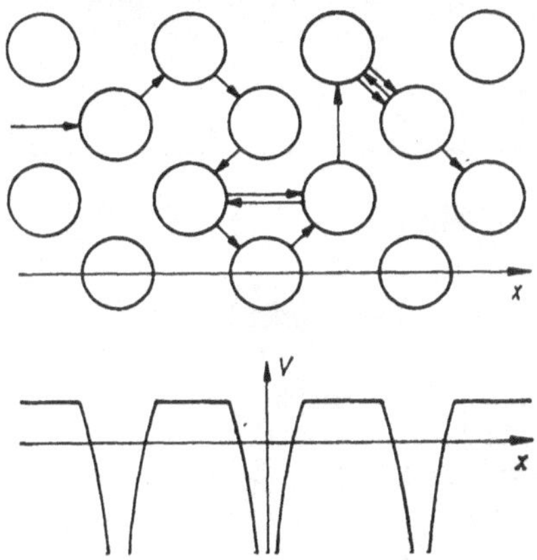

Abb. 2.3–1. MT-Potential. Innerhalb der Kugeln um die Ionenorte ist das Potential kugelsymmetrisch, außerhalb konstant. Die Pfeile deuten einen Vielfach-Streuprozeß an. Die untere Abbildung zeigt den Potentialverlauf längs der Linie x.

Die Streuung von ebenen Wellen an kugelförmigen Potentialen ist eine aus der Quantentheorie gut bekannte Aufgabe. Sie erfordert die Lösung der radialen Schrödinger-Gleichung

$$\left(-\frac{1}{r}\frac{\mathrm{d}^2}{\mathrm{d}r^2}\, r - \varkappa^2 + v_{\mathrm{eff}}(r)\right) R_l(r, \varkappa) = 0 \tag{1}$$

mit

$$\varepsilon = \frac{\hbar^2}{2m}\varkappa^2; \quad v(r) = \frac{\hbar^2}{2m}\, v'(r), \quad v_{\mathrm{eff}}(r) = v'(r) + \frac{l(l+1)}{r^2}. \tag{2}$$

$l(l+1)/r^2$ stellt dabei das Zentrifugalpotential im Zustand zum Drehimpuls l dar. Es interessieren die bei $r \to 0$ regulären

Lösungen $R_l(r, \varkappa)$ mit dem Verhalten

$$R_l(r, \varkappa) \sim r^l \quad \text{für} \quad r \to 0\,. \tag{3}$$

Bei verschwindendem Potential $v' = 0$ sind die sphärischen Bessel- und Neumann-Funktionen j_l bzw. n_l mit dem Verhalten

	$r \to 0$	$r \to \infty$	
$\mathrm{j}_l(\varkappa r) \sim$	r^l	$\dfrac{1}{\varkappa r} \sin(\varkappa r - \pi l/2)$	(4)
$\mathrm{n}_l(\varkappa r) \sim$	$-\,r^{-l-1}$	$-\dfrac{1}{\varkappa r} \cos(\varkappa r - \pi l/2)$	

die beiden Fundamentallösungen von (1).

Außerhalb von R_{MT} ist die radiale Lösung R_l aus j_l und n_l zusammensetzbar

$$R_l(r, \varkappa) = \mathrm{j}_l(\varkappa, r) \cos \eta_l(\varkappa) - \mathrm{n}_l(\varkappa r) \sin \eta_l(\varkappa)\,. \tag{5}$$

Alle Informationen über die Wellenfunktion und damit die Streueigenschaften des Potentials sind in den energieabhängigen Streuphasen $\eta_l(\varkappa)$ zum Drehimpuls l zusammengefaßt.

In der asymptotischen Darstellung

$$R_l(r, \varkappa) \sim \frac{1}{\varkappa r} \sin(\varkappa r + \eta_l - \pi l/2) \quad \text{für} \quad r \to \infty \tag{6}$$

wird die Bedeutung von $\eta_l(\varkappa)$ als Phasenverschiebung der ungestörten Welle $\mathrm{j}_l(\varkappa r)$ offenbar. Dieser Sachverhalt ist nochmals anschaulich in Abb. 2.3–2 dargestellt. Es sind dabei für $l = 0$ die radiale Wellenfunktion im Potentialtopf und bei konstantem Potential dargestellt. Im Gebiet des Topfes unterscheiden sich beide stark, außerhalb weisen bis auf die Phasenverschiebung η beide dasselbe oszillierende

Verhalten auf.[1]) Da sich die einzelnen Potentialtöpfe nicht überlappen, sind für ihr Zusammenwirken nur diese Streuphasen wesentlich. Die Atome lassen sich in diesem Bild also als „schwarze Kästen" behandeln, die durch Streuphasen $\eta_l(\varkappa)$ gekennzeichnet sind.

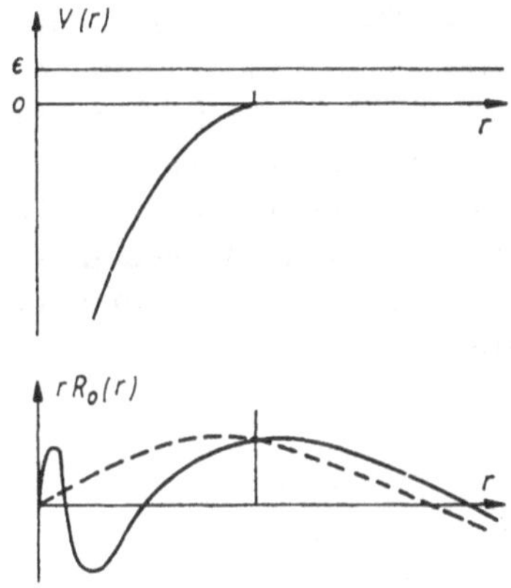

Abb. 2.3–2. Radiale Wellenfunktion $rR_0(r)$ zur Energie ε im Potentialtopf $v(r)$ mit zwei Knoten innerhalb des Topfes (ausgezogene Kurve) und im konstanten Potential $v = 0$ (gestrichelt). Beide unterscheiden sich außerhalb des Topfes ($r > R$) nur um die Phasenverschiebung η.

Die Berechnung der Streuphasen erfolgt durch numerische Integration der gewöhnlichen Differentialgleichung (1) von $r = 0$ bis R_{MT}, dort erfolgt die Anpassung an die Form (5). Da die willkürliche Normierung durch (5) gegeben ist, genügt die Anpassung der logarithmischen Ableitung

$$L_l(\varkappa) \equiv \frac{R_l'(R_{\mathrm{MT}}, \varkappa)}{R_l(R_{\mathrm{MT}}, \varkappa)} = \varkappa \frac{\mathrm{j}_l'(\varkappa R_{\mathrm{MT}}) \cos \eta_l(\varkappa) - \mathrm{n}_l'(\varkappa R_{\mathrm{MT}}) \sin \eta_l(\varkappa)}{\mathrm{j}_l(\varkappa R_{\mathrm{MT}}) \cos \eta_l(\varkappa) - \mathrm{n}_l(\varkappa R_{\mathrm{MT}}) \sin \eta_l(\varkappa)}. \tag{7}$$

Der Strich bezeichnet dabei die Ableitung jeweils nach dem Argument der Funktion.

---

[1]) Für $l = 0$ besitzen j_0 und n_0 die einfache Form $j_0 = (\varkappa r)^{-1} \sin (\varkappa r)$ bzw. $n_0 = -(\varkappa r)^{-1} \cos (\varkappa r)$.

2.3.3. Verhalten von Potential und Streuphasen in Metallen

Bei den einfachen Metallen liegen die Streuphasen im interessierenden Energiebereich der Leitungsbänder in der Nähe von ganzzahligen Vielfachen von π. Da die Änderung der Streuphase um π aber nichts anderes als eine nicht beobachtbare Verschiebung des äußeren Teils der Wellenfunktion um einen Knoten bedeutet, heißt das, daß die Elektronen die Streuzentren nahezu ungestört passieren, obwohl das wirkende Potential durchaus nicht als klein anzusehen ist! Die Reduzierung der Streuphase η um einen Summanden $n\pi$ auf eine kleinere Größe η' bedeutet also nichts anderes,

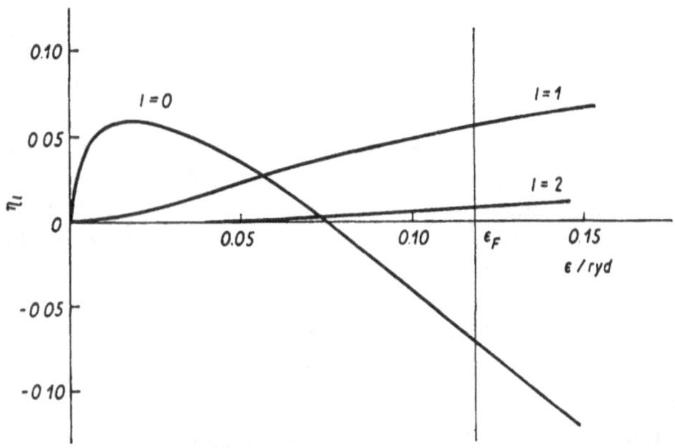

Abb. 2.3–3. Berechnete Streuphasen η_l für Natrium (nach Paasch und Woittennek 73) als Funktion der Energie für die Drehimpulse $l = 0, 1, 2$.

als daß die Knoten der echten Wellenfunktion in der Nähe der Ionen entfernt werden. Das ist eine etwas andere Darstellung der bereits im vorigen Kapitel behandelten Kleinheit des Pseudo- oder Modellpotentials. Als Beispiel für die einfachen Metalle sind in Abb. 2.3–3 die berechneten Streuphasen für Natrium angegeben. Besonders interessant sind die Werte bei der Fermi-Energie, da sie die Form der Fermi-Fläche und die Transporteigenschaften bestimmen. Man findet in der Kleinheit der Streuphase η' somit die Erklärung dafür, daß sich in einfachen Metallen die Valenzelektronen nahezu wie freie verhalten.

Bei Übergangs- und Edelmetallen sind die d-Elektronen wesentlich. Bei den isolierten Atomen liegen die d-Niveaus energetisch im Bereich der s- und p-Niveaus der nächsten Schale. Die Wellenfunktionen der d-Elektronen sind dabei aber bedeutend stärker lokalisiert als die der s- und p-Elektronen. Beim Übergang zum Kristall hat das eine geringere Überlappung der Wellenfunktion benachbarter Atome und damit schmale d-Bänder zur Folge, die innerhalb des Bandes fast freier Elektronen liegen, das aus den s- und p-Elektronen hervorgegangen ist. Die Ursache für den qualitativen Unterschied liegt in dem mit l wachsenden Einfluß des Potentialanteils der Zentrifugalkraft $\sim l(l + 1)/r^2$.

Abb. 2.3–4 zeigt dazu den Verlauf des Potentials für einen Schnitt durch die Zentren zweier benachbarter Atome. Das MT-Potential ergibt sich dabei aus der Überlagerung der atomaren Potentiale mit einem breiten Maximum zwischen den Atomen. Dieses stellt in der klassischen Mechanik die Grenze zwischen freien und gebundenen Zuständen dar und ist somit ein Maß für die untere Grenze des Leitungsbandes. Für d-Elektronen ist in jeder MT-Kugel noch das Zentrifugalpotential hinzuzufügen. Das führt zur Herausbildung eines Potentialtopfs, in dem sich das Elektron aufhält. Wegen der durch das Zentrifugalpotential erzeugten Potentialschwelle kann ein d-Elektron mit der eingezeichneten Energie ε_d nur mit geringer Wahrscheinlichkeit in den Nachbartopf tunneln. Für die Wellenfunktion verursacht das im Gebiet der Potentialbarriere den in Abb. 2.3–4b eingezeichneten exponentiell abklingenden Verlauf. Für geringfügig davon abweichende Energien kommt dort die exponentiell ansteigende Lösung ins Spiel. Sind die Unterschiede zwischen den Wellenfunktionen zu benachbarten Energien am Anfang der Barriere noch klein, so wachsen sie – wie in Abb. 2.3–4b

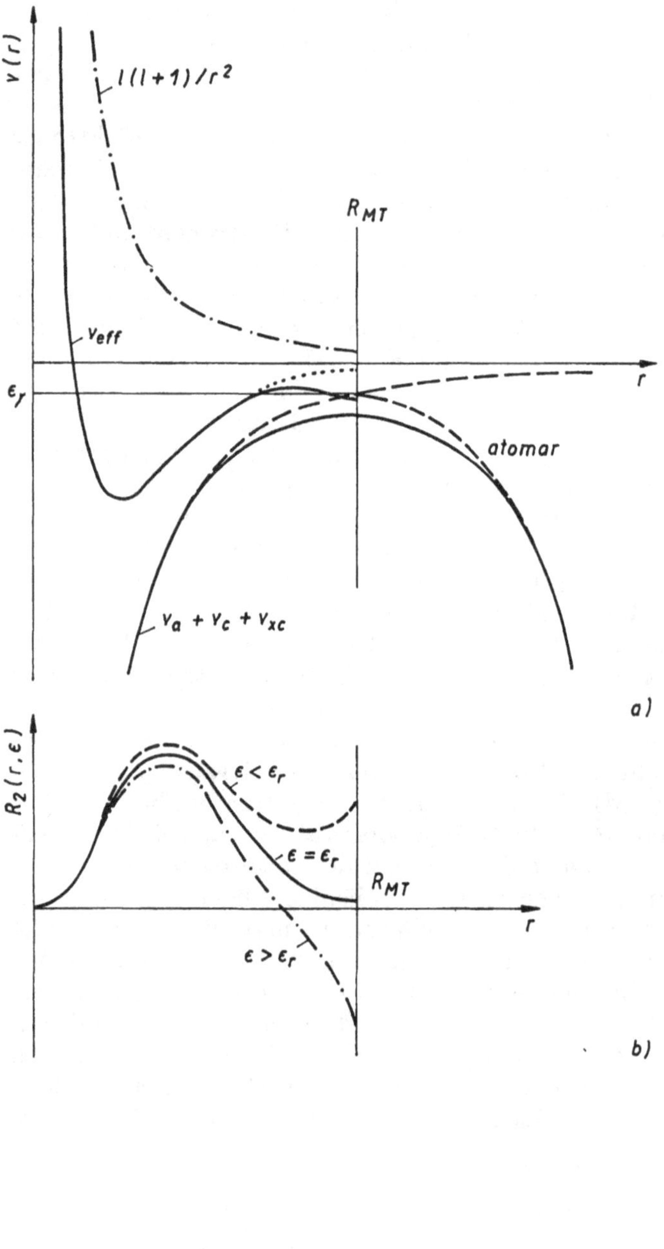
v(r)
l(l+1)/r²
R_MT
v_eff
ε_r
r
atomar
v_a + v_c + v_xc
a)
R_2(r,ε)
ε < ε_r
ε = ε_r
R_MT
r
ε > ε_r
b)

dargestellt – sehr schnell an, so daß sich die zugehörige Streuphase in diesem Bereich qualitativ stark ändert. Ist die Tangente der Wellenfunktion bei ε_d fast gleich Null, so erreicht sie bei den kleineren (größeren) Energien schnell beträchtliche positive (negative) Werte. Die ebene Welle im konstanten Außenpotential hat dann gerade in der Nähe des MT-Radius Knoten. Das geschilderte stark energieabhängige Verhalten bezeichnet man in der Streutheorie als Resonanz. Bei der Resonanzenergie ε_d hält sich das Teilchen bevorzugt im Innern des Potentialtopfes auf, wie aus dem Verhältnis der Wellenfunktion für Außen- und Innenraum hervorgeht. Das Streuverhalten – in unserem Falle die Streuphase – ändert sich innerhalb der Resonanzbreite Γ_d sehr stark von Werten η' in der Nähe von Null über $\pi/2$ bei ε_d zu Werten in der Nähe von π

$$\tan \eta_2 = \frac{\Gamma_d}{\varepsilon_d - \varepsilon} + \tan \eta'_2; \quad \tan \eta'_2 \ll 1. \tag{8}$$

$\Gamma_d = \hbar/\tau$ ist um so kleiner, je größer die Lebensdauer des quasistationären Zustandes bei ε_d bzw. die den Zerfall bestimmende Potentialbarriere ist. Für eine unendlich ausgedehnte Potentialbarriere (Atomabstand bzw. $R_{\mathrm{MT}} \to \infty$) geht ε_d in die Energie des d-Elektrons im Atom über. Das Vorhandensein stark lokalisierter d-Elektronen mit sich schwach überlappenden Wellenfunktionen entspricht also

Abb. 2.3–4. a) Potentialverlauf für d-Zustände an der Verbindungslinie zweier benachbarter Atome (ausgezogene Kurve v_{eff}). Gestrichelt: Verlauf von Kern-, Coulomb- und Austauschpotential $V_a + V_c + V_{xc}$ für isolierte Atome; untere ausgezogene Kurve: Überlagerung von $V_a + V_c + V_{xc}$ für benachbarte Atome. v_{eff} Summe von $V_a + V_c + V_{xc}$ und Potential der Zentrifugalkraft $\hbar^2 l(l+1)/r^2 2m$ (strichpunktiert). Punktiert: v_{eff} für isolierte Atome.
b) Verlauf der radialen Wellenfunktion $R_2(r, \varepsilon)$ eines $3d$-Zustandes im Potential a) für die Resonanzenergie ε_d und dazu benachbarte größere (strichpunktiert) und kleinere Energien (gestrichelt).

im Streubild den scharfen Resonanzen (8) in der d-Streuphase η_2. Abb. 2.3–5 zeigt die berechnete d-Streuphase für Vanadium.

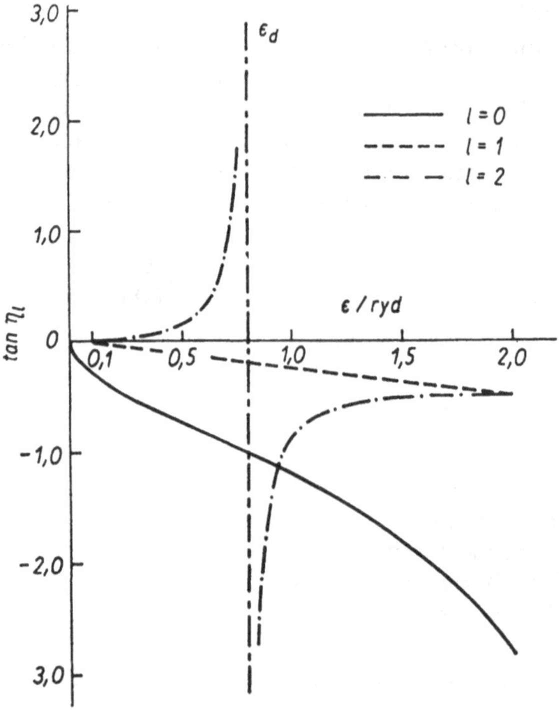

Abb. 2.3–5. Tangens der Streuphasen tan η_l für $l = 0, 1, 2$ von Vanadium als Funktion der Energie (nach Urwank 75).

2.4. APW-Methode

Bei der APW-Methode nutzt man die Vereinfachung, die die MT-Näherung bietet, aus, indem man im Zwischengebiet konstanten Potentials die Wellenfunktion als Linearkombination ebener Wellen schreibt und diese wiederum an die kugelsymmetrischen Lösungen mit stetigem Verlauf auf der Oberfläche der MT-Kugel anpaßt (APW: Augmented Plane Wave, d. h. angepaßte ebene Welle):

$$\Phi_{\boldsymbol{k}}(\boldsymbol{r}) = \begin{cases} e^{i\boldsymbol{k}\boldsymbol{r}} \\ \sum\limits_{L} i^l a_L R_l(r, \varkappa)\, \mathcal{Y}_L(\boldsymbol{r}) \end{cases} \quad (r \gtrless R_{\mathrm{MT}}) \tag{1}$$

Dabei bedeutet L eine Abkürzung (Sammelindex) für Drehimpuls- und Magnetquantenzahl l bzw. m. $\mathcal{Y}_L(\boldsymbol{r})$ sind die komplexen Kugelfunktionen, die die Abhängigkeit von den Winkeln ϑ und φ in den Kugelkoordinaten r, ϑ, φ enthalten. Die Koeffizienten a_L erhält man mit der Hilfsformel

$$e^{i\boldsymbol{k}\boldsymbol{r}} = 4\pi \sum_{L} i^l \mathrm{j}_l(kr)\, \mathcal{Y}_L(\boldsymbol{r})\, \mathcal{Y}_L^*(\boldsymbol{k}) \tag{2}$$

aus der Stetigkeitsforderung von (1) für $r = R_{\mathrm{MT}}$:

$$a_L = 4\pi \frac{\mathrm{j}_l(kR_{\mathrm{MT}})}{R_l(R_{\mathrm{MT}}, \varkappa)}\, \mathcal{Y}_L^*(\boldsymbol{k}). \tag{3}$$

Die Lösungsfunktion $\psi_{\boldsymbol{k}}(\boldsymbol{r})$ der Schrödinger-Gleichung (1.2–1) setzt man analog zu den OPW 2.2–4 als Linearkombination einzelner APW (1) mit der richtigen Translationssymmetrie an:

$$\psi_{\boldsymbol{k}}(\boldsymbol{r}) = \sum_{\boldsymbol{G}} \alpha_{\boldsymbol{k}+\boldsymbol{G}}\, \Phi_{\boldsymbol{k}+\boldsymbol{G}}(\boldsymbol{r}). \tag{4}$$

Die $\alpha_{\boldsymbol{k}+\boldsymbol{G}}$ werden wiederum über die Extremaleigenschaft der Gesamtenergie durch Variation bestimmt.

Wegen der Unstetigkeit der Ableitung von $\Phi_{\boldsymbol{k}}$ bei R_{MT} muß man dabei für den Erwartungswert der kinetischen Energie (wieder in Einheiten $\frac{\hbar^2}{2m}$) statt $\int \mathrm{d}^3 r \psi^* \left(-\frac{\partial^2}{\partial \boldsymbol{r}^2}\right) \psi$ den Ausdruck $\int \mathrm{d}^3 r \left(\frac{\partial \psi}{\partial \boldsymbol{r}}\right)^* \frac{\partial \psi}{\partial \boldsymbol{r}}$ verwenden. Für die Größe $(\overline{H} - \varkappa^2)$ schreibt man damit für eine WS-Zelle (alle Zellen liefern wegen der Translationssymmetrie das gleiche Ergebnis)

$$\int_{\mathrm{WS}} \mathrm{d}^3r \left\{\frac{\partial\psi^*}{\partial \boldsymbol{r}}\frac{\partial\psi}{\partial \boldsymbol{r}} + \left(v'(\boldsymbol{r}) - \varkappa^2\right)\psi^*\psi\right\}$$

$$= \left(\int_{\mathrm{MT}} \mathrm{d}^3r + \int_{\mathrm{Rest}} \mathrm{d}^3r\right)\left\{\psi^*\left(-\frac{\partial^2}{\partial \boldsymbol{r}^2} + v(\boldsymbol{r}) - \varkappa^2\right)\psi\right\}$$

$$+ \oint\!\!\!\oint_{(\mathrm{MT})} \mathrm{d}\boldsymbol{S}\,\psi^* \frac{\partial}{\partial \boldsymbol{r}}(\psi_i - \psi_a). \tag{5}$$

Dabei wurde zunächst das Volumenintegral über die Elementarzelle in je eines über die MT-Kugel und das restliche Gebiet aufgeteilt (vergl. Abb. 2.4–1) und danach über den Gaußschen Satz das Integral

$$\int_{\mathrm{WS}} \mathrm{d}^3r \frac{\partial\psi^*}{\partial \boldsymbol{r}}\frac{\partial\psi}{\partial \boldsymbol{r}} = -\int_{\mathrm{WS}} \mathrm{d}^3r\psi^* \frac{\partial^2}{\partial \boldsymbol{r}^2}\psi + \oint\!\!\!\oint_{(\mathrm{WS})} \mathrm{d}\boldsymbol{S}\psi^* \frac{\partial\psi}{\partial \boldsymbol{r}} \tag{6}$$

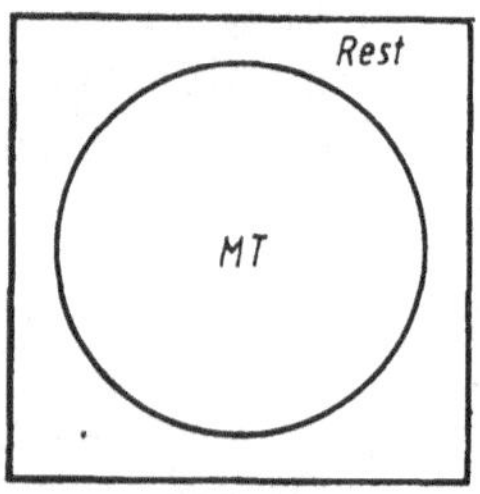

Abb. 2.4–1. Integrationsgebiete in (2. 4–5). Die (schematisch als Quadrat dargestellte) Elementarzelle wird in die MT-Kugel und ein restliches Gebiet aufgeteilt.

in die übliche Form und ein Oberflächenintegral über das betrachtete Gebiet WS überführt. ψ_i und ψ_a sind dabei die Lösungen innerhalb bzw. außerhalb der MT-Kugel. Ein Oberflächenintegral über den Rand der Elementarzelle verschwindet wegen der Translationssymmetrie der Wellenfunktion $\psi_{\boldsymbol{k}}$. In (5) verschwindet das erste Integral über MT, da $\psi_{\boldsymbol{k}}$ dort wegen des Ansatzes (1) die Schrödinger-Gleichung erfüllt. Das Integral über das restliche Volumen mit konstantem Potential läßt sich wegen der ebenen Wellen in diesem Gebiet leicht auswerten.[1]

Das Oberflächenintegral in (5) verschwindet, falls die $\alpha_{\boldsymbol{k}+\boldsymbol{G}}$ in (4) so gewählt werden, daß $\frac{\partial \psi}{\partial \boldsymbol{r}}$ stetig ist. Das ist für die Lösung von (7) der Fall. Wegen der Kugelsymmetrie läßt sich das Oberflächenintegral leicht auswerten, es ergibt mit (1)

$$\sim \mathrm{j}_l(|\boldsymbol{k} + \boldsymbol{G}|\, R_{\mathrm{MT}})\, \mathrm{j}_l(|\boldsymbol{k} + \boldsymbol{G}'|\, R_{\mathrm{MT}}) \left\{ \frac{R_l'(R_{\mathrm{MT}}, \varkappa)}{R_l(R_{\mathrm{MT}}, \varkappa)} - |\boldsymbol{k} + \boldsymbol{G}'|\, \frac{\mathrm{j}_l'(|\boldsymbol{k} + \boldsymbol{G}'|\, R_{\mathrm{MT}})}{\mathrm{j}_l(|\boldsymbol{k} + \boldsymbol{G}'|\, R_{\mathrm{MT}})} \right\}.$$

Die Variation von (5) nach den $\alpha^*_{\boldsymbol{k}+\boldsymbol{G}}$ ergibt endgültig die *APW-Gleichungen* (Slater 37, Loucks 67)

$$\sum_{\boldsymbol{G}'} \{[(\boldsymbol{k} + \boldsymbol{G})^2 - \varkappa^2]\, \delta_{\boldsymbol{G}\boldsymbol{G}'} + \Gamma_{\boldsymbol{G}\boldsymbol{G}'}(\varkappa)\}\, \alpha_{\boldsymbol{k}+\boldsymbol{G}'} = 0 \tag{7}$$

mit

$$\Gamma_{\boldsymbol{G}\boldsymbol{G}'}(\varkappa) = \frac{4\pi R_{\mathrm{MT}}^2}{\mathscr{V}_0} \left\{ - [(\boldsymbol{k} + \boldsymbol{G})^2 - \varkappa^2]\, \frac{\mathrm{j}_l(|\boldsymbol{G} - \boldsymbol{G}'|\, R_{\mathrm{MT}})}{|\boldsymbol{G} - \boldsymbol{G}'|} + \sum_{l=0}^{\infty} (2l + 1)\, P_l(\zeta)\, \mathrm{j}_l(|\boldsymbol{k} + \boldsymbol{G}|\, R_{\mathrm{MT}})\, \mathrm{j}_l(|\boldsymbol{k} + \boldsymbol{G}'|\, R_{\mathrm{MT}}) \left[\frac{R_l'(R_{\mathrm{MT}}, \varkappa)}{R_l(R_{\mathrm{MT}}, \varkappa)} - |\boldsymbol{k} + \boldsymbol{G}|\, \frac{\mathrm{j}_l'(|\boldsymbol{k} + \boldsymbol{G}|\, R_{\mathrm{MT}})}{\mathrm{j}_l(|\boldsymbol{k} + \boldsymbol{G}|\, R_{\mathrm{MT}})} \right] \right\}. \tag{8}$$

---

[1]) Man beachte dazu, daß φ aus (4) in diesem Gebiet keine Lösung der Schrödinger-Gleichung darstellt, sondern aus ebenen Wellen mit den unterschiedlichen Energien $(\boldsymbol{k} + \boldsymbol{G})^2$ zusammengesetzt ist.

P_l (ζ) bezeichnet die Legendreschen Polynome mit $\zeta = \cos \sphericalangle (\boldsymbol{k} + \boldsymbol{G}, \boldsymbol{k} + \boldsymbol{G}')$. In (7) erinnert $\Gamma_{GG'}(\varkappa)$ an das Matrixelement eines Pseudopotentials. Dieses ist im Falle der Übergangsmetalle jedoch nicht klein. Es hängt außerdem sehr stark von der Energie ab und hat an den Nullstellen der Funktion $R_l(R_{\mathrm{MT}}, \varkappa)$ sogar Pole bzgl. $\varkappa$.

Zur Lösung von (7) kann man $\boldsymbol{k}$ vorgeben und die Nullstellen der Determinante der Matrix in den geschweiften Klammern bzgl. $\varkappa$ suchen oder $\varkappa$ und die Richtung von $\boldsymbol{k}$ vorgeben und das k suchen, das (7) löst. Der Rechenaufwand ist dabei beträchtlich. Erstens wegen der großen Anzahl der in (7) zu berücksichtigenden APW (von der Größenordnung 50 pro Atom in der Elementarzelle), zweitens wegen der l-Summen in (8) bis etwa 12 Summanden und drittens wegen der starken Energieabhängigkeit aller Matrixelemente; bei jedem Schritt einer iterativen Lösung sind dabei alle Matrixelemente neu zu berechnen.

2.5. KKR-Methode

2.5.1. Streudarstellung und Greensche Funktion

Die KKR-Methode (benannt nach Korringa 47, Kohn und Rostoker 54) nutzt die Streudarstellung im MT-Potential konsequent aus. Von Vorteil ist dabei die zur Schrödinger-Gleichung (1.2–1) äquivalente Darstellung des Bewegungsproblems über die homogene Integralgleichung

$$\psi(\boldsymbol{r}) = \int \mathrm{d}^3r' \, G(\boldsymbol{r} - \boldsymbol{r}') \, v'(\boldsymbol{r}') \, \psi(\boldsymbol{r}') \tag{1}$$

mit der Greenschen Funktion $G(\boldsymbol{r} - \boldsymbol{r}')$ freier Teilchen

$$G(\boldsymbol{r} - \boldsymbol{r}') = -\frac{\mathrm{e}^{i\varkappa|\boldsymbol{r} - \boldsymbol{r}'|}}{4\pi|\boldsymbol{r} - \boldsymbol{r}'|} \tag{2}$$

über auslaufende Wellen oder stehende Wellen

$$G^{\mathrm{S}}(\boldsymbol{r} - \boldsymbol{r}') = -\frac{\cos \varkappa|\boldsymbol{r} - \boldsymbol{r}'|}{4\pi|\boldsymbol{r} - \boldsymbol{r}'|}, \tag{2'}$$

die Lösungen der Gleichungen

$$\left(-\frac{\partial^2}{\partial \boldsymbol{r}^2} - \varkappa^2\right) G(\boldsymbol{r} - \boldsymbol{r}') = -\delta(\boldsymbol{r} - \boldsymbol{r}') \tag{3}$$

sind.

Da $v'(\boldsymbol{r})$ in (1) eine Summe über einzelne MT-Potentiale darstellt, sind in der rechten Seite von (1) mit (2) auslaufende Wellen von all diesen Potentialtöpfen enthalten. Die Benutzung der Translationssymmetrie der Wellenfunktionen in Form des Bloch-Theorems (1.2–5) ergibt für jede MT-Kugel dasselbe Integral, jedoch mit unterschiedlichen Phasenfaktoren $e^{i\boldsymbol{kR}}$:

$$\psi_{\boldsymbol{k}}(\boldsymbol{r}) = \int_{\text{WS}} d^3r'\, G_{\boldsymbol{k}}(\boldsymbol{r} - \boldsymbol{r}')\, v'(\boldsymbol{r}')\, \psi_{\boldsymbol{k}}(\boldsymbol{r}') \tag{4}$$

mit

$$G_{\boldsymbol{k}}(\boldsymbol{r}) = \sum_{\boldsymbol{R}} G(\boldsymbol{r} - \boldsymbol{R})\, e^{i\boldsymbol{kR}}. \tag{5}$$

$G_{\boldsymbol{k}}$ enthält die Blochsche Bedingung und damit die Information über die Struktur. Der Summand in (5) mit $\boldsymbol{R} = 0$ besitzt wegen (2) bei $\boldsymbol{r} = 0$ eine Singularität. Nach (3) läßt sich $G(\boldsymbol{r} - \boldsymbol{r}')$ bis auf die Stelle $\boldsymbol{r} = \boldsymbol{r}'$ nach Lösungen der homogenen Schrödinger-Gleichung im konstanten Potential entwickeln. In Kugelkoordinaten sind das die sphärischen Bessel- und Neumann-Funktionen:[1])

$$G(\boldsymbol{r} - \boldsymbol{r}') = \sum_{L} Y_L(\boldsymbol{r})\, Y_L(\boldsymbol{r}')\, \mathrm{j}_l(\varkappa r)\left(\mathrm{n}_l(\varkappa r') - i\mathrm{j}_l(\varkappa r')\right) \tag{6}$$

für $r \leqq r'$

[1]) Im Unterschied zu (2.4–2) verwendet man hier vorteilhaft reelle Linearkombinationen Y_L der jeweils zueinander konjugiert komplexen Kugelfunktionen $\mathcal{Y}_{lm}$ und $\mathcal{Y}_{l,-m}$.

bzw.

$$G^{\mathrm{S}}(\boldsymbol{r}-\boldsymbol{r}') = \sum_L Y_L(\boldsymbol{r})\, Y_L(\boldsymbol{r}')\, \mathrm{j}_l(\varkappa r)\, \mathrm{n}_l(\varkappa r') \tag{6'}$$

für $r \leqq r'$.

Die Unstetigkeit der Ableitungen von G und G^{S} bei $r = r'$ liefert gerade die Singularität in (3).

Die Glieder für $\boldsymbol{R} \neq 0$ in (5) lassen sich nach den regulären Lösungen entwickeln. Aus (5) folgt damit durch Entwicklung nach Kugelkoordinaten in der betrachteten WS-Zelle die für die weitere Rechnung handliche Form

$$G_{\boldsymbol{k}}(\boldsymbol{r}-\boldsymbol{r}') = \sum_{LL'} \mathrm{j}_l(\varkappa r)\, \{i^{l-l'} B_{LL'}\, \mathrm{j}_{l'}(\varkappa r') + \delta_{LL'}(\mathrm{n}_l(\varkappa r')$$

$$- i\mathrm{j}_l(\varkappa r'))\}\, Y_L(\boldsymbol{r})\, Y_{L'}(\boldsymbol{r}')$$

für $r \leqq r'$. (7)

Ebenso ist es möglich, die Greenschen Funktionen nach ebenen Wellen mit der geeigneten Translationssymmetrie zu entwickeln:

$$G_{\boldsymbol{k}}(\boldsymbol{r}-\boldsymbol{r}') = -\sum_{\boldsymbol{G}} \frac{\mathrm{e}^{i(\boldsymbol{k}+\boldsymbol{G})(\boldsymbol{r}-\boldsymbol{r}')}}{(\boldsymbol{k}+\boldsymbol{G})^2 - \varkappa^2 - i\delta} \tag{8}$$

Man überzeugt sich leicht durch Einsetzen, daß $G_{\boldsymbol{k}}$ aus (8) eine Lösung von (3) darstellt, die auch der Bloch-Bedingung genügt. Die positive, infinitesimal kleine Größe δ im Nenner von (8) garantiert, daß (8) wie (2) die Bedingung für auslaufende Wellen erfüllt. Der Vergleich von (8) mit (7) liefert unter Benutzung der Entwicklungsformel (2.4–2) für ebene Wellen bei R_{MT} für die energieabhängige Matrix B

$$B_{LL'} = \sum_{\boldsymbol{G}} \frac{\Phi^{\boldsymbol{k}}_{L\boldsymbol{G}} \Phi^{\boldsymbol{k}*}_{L'\boldsymbol{G}}}{\varkappa^2 + i\delta - (\boldsymbol{k}+\boldsymbol{G})^2} - \delta_{LL'}\left(\frac{\mathrm{n}_l(\varkappa R_{\mathrm{MT}})}{\mathrm{j}_l(\varkappa R_{\mathrm{MT}})} - i\right)$$

$$= B^{\mathrm{S}}_{LL'} + i\delta_{LL'} \tag{9}$$

mit

$$\Phi^{\boldsymbol{k}}_{LG} = -\frac{4\pi i^l \, \mathrm{j}_l(|\boldsymbol{k}+\boldsymbol{G}|\, R_{\mathrm{MT}})\, Y_L(\boldsymbol{k}+\boldsymbol{G})}{(\mathscr{V}_0 \varkappa)^{1/2}\, \mathrm{j}_l(\varkappa R_{\mathrm{MT}})}. \tag{10}$$

2.5.2. Wellenfunktion und KKR-Gleichungen

Für $\psi_{\boldsymbol{k}}$ setzen wir ähnlich zu (2.4–1) eine Zerlegung nach Lösungen der radialen Schrödinger-Gleichung innerhalb der betrachteten Elementarzelle an:

$$\psi_{\boldsymbol{k}} = \sum_L i^l C_L(\boldsymbol{k})\, R_l(r, \varkappa)\, Y_L(\boldsymbol{r}). \tag{11}$$

Da das Potential in (4) außerhalb der MT-Kugel verschwindet, wird $\psi_{\boldsymbol{k}}$ nur für $r \leqq R_{\mathrm{MT}}$ benötigt. Der Ausdruck (11) gilt jedoch in der ganzen Elementarzelle, wenn die $c_L(\boldsymbol{k})$ die Lösungsbedingungen (16) erfüllen.

Mit (7) und (11) ist die Auswertung von (4) einfach. Die dabei auftretenden Volumenintegrale vom Typ

$$J_{LL'} = \int \mathrm{d}^3 r\, \mathrm{j}_l(\varkappa r)\, Y_L^*(\boldsymbol{r})\, v'(r)\, R_{l'}(r, \varkappa)\, Y_{L'}(\boldsymbol{r}) \tag{12}$$

lassen sich wegen der Orthogonalität der Kugelfunktionen

$$\int \mathrm{d}\vartheta \sin\vartheta\, \mathrm{d}\varphi\, Y_L^*(\boldsymbol{r})\, Y_{L'}(\boldsymbol{r}) = \delta_{LL'} \tag{13}$$

leicht in Kugelkoordinaten auswerten:

$$\begin{aligned} J_{LL'} &= \delta_{LL'} \int_0^{R_{\mathrm{MT}}} \mathrm{d}r r^2\, \mathrm{j}_l(\varkappa r)\, v'(r)\, R_l(r, \varkappa) \\ &= \delta_{LL'} \int_0^{R_{\mathrm{MT}}} \mathrm{d}r r^2\, \mathrm{j}_l(\varkappa r) \left(\frac{1}{r}\frac{\mathrm{d}^2}{\mathrm{d}r^2} r + \varkappa^2 - \frac{l(l+1)}{r^2}\right) R_l(r, \varkappa) \\ &= \delta_{LL'} \left[r\mathrm{j}_l(\varkappa r) \frac{\mathrm{d}}{\mathrm{d}r}\big(rR_l(r,\varkappa)\big) - rR_l(r,\varkappa)\frac{\mathrm{d}}{\mathrm{d}r}\big(r\mathrm{j}_l(\varkappa r)\big)\right]_0^{R_{\mathrm{MT}}} \\ &= -\frac{1}{\varkappa} \sin\eta_l\, \delta_{LL'}. \end{aligned} \tag{14}$$

Dabei wurde benutzt, daß R_l eine Lösung der radialen Schrödinger-Gleichung (2.3–1 und 2) darstellt und j_l diesselbe Gleichung für $v' = 0$ erfüllt. Die letzte Zeile von (14) ergibt sich mit (2.3–5) und der Wronski-Relation für die j_l und n_l

$$\mathrm{j}_l(\varkappa r)\,\frac{\mathrm{d}}{\mathrm{d}r}\,\mathrm{n}_l(\varkappa r) - \mathrm{n}_l(\varkappa r)\,\frac{\mathrm{d}}{\mathrm{d}r}\,\mathrm{j}_l(\varkappa r) = \frac{1}{\varkappa r^2}. \tag{15}$$

Die Integrale $N_{LL'}$, in denen in (12) j_l durch n_l ersetzt ist, liefern analog

$$N_{LL'} = -\frac{1}{\varkappa}\cos\eta_l\,\delta_{LL'}. \tag{14'}$$

Mit (14) und (14′) liefert die Auswertung von (4) das lineare homogene Gleichungssystem für die $C_L(\boldsymbol{k})$:

$$\sum_{L'}\Big(B_{LL'}(\boldsymbol{k},\varkappa) + \big(\cot\eta_l(\varkappa) - i\big)\,\delta_{LL'}\Big)\sin\eta_l C_L(\boldsymbol{k}) = 0. \tag{16}$$

Mit den Ausdrücken (9) und (10) für die Strukturkonstanten stellt (16) das von KKR abgeleitete Gleichungssystem dar. Bei Verwendung stehender Wellen (6′) entfällt das i, es kompensiert sich gegen das i in (9). Die Lösbarkeitsbedingung von (16) lautet

$$\det\|B^{\mathrm{S}}_{LL'}(\boldsymbol{k},\varkappa) + \delta_{LL'}\cot\eta_l(\varkappa)\| = 0. \tag{17}$$

Das ist bei vorgegebenem $\boldsymbol{k}$ die nichtlineare Bestimmungsgleichung für $\varkappa(\boldsymbol{k})$. Bemerkenswert ist die Trennung der Informationen über die in $B^{\mathrm{S}}_{LL'}$ enthaltenen Strukturangaben von der über das Potential in $\eta_l(\varkappa)$. (17) kann auf die wesentlich von Null verschiedenen Streuphasen η_l begrenzt werden. Für Übergangsmetalle ist (17) somit eine 9×9-Matrixgleichung (für gegebenes l kann die Magnetquantenzahl $(2l + 1)$ Werte annehmen, somit ergeben sich für die einzelnen Bänder die in Klammern angegebenen Einstellungen für m: $s(1)$, $p(3)$, $d(5)$).

Die Berechnung der Strukturkonstanten $B^{S}_{LL'}(\boldsymbol{k}, \varkappa)$ stellt den Hauptaufwand dar. Sowohl die Gittersumme (9) im Impulsraum als auch eine direkt aus (5) abgeleitete Gittersumme im Ortsraum konvergieren schlecht, so daß für ihre Berechnung besondere Techniken angewendet werden müssen. Außerdem hat $B^{S}_{LL'}$ nach (9) gerade an den Energien freier Elektronen $\varkappa^2 = (\boldsymbol{k} + \boldsymbol{G})^2$ Singularitäten, was für die Interpolation der Determinante (17) als Funktion der Energie ein außerordentlich engmaschiges Netz erfordert.

Gegenüber OPW- und APW-Rechnungen hat die KKR-Methode den Vorteil, daß die Dimension der Lösungsdeterminante durch einen zweiparametrigen Satz (l, m) gegeben ist, während die APW-Methode als Indizes die drei Komponenten des Vektors $\boldsymbol{G}$ hat. In der KKR-Methode sind die Informationen über Struktur und Potential entkoppelt. Korrekturen zum MT-Potential (besonders wie in den „offenen" Strukturen vom Typ des Diamantgitters) sind in der KKR-Methode dagegen schlechter als in der APW-Methode zu berücksichtigen.

2.6. H-NFE-TB-Methode

2.6.1. Ziman-Transformation

Für eine effektive Lösung des Eigenwertproblems haben die KKR-Gleichungen (2.5–17) keine besonders geeignete Form. Das betrifft sowohl die über (2.5–9) gegebene Form der Strukturkonstanten $B^{S}_{LL'}$, in der die Pole bei den Energien freier Elektronen $\varkappa^2 = (\boldsymbol{k} + \boldsymbol{G})^2$ und die schlecht konvergierende Summe über die Gittervektoren stören, als auch das nach (2.3–8) unterschiedliche Verhalten der Teile, die über $\cot \eta_l$ die Streuphasen enthalten. Diese sind für die s- und p-Anteile wegen der Kleinheit der Streuphasen groß, für $l = 2$ hat dagegen der Kotangens im interessierenden Energiebereich gerade bei der Resonanzenergie eine Nullstelle. Alle diese

Nachteile lassen sich durch einfache Matrixmanipulationen, die auf der sogenannten Ziman-Transformation beruhen, vermeiden. Man geht dabei davon aus, daß sich (2.5–17) mit (2.5–9) in der Form

$$\det \|\sigma + A - \Phi(D - \varepsilon)^{-1} \Phi^{+}\| = 0 \tag{1}$$

darstellen läßt. σ und A sind dabei Matrizen, die durch Indizes L und L' wie in (2.5–17) gegeben sind. D stellt dagegen eine Diagonalmatrix mit den Elementen $(\boldsymbol{k} + \boldsymbol{G})^2 \, \delta_{\boldsymbol{G}\boldsymbol{G}'}$, dar. Die Φ sind entsprechend (2.5–10) Rechteckmatrizen mit den Indizes L und $\boldsymbol{G}$.

Die Determinante (1) ist der erweiterten Determinante

$$\det \begin{Vmatrix} \sigma + A & \Phi \\ \Phi^{+} & (D - \varepsilon) \end{Vmatrix} \stackrel{!}{=} 0 \tag{2}$$

äquivalent (hierbei sind L und $\boldsymbol{G}$ gleichberechtigte Indizes), denn die Multiplikationen des unteren Blockes von (2) mit der Matrix $\Phi(D - \varepsilon)^{-1}$ und anschließende Subtraktion vom oberen Block liefert die Determinante

$$\det \begin{Vmatrix} \sigma + A - \Phi(D - \varepsilon)^{-1} \Phi^{+} & 0 \\ \Phi^{+} & (D - \varepsilon) \end{Vmatrix} = 0\,. \tag{3}$$

Diese entkoppelt wegen der Nullmatrix im rechten oberen Feld in die Determinante (1) und in $\det \|D - \varepsilon\| = \prod_{\boldsymbol{G}} \left((\boldsymbol{k} + \boldsymbol{G})^2 - \varepsilon\right)$. Damit wurde die störende starke Energieabhängigkeit der Strukturkonstanten $B^{\mathrm{S}}_{LL'}$ in (1) in Form der Pole umgangen. Die Diagonalmatrix $(D - \varepsilon)$ hat genau die Form wie für freie Elektronen. Aus physikalischer Sicht enthält (3) also die wünschenswerte Erweiterung der Basisfunktionen um einen Satz ebener Wellen mit der richtigen Translationssymmetrie. Für praktische Rechnungen sollte dieser jedoch eine begrenzte Größe haben. Das ist wegen der in $\Phi_{L\boldsymbol{G}}$ aus (2.5–10) enthaltenen starken Kopplung der ebenen Wellen speziell an die d-Zustände (zu $l = 2$) jedoch nicht der

Fall. Das gelingt aber für einen Anteil

$$\tilde{\Phi}_{LG} = \Phi_{LG} \exp\left[\left(-(\boldsymbol{k}+\boldsymbol{G})^2+\varepsilon\right)/2\beta\right] \text{ für } l = 2 \tag{4}$$

von Φ_{LG}, der mit wachsendem $\boldsymbol{G}$ schnell mit einem Konvergenzfaktor $\exp\left[\left(\varepsilon - (\boldsymbol{k}+\boldsymbol{G})^2\right)/2\beta\right]$ abklingt.

Für den Ausdruck $\Phi(D-\varepsilon)^{-1}\Phi^+$ in (1) erfordert das die Aufspaltung in einen Teil $\tilde{\Phi}(D-\varepsilon)^{-1}\tilde{\Phi}^+$, für den die Transformation (1) $\rightarrow$ (3) ausgeführt wird, und in einen Rest

$$A^{\boldsymbol{k}}_{LL'} = \sum_{\boldsymbol{G}} \frac{\Phi^{\boldsymbol{k}}_{LG}\,\Phi^{\boldsymbol{k}*}_{L'G}}{\varepsilon - (\boldsymbol{k}+\boldsymbol{G})^2}\left(1 - \mathrm{e}^{-((\boldsymbol{k}+\boldsymbol{G})^2-\varepsilon)/\beta}\right), \tag{5}$$

der keine Pole der Energie mehr enthält, denn diese werden durch die Nullstellen von $\left(1 - \exp(\varepsilon - (\boldsymbol{k}+\boldsymbol{G})^2)/\beta\right)$ gerade kompensiert. Die schlecht konvergierende Summe (5) im $\boldsymbol{G}$-Raum kann in eine schnell konvergierende im Ortsraum $\boldsymbol{R}$ überführt[1]) werden:

$$A^{\boldsymbol{k}}_{LL'} = \sum_{\boldsymbol{R}} \mathrm{e}^{i\boldsymbol{k}\boldsymbol{R}} A_{LL'}(\boldsymbol{R}) \tag{6}$$

Die Größen $A_{LL'}(\boldsymbol{R})$ klingen mit wachsendem R sehr schnell ab, denn sie enthalten (für Details siehe Lehmann 83) Integrale vom Typ

$$\int\limits_0^\infty \frac{\mathrm{d}k k^2\, \mathrm{j}_l^2(kR_{\mathrm{MT}})\, \mathrm{j}_l(kR)}{(k^2-\varepsilon)}\left(1 - \mathrm{e}^{-(k^2-\varepsilon)/\beta}\right). \tag{7}$$

---

[1]) Dabei wird die folgende Identität für Gittersummen benutzt:

$$\sum_{\boldsymbol{G}} f(\boldsymbol{k}-\boldsymbol{G}) = \int \mathrm{d}^3k' f(\boldsymbol{k}') \sum_{\boldsymbol{G}} \delta(\boldsymbol{k}'-\boldsymbol{k}+\boldsymbol{G})$$

$$= \int \mathrm{d}^3k' f(\boldsymbol{k}')\, \mathscr{V}_0 (2\pi)^{-3} \sum_{\boldsymbol{R}} \mathrm{e}^{i(\boldsymbol{k}-\boldsymbol{k}')\boldsymbol{R}} = \mathscr{V}_0 \sum_{\boldsymbol{R}} \mathrm{e}^{i\boldsymbol{k}\boldsymbol{R}} \tilde{f}(\boldsymbol{R}),$$

wobei $\tilde{f}(\boldsymbol{r})$ die Fourier-Transformierte von $f(\boldsymbol{k})$ darstellt:

$$\tilde{f}(\boldsymbol{r}) = (2\pi)^{-3} \int \mathrm{d}^3k f(\boldsymbol{k})\, \mathrm{e}^{-i\boldsymbol{k}\boldsymbol{r}}.$$

Glieder von der Art (5) wurden in (1) und (3) über A bereits berücksichtigt. Die Aufspaltung (4) und (5) ist von der Berechnung von Gittersummen her als Ewald-Technik bekannt. Der offene Parameter β muß so gewählt werden, daß ein optimales Abklingen von (4) im $\boldsymbol{G}$-Raum und gleichzeitig gutes Abklingen von (6) im $\boldsymbol{R}$-Raum erreicht wird.

2.6.2. Grundgleichungen und ihre Linearisierung

Die Größen σ in (1) sind diagonal in L und L' und enthalten neben Summanden n_l/j_l aus (2.5–9) noch die Kotangens der Streuphasen. Der Anteil zu $l = 2$ hat wegen (2.3–8) die aus der TB-Methode für die atomaren d-Zustände bekannte Form

$$\sigma_2 = (\varepsilon_d - \varepsilon)/\Gamma_d + \bar{\sigma}_2, \tag{8}$$

wobei $\Gamma_d\bar{\sigma}_2$ eine nahezu energieunabhängige Größe darstellt, die als Korrektur der Resonanzenergie ε_d gedeutet werden kann. Die Komponenten von σ zu $l = 0$ und 1 sind in erster Ordnung in $\cot \eta_l$ und werden im folgenden symbolisch mit σ_{11} bezeichnet. Mit der Unterscheidung der s, p-Anteile (Index 1) und der d-Anteile (Index 2) spaltet (2) auf in

$$\det \begin{Vmatrix} \sigma_{11} & A_{12} & \Phi_1 \\ A_{21}^+ & \sigma_2 + A_{22} & \Phi_2 \\ \Phi_1{}^+ & \Phi_2{}^+ & D - \varepsilon \end{Vmatrix} = 0. \tag{9}$$

Die Subtraktion der mit $A_{21}^+ \sigma_{11}^{-1}$ bzw. $\Phi_1{}^+ \sigma_{11}^{-1}$ multiplizierten ersten Zeile von der zweiten bzw. der dritten liefert mit

$$\det \begin{Vmatrix} \sigma_{11} & A_{12} & \Phi_1 \\ 0 & \sigma_2 + A_{22} - A_{21}^+\sigma_{11}^{-1}A_{12} & \Phi_2 - A_{21}^+\sigma_{11}^{-1}\Phi_1 \\ 0 & \Phi_2{}^+ - \Phi_1{}^+\sigma_{11}^{-1}A_{12} & D - \varepsilon - \Phi_1{}^+\sigma_{11}^{-1}\Phi_1 \end{Vmatrix} = 0 \tag{10}$$

eine Abkopplung der s, p-Zustände von den übrigen Gleichungen und ihre Berücksichtigung als kleine Korrektur (wegen $\sigma_{11}^{-1} = \tan \eta'$) in den d-Zuständen bzw. ebenen Wellen

($\boldsymbol{k} + \boldsymbol{G}$). Damit sind die entscheidenden Mängel der KKR-Gleichungen beseitigt, denn in (9) stehen nur in der Diagonale stark energieabhängige (jedoch in der Energie lineare) Glieder. Die restlichen Matrixelemente $M(\varepsilon)$ hängen nur noch schwach von der Energie ab und können mit guter Genauigkeit um eine beliebige Energie z. B. um die physikalische interessante Resonanzenergie ε_d entwickelt werden:

$$M(\varepsilon) = M(\varepsilon_d) + M'(\varepsilon_d)\,(\varepsilon - \varepsilon_d) \tag{11}$$

Auf diese Weise entsteht aus (10) die endgültige Form der Grundgleichung

$$\det \|H - \varepsilon N\| = 0 \tag{12}$$

mit der Struktur

$$H = \begin{pmatrix} H^{dd} & H^{ds} \\ H^{sd} & H^{ss} \end{pmatrix} \tag{13}$$

und

$$N = \mathrm{I} - \left.\frac{\partial H}{\partial \varepsilon}\right|_{\varepsilon=\varepsilon_d}. \tag{14}$$

H^{dd} enthält nur die fünf d-Zustände (Laufindex Magnetquantenzahl m). Es besteht nach (8) und (10) aus den schwach geänderten atomaren Energien ε_d und den von der Methode der starken Bindung her bekannten „Überlappungsintegralen“ $\Gamma_d A_{LL'}(\boldsymbol{R})$ zu den nächsten Nachbarn aus (6) und (7). Nach (8) sind dabei die A noch mit der Resonanzbreite Γ_d zu multiplizieren. Γ_d und die Überlappung der benachbarten Wellenfunktionen bestimmen somit die Breite der d-Bänder. H^{ss} enthält die Energien freier Elektronen $(\boldsymbol{k} + \boldsymbol{G})^2$ in einem von den schwachen Streuphasen $\tan \eta_l'$ herrührenden Pseudopotential (in der genauen Ableitung sind auch Anteile mit $\tan \eta_2'$ aus (8) einzubeziehen). H^{ss} beschreibt die fast freien Elektronen (NFE). Die Hybridisierungselemente $H^{sd} = H^{ds+}$

enthalten $\sqrt{\Gamma_d}\tilde{\Phi}_{LG}$ und mischen die d-Zustände und die Zustände fast freier Elektronen in dem Gebiet, wo beide die gleiche Energie haben. Wegen (4) klingt die Hybridisierung zu den NFE-Zuständen mit höherer Energie ab. Die Matrix N in (14) besteht aus der Einheitsmatrix I und kleineren Korrekturen $-\partial H/\partial\varepsilon$, die als Orthogonalisierungskorrekturen der Basiszustände gedeutet werden können.

N und H stellen hermitesche Matrizen dar. Damit wurden die KKR-Gleichungen (2.5–17) streng in das mit Standardmethoden leicht zu lösende *H-NFE-TB-Gleichungssystem* (12) überführt Die Aufteilung der Zustände in stark gebundene und fast freie entspricht genau der physikalischen Situation in Übergangsmetallen. Die H-NFE-TB-Gleichungen sind daher besonders zu Berechnungen derartiger Systeme geeignet.

Um die Schreibweise zu entlasten, haben wir bisher nur ein Atom pro Elementarzelle angenommen. Die H-NFE-TB-Gleichungen lassen sich jedoch leicht für mehrere (M_d) Übergangsmetallatome pro Elementarzelle erweitern. Der Rang der Matrix H^{dd} ist dann gleich der Anzahl $5M_d$ der insgesamt vorhandenen d-Zustände. Die Anzahl der zu berücksichtigenden NFE-Zustände hängt von der gewünschten Genauigkeit ab. In den in [3] gegebenen Beispielen betrug ihre Anzahl etwa das Sieben- bis Fünfzehnfache der Anzahl der Atome pro Elementarzelle.

Genauigkeitsverluste gegenüber den KKR-Gleichungen können sonst nur noch durch die Linearisierung (11) eintreten. Durch geeignete Wahl der Entwicklungsstellen können diese jedoch für den interessierenden Energiebereich beliebig klein gemacht werden.

Der Rechenaufwand bei den H-NFE-TB-Gleichungen, die man als linearisierte Version der KKR-Gleichungen (LKKR) bezeichnen kann, ist um einen Faktor von etwa 50 geringer als bei den ursprünglichen KKR-Gleichungen. Frühe Versionen wurden von Hubbard (69) und Pettifor (69, 72) entwickelt. Ausführliche Darstellungen findet man bei Lehmann (75) und Lehmann (83).

2.6.3. Andere lineare Methoden

Wegen des reduzierten Rechenaufwandes gewinnen in letzter Zeit linearisierte Methoden für die Behandlung komplizierter Systeme international zunehmend an Bedeutung. Für die linearisierte Methode von Muffin-Tin-Orbitalen (LMTO) von Andersen (75) sind die KKR-Gleichungen wiederum der Ausgangspunkt Ihre Durchführung ist jedoch nicht an das MT-Potential gebunden. Da erfahrungsgemäß die Ergebnisse der Bandberechnungen für Metalle nur sehr schwach von der Größe des Potentials im Gebiet zwischen den MT-Kugeln abhängt, wird dieses der gesuchten Energie gleichgesetzt. Das hat den außerordentlichen Vorteil, daß die Strukturkonstanten für jeden Gittertyp nur einmal für den Energiewert $\varepsilon = 0$ berechnet werden. Eine ausführliche Darstellung gibt Skriver (84). (Ergänzende Bemerkungen s. am Schluß des Buches.)

In der linearen APW-Methode (LAPW) nach Andersen und Koelling und Arbmann (75) wird die Lösung der Schrödinger-Gleichung innerhalb der MT-Kugeln nicht für die gesuchte Energie ε durchgeführt, sondern für eine Energie $\varepsilon_l(\boldsymbol{k} + \boldsymbol{G})$, so daß am MT-Radius nicht nur die Stetigkeitsbedingung (2.4–1) für die Wellenfunktion, sondern auch noch für deren Ableitung erfüllt wird. Daher fällt das Oberflächenintegral in (2.4–5) weg, das in (2.4–8) zu der unbequemen, stark energieabhängigen l-Summe führt. Statt dessen treten Integrale der Wellenfunktionen zu den Energien $\varepsilon_l(\boldsymbol{k} + \boldsymbol{G})$ über die MT-Kugeln auf, die mit $\big(\varepsilon - \varepsilon_l(\boldsymbol{k} + \boldsymbol{G})\big)$ multipliziert werden und damit die gesuchte Energie nur linear enthalten. Eine starke Vereinfachung ergibt sich bei der Berechnung der Integrale durch die Linearisierung der Energieabhängigkeit der radialen Wellenfunktion in der Nähe der Energie ε_l:

$$R_l(\varepsilon, r) = R_l(\varepsilon_l, r) + (\varepsilon - \varepsilon_l)\, \dot{R}_l(\varepsilon_l, r) + \frac{(\varepsilon - \varepsilon_l)^2}{2}\, \ddot{R}_l(\varepsilon_l, r)\,. \quad (15)$$

Der Punkt bedeutet dabei Ableitung nach der Energie. Smrčka (82) erreichte durch die Berücksichtigung der zweiten

Ableitung in (15) eine weitere Verbesserung ohne Erhöhung des Rechenaufwandes bei der Lösung der Säkulargleichung (2.4–7).

2.7. Die Methode des kohärenten Potentials

Die Methode des kohärenten Potentials (*CPA-Methode*) dient im Gegensatz zu den bisherigen Verfahren der Berechnung der Zustände in einer durch Unordnung gestörten Legierung. Die Gitterplätze sind dabei unregelmäßig (willkürlich) durch verschiedene Atomsorten besetzt. Das bezeichnet man häufig als kristalline Unordnung im Gegensatz zur topologischen Unordnung in Flüssigkeiten oder Gläsern.

Die Formulierung der CPA-Methode im Bild der starken Bindung geht auf Soven (67) und Velicky, Ehrenreich und Cohen (68) zurück. Wir werden uns der Einfachheit halber an diese für ein einzelnes isoliertes Band entwickelte Form halten, obwohl für realistische Systeme aus Übergangsmetallen kompliziertere Versionen auf der Basis des Streukonzepts erforderlich sind, die den KKR-Gleichungen in geordneten Kristallen entsprechen. Einen guten Überblick über die in den letzten Jahren damit erzielten Fortschritte geben Faulkner und Stocks (80) sowie Faulkner (82).

Im Ein-Band-Modell kann der Bandindex weggelassen werden. Die Matrixelemente des Hamilton-Operators $H_{\boldsymbol{RR}'}$ sind dann nur durch die Gitterplätze $\boldsymbol{R}$ bzw. $\boldsymbol{R}'$ gekennzeichnet. In Analogie zu (2.1–21) erhält man über $V_{\boldsymbol{RR}'} = V(\boldsymbol{R} - \boldsymbol{R}')$ mit $V(\boldsymbol{R})$ aus (2.1–23′)

$$H_{\boldsymbol{RR}'} = \varepsilon_{\boldsymbol{R}}{}^0 \delta_{\boldsymbol{RR}'} + H^0_{\boldsymbol{RR}'}; \; H^0_{\boldsymbol{RR}'} = V_{\boldsymbol{RR}'}. \tag{1}$$

Im einfachsten Fall nimmt man an, daß in einer binären Legierung nur die atomaren Niveaus $\varepsilon_{\boldsymbol{R}}{}^0$ schwanken und entsprechend der Besetzung des Gitterplatzes $\boldsymbol{R}$ mit einem Atom der Sorte A oder B die Werte $\varepsilon_A{}^0$ oder $\varepsilon_B{}^0 = \varepsilon_A{}^0 + \Delta$ annehmen, daß aber die Überlappungsintegrale $V_{\boldsymbol{RR}'}$ zu den nächsten Nachbarn wie im kristallinen Fall gleich sind („diagonale" Unordnung). Das heißt, daß auch die Zustandsdichten der reinen Kristalle der Sorte A oder B die gleiche Form haben und nur um den Wert Δ gegeneinander verschoben sind.

Durch die Verteilung der Atome der Sorte A auf die einzelnen Gitterplätze ist eine mögliche Konfiguration der Legierung gegeben. Für weitere Aussagen interessieren die Mittelwerte $\langle G \rangle$ einer Größe G über alle mit der vorgegebenen Konzentration c_A der Atome A verträglichen Konfigurationen. Als G wählen wir die in Analogie zu (2.5–3) definierte Greensche Funktion des Systems (in (2.5–3) für freie Elektronen)

$$\sum_{\boldsymbol{R}''} (H_{\boldsymbol{R}\boldsymbol{R}''} - \delta_{\boldsymbol{R}\boldsymbol{R}''}\varepsilon)\, G_{\boldsymbol{R}''\boldsymbol{R}'}(\varepsilon) = -\,\delta_{\boldsymbol{R}\boldsymbol{R}'} . \tag{2}$$

Sie enthält sowohl Informationen über Eigenfunktionen als auch Eigenwerte des Hamilton-Operators $H_{\boldsymbol{R}\boldsymbol{R}'}$ (die Pole von $G_{\boldsymbol{R}\boldsymbol{R}'}(\varepsilon)$ treten bei den Lösungen des homogenen Gleichungssystems (2) auf). Über

$$D(\varepsilon) = -\frac{1}{\pi N}\,\mathrm{Im} \sum_{\boldsymbol{R}} G_{\boldsymbol{R}\boldsymbol{R}}(\varepsilon) \tag{3}$$

und

$$n_{\boldsymbol{R}} = -\frac{1}{\pi} \int\limits_{-\infty}^{\varepsilon_F} d\varepsilon\, \mathrm{Im}\, G_{\boldsymbol{R}\boldsymbol{R}}(\varepsilon) \tag{4}$$

lassen sich aus $G_{\boldsymbol{R}\boldsymbol{R}}(\varepsilon)$ sowohl die Zustandsdichte $D(\varepsilon)$ als auch die Dichte $n_{\boldsymbol{R}}$ am Gitterplatz $\boldsymbol{R}$ berechnen[1]).

Das Konfigurationsmittel von G bezeichnen wir mit

$$\mathcal{G}_{\boldsymbol{R}\boldsymbol{R}'}(\varepsilon) = \langle G_{\boldsymbol{R}\boldsymbol{R}'}(\varepsilon) \rangle . \tag{5}$$

---

[1]) Die in (3) und (4) benötigte retardierte Greensche Funktion erhält man, indem man der Energie ε in (2) einen kleinen Imaginärteil $\varepsilon + i\delta$ gibt.

Durch die Mittelung wird $\mathscr{G}_{\boldsymbol{R}\boldsymbol{R}'}$ translationsinvariant (nur von der Differenz $\boldsymbol{R} - \boldsymbol{R}'$ abhängig). $\mathscr{G}$ genügt einer zu (2) analogen Gleichung mit einem translationsvarianten, aber dafür energieabhängigen effektiven Hamilton-Operator $\mathscr{H}$, der das sogenannte kohärente Potential $\Sigma(\varepsilon)$ enthält.

$$\sum_{\boldsymbol{R}''} \left(\mathscr{H}_{\boldsymbol{R}\boldsymbol{R}''}(\varepsilon) - \delta_{\boldsymbol{R}\boldsymbol{R}''}\varepsilon\right) \mathscr{G}_{\boldsymbol{R}''\boldsymbol{R}'}(\varepsilon) = - \delta_{\boldsymbol{R}\boldsymbol{R}'}, \tag{6}$$

$$\mathscr{H}_{\boldsymbol{R}\boldsymbol{R}'} = H^0_{\boldsymbol{R}\boldsymbol{R}'} + \Sigma(\varepsilon)\,\delta_{\boldsymbol{R}\boldsymbol{R}'}. \tag{7}$$

Demnach ergibt sich $\mathscr{G}_{\boldsymbol{R}\boldsymbol{R}'}(\varepsilon)$ einfach aus der Verschiebung der Energie in der zum periodischen System mit dem bekannten Hamilton-Operator H^0 gehörigen Greenschen Funktion $G^0_{\boldsymbol{R}\boldsymbol{R}'}(\varepsilon)$ um das zunächst noch unbekannte kohärente Potential $\Sigma(\varepsilon)$:

$$\mathscr{G}_{\boldsymbol{R}\boldsymbol{R}'}(\varepsilon) = G^0_{\boldsymbol{R}\boldsymbol{R}'}\left(\varepsilon - \Sigma(\varepsilon)\right). \tag{8}$$

$H_{\boldsymbol{R}\boldsymbol{R}'}$ und $\mathscr{H}_{\boldsymbol{R}\boldsymbol{R}'}$ unterscheiden sich also um die fluktuierenden Größen

$$W_{\boldsymbol{R}\boldsymbol{R}'} = \delta_{\boldsymbol{R}\boldsymbol{R}'}\, W_{\boldsymbol{R}}; \quad W_{\boldsymbol{R}} = \left(\varepsilon_{\boldsymbol{R}}{}^0 - \Sigma(\varepsilon)\right). \tag{9}$$

Damit läßt sich G durch $\mathscr{G}$ ausdrücken:

$$G_{\boldsymbol{R}\boldsymbol{R}'} = \mathscr{G}_{\boldsymbol{R}\boldsymbol{R}'} + \sum_{\boldsymbol{R}''} \mathscr{G}_{\boldsymbol{R}\boldsymbol{R}''}\, W_{\boldsymbol{R}''}\, G_{\boldsymbol{R}''\boldsymbol{R}'}. \tag{10}$$

Durch Iteration von G auf der rechten Seite erhält man eine Darstellung nach Potenzen des Störpotentials $W_{\boldsymbol{R}}$, die für eine Konfigurationsmittelung geeignet ist, da die Konfiguration nur in den Größen $W_{\boldsymbol{R}}$ enthalten ist. (10) läßt sich als fortgesetzte Streuung eines Elektrons, dessen Ausbreitung vom Platz $\boldsymbol{R}$ zum Platz $\boldsymbol{R}'$ im periodischen Kristall durch $\mathscr{G}_{\boldsymbol{R}\boldsymbol{R}'}$ beschrieben wird, an den Störungen $W_{\boldsymbol{R}}$ verstehen.

Vor einer Konfigurationsmittelung über die voneinander unabhängigen Streuzentren muß jedoch die wiederholte Streuung an einem Zentrum abgetrennt werden. Das geschieht am besten an Hand der sogenannten T-Matrix

$$T_{\boldsymbol{RR'}} = \sum_{\boldsymbol{R''}} W_{\boldsymbol{R}} G_{\boldsymbol{RR''}} (\mathcal{G}^{-1})_{\boldsymbol{R''R'}}, \tag{11}$$

für die aus (10) die Bestimmungsgleichung

$$T_{\boldsymbol{RR'}} = \delta_{\boldsymbol{RR'}} V_{\boldsymbol{R}} + V_{\boldsymbol{R}} \sum_{\boldsymbol{R''}} \mathcal{G}_{\boldsymbol{RR''}} T_{\boldsymbol{R''R'}} \tag{12}$$

folgt. Die Abtrennung der Summanden mit $\boldsymbol{R}'' = \boldsymbol{R}$ aus der Summe in (12) führt auf

$$T_{\boldsymbol{RR'}} = \delta_{\boldsymbol{RR'}} t_{\boldsymbol{R}} + t_{\boldsymbol{R}} \sum_{\boldsymbol{R''}} \tilde{\mathcal{G}}_{\boldsymbol{RR''}} T_{\boldsymbol{R''R'}}, \tag{13}$$

wobei $\tilde{\mathcal{G}}$ mit $\mathcal{G}$ übereinstimmt bis auf $\tilde{\mathcal{G}}_{\boldsymbol{RR}} = 0$, was eine wiederholte Streuung am gleichen Ort ausschließt. Diese ist nunmehr in der t-Matrix des Gitterplatzes $\boldsymbol{R}$

$$t_{\boldsymbol{R}} = (1 - W_{\boldsymbol{R}} \mathcal{G}_{\boldsymbol{RR}})^{-1} W_{\boldsymbol{R}} \tag{14}$$

enthalten.

Die Definitionsgleichung (5) für $\mathcal{G}$ führt mit (10) und (11) auf die Bedingung

$$\langle T_{\boldsymbol{RR'}} \rangle = 0 \tag{15}$$

für $\Sigma(\varepsilon)$. Das Problem besteht in der Mittelwertbildung für das in (13) auftretende Produkt der konfigurationsabhängigen Größen t und T

$$\langle tT \rangle = \langle t \rangle \langle T \rangle + \langle (t - \langle t \rangle)(T - \langle T \rangle) \rangle. \tag{16}$$

Die Vernachlässigung der durch den zweiten Summanden in (16) beschriebenen Korrelationen wird als Einzel-Platz-Näherung (Single-Site Approximation: SSA) bezeichnet, da sie die Streuung an einem einzelnen Gitterplatz über t exakt berücksichtigt, nicht aber die Korrelationen, die durch wiederholte Streuung am Orte $\boldsymbol{R}$, die aber von Streuprozessen an anderen Plätzen $\boldsymbol{R}' \neq \boldsymbol{R}$ unterbrochen wird, berücksichtigt. Die SSA überführt (15) somit in die Bedingung

$$\langle t \rangle = t_A\, c_A + t_B\, c_B = 0 \text{ mit } c_A + c_B = 1\,, \tag{17}$$

wobei die Konzentrationen c_A und c_B der beiden Atomarten nicht voneinander unabhängig sind.

Mit (9) und (14) läßt sich (17) auch schreiben als

$$c_A\big(\varepsilon_A{}^0 - \Sigma(\varepsilon)\big) + c_B\big(\varepsilon_B{}^0 - \Sigma(\varepsilon)\big) \\ - \big(\varepsilon_A{}^0 - \Sigma(\varepsilon)\big)\, G^0\big(\varepsilon - \Sigma(\varepsilon)\big)\big(\varepsilon_B{}^0 - \Sigma(\varepsilon)\big) = 0\,. \tag{18}$$

Bei bekannter Funktion $G^0(\varepsilon)$ stellt das eine implizite Gleichung zur Bestimmung der Funktion $\Sigma(\varepsilon)$ des kohärenten Potentials dar. Nach (17) wird dieses gerade so gewählt, daß in dem effektiven Medium an den einzelnen Gitterplätzen im Mittel keine Streuung erfolgt. Die genaue Analyse zeigt, daß die SSA erst in vierter Ordnung in W von der exakten Lösung abweicht. Es kann außerdem gezeigt werden, daß die Näherung des kohärenten Potentials als eine Entwicklung nach Potenzen von $1/Z$ verstanden werden kann, wobei Z die Koordinationszahl des Gitters bedeutet, daß sie also für dichtgepackte Gitter die besten Ergebnisse liefert.

Die SSA berücksichtigt jeweils die Streuung an einem Gitterplatz in einem effektiven Medium genau. Sie enthält daher keine Nahordnungseffekte.

3. Ergebnisse von Bandberechnungen

Einfache Metalle, in denen die Leitungsbänder aus atomaren *s*- und *p*-Niveaus hervorgehen, weisen ein schwaches effektives Kristallpotential auf. Ihre Bandstruktur kann daher verstanden werden, indem man von fast freien Elektronen ausgeht. Für Übergangsmetalle sind räumlich stärker lokalisierte *d*-Zustände charakteristisch, die zu schmalen *d*-Bändern führen, welche sich mit den Bändern fast freier Elektronen überschneiden. Wesentliche Parameter sind Lage und Breite der *d*-Bänder sowie die Lage der Fermi-Energie, die durch die Anzahl der vorhandenen Valenzelektronen bestimmt wird. In Abhängigkeit von der vorliegenden Gitterstruktur zeigen die Zustandsdichten eine typische Strukturierung.

Bei intermetallischen Verbindungen tritt wegen der größeren Elementarzelle eine größere Anzahl von Leitungsbändern auf. Die beobachteten Gitterstrukturen sind ebenfalls vielfältiger als bei reinen Metallen. Ausführlicher werden die Ergebnisse zur CsCl-Struktur diskutiert. Die Besonderheiten für ungeordnete Legierungen werden kurz erläutert.

3.1. Einfache Metalle

Experimentelle Ergebnisse und theoretische Berechnungen zeigen übereinstimmend, daß bei den sogenannten einfachen (NFE-) Metallen (Abb. 3.1–1), in denen *s*- und *p*-Elektronen die Leitungsbänder bilden, die Bandstruktur von den Parabeln (1.2–15) für freie Elektronen nur wenig abweicht. Das bedeutet, daß sich die Elektronen wie in [2.2] beschrieben in einem schwachen, effektiven Potential bewegen. Die für Aluminium berechnete Bandstruktur (Abb. 2.2–4) wurde in dieser Hinsicht bereits in [2.2.3] besprochen. Signifikante

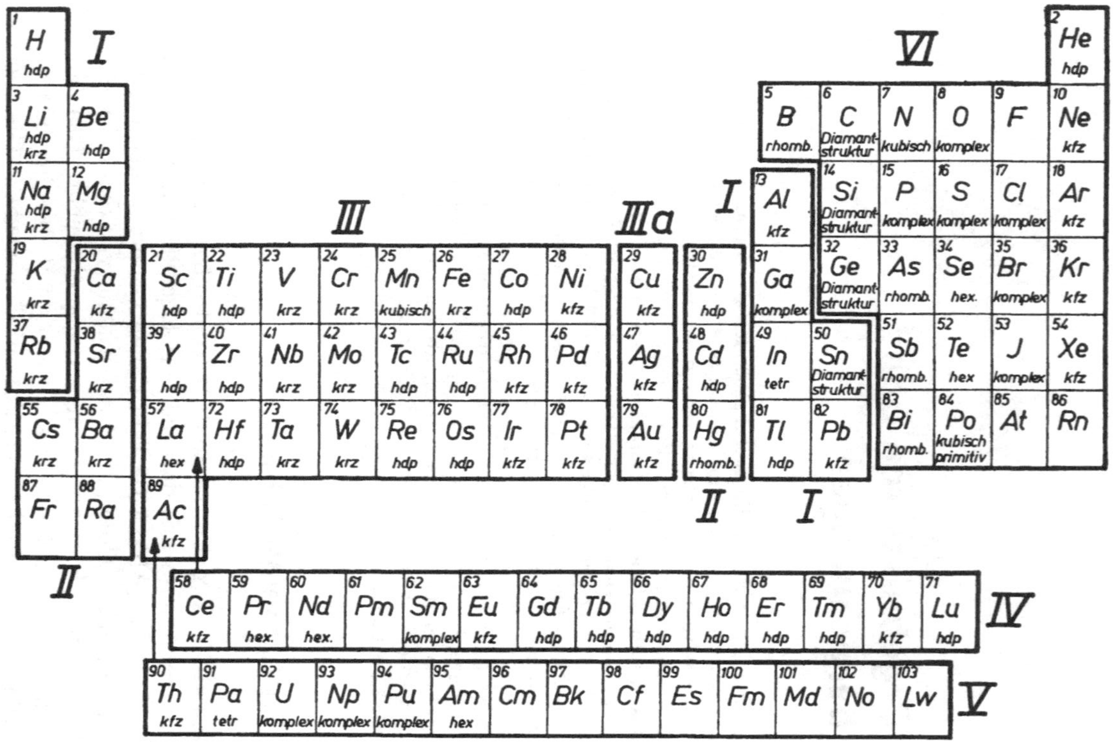

Abb. 3.1-1. Stellung der Metalle im Periodensystem

I NFE-Metalle,
II NFE-Metalle, bei denen der Einfluß benachbarter d-Zustände berücksichtigt werden muß,
III Übergangsmetalle ($3d$, $4d$, $5d$),
IIIa Edelmetalle,
IV Lanthaniden ($4f$-Bänder),
V Aktiniden ($5f$-Bänder),
VI Nicht- bzw. Halbmetalle

Abweichungen vom Verhalten freier Elektronen ergaben sich dabei nur in unmittelbarer Umgebung der BZ-Grenze, in der die in Abb. 1.2–3 schematisch dargestellte geringfügige Unstetigkeit mit einem verbotenen Gebiet auftritt. Dieser Bereich entspricht nach den Überlegungen von [4.1] genau der Braggschen Reflexion. Die dadurch hervorgerufene Beeinflussung der Bewegung des Elektrons wird somit ausschließlich durch die Geometrie des reziproken Gitters bestimmt (Lage der Unstetigkeiten).

Diese simple, jedoch für die einfachen Metalle realistische Näherung wollen wir anschaulich für ein zweidimensionales „Modell"-Metall für eine unterschiedliche Anzahl von Elektronen pro Atom diskutieren. In Abb. 3.1–2 sind im ausge-

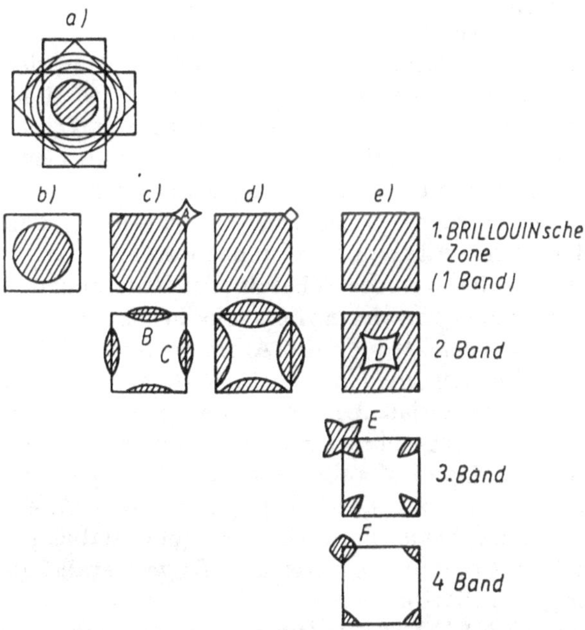

Abb. 3.1–2. a) BZ im ausgedehnten Zonenschema für ein zweidimensionales Modell, Fermi-Flächen für fast freie Elektronen
b) bis e) Darstellung im reduzierten Schema für 1 (b), 2 (c), 3 (d) und 4 (e) Leitungselektronen.

dehnten Zonenschema einige BZ eingezeichnet sowie die Kreise, die den Fermi-Flächen für ein bis vier Elektronen pro Atom entsprechen. Da zwei Elektronen pro Atom wegen der beiden Spineinstellungen gerade die Fläche der ersten BZ ausfüllen, entspricht der Flächeninhalt der Kreise dem n-fachen der halben BZ. Die Abb. 3.1–2b) bis e) zeigen die Auffüllung der ersten bis vierten BZ im reduzierten bzw. periodischen Zonenschema. Für ein Elektron pro Atom bildet sich im untersten Leitungsband eine Fermi-„Kugel" aus. Für zwei Elektronen pro Atom fließt ein Teil der Elektronen in das zweite Band ab (schraffierte Gebiete) und hinterläßt im 1. Band (an den Ecken) Löcher, die im periodischen Zonenschema das geschlossene sternförmige Gebilde A bilden. Im zweiten Band erhalten wir im periodischen Schema die beiden linsenförmigen Gebiete B und C. Für drei Elektronen (d) pro Atom verringert sich der Löcherbereich im ersten Band weiter, und die beiden Linsen im zweiten Band werden dicker. Für vier Elektronen pro Atom (e) ist das erste Band völlig gefüllt. Im zweiten entsteht das Löchergebiet D, die hier fehlenden Elektronen fließen in das dritte und vierte Band ab und bilden dort die Gebiete E und F im periodischen Zonenschema. Die schwache Bandlücke bewirkt noch, daß die Ecken an den Fermi-Flächen abgerundet werden.

Im Dreidimensionalen ist die Vielfalt der entstehenden Formen in Abhängigkeit von der Symmetrie des Gitters und der Anzahl der Leitungselektronen pro Atom noch wesentlich größer. Die Fermi-Flächen in den einzelnen Bändern setzen sich dabei aus den von den Unstetigkeitsebenen (1.2–22) von der Fermi-Kugel abgeschnittenen Stücken zusammen. Für die einwertigen Alkali-Metalle erreicht die ungestörte Kugel noch nicht die Grenzen der BZ. Der durch den Potentialeinfluß entstehende reale Fermi-Körper zeigt dabei geringere Abweichungen von der idealen Kugelgestalt als industriell gefertigte Billardkugeln!

Für alle (leichten) NFE-Metalle liegen die Bandstrukturen mit großer Zuverlässigkeit vor (meist Pseudopotential- bzw. APW-Rechnungen).

3.2. Übergangsmetalle

Die stabilen Tieftemperaturphasen reiner Übergangs- und Edelmetalle nach Abb. 3.1–1 werden in [5.3.1] diskutiert. Dabei besteht eine enge Korrelation zwischen Struktur und Anzahl der Leitungselektronen N_V pro Atom.

Übergangs- und Edelmetalle haben einander ähnliche Elektronenstrukturen, die durch die scharfe Resonanz der d-Elektronen mit der Breite Γ_d an der Energie ε_d in der Nähe der atomaren d-Niveaus gekennzeichnet sind. Deren Konsequenzen für die Bandstruktur wurden bereits in [2.3.3] diskutiert. Die Wechselwirkung der freien und stark gebundenen Elektronen führt zu der in Abb. 3.2–1 schematisch

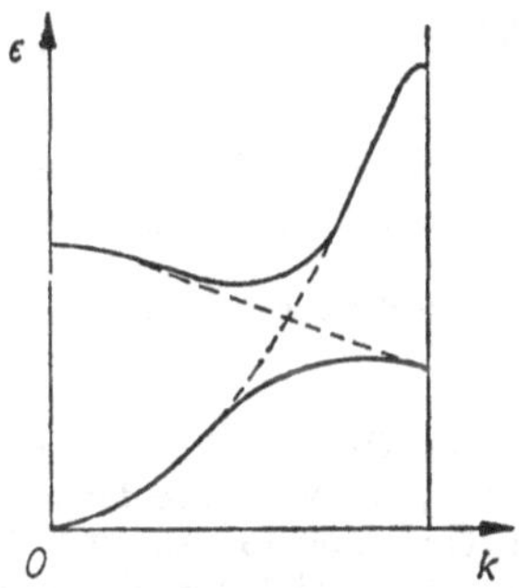

Abb. 3.2–1. Hybridisierung des Bandes freier Elektronen und des d-Bandes bei Übergangs- und Edelmetallen (schematisch). Die gestrichelten Kurven beziehen sich auf die nicht wechselwirkenden Bänder.

dargestellten, für alle Übergangs- und Edelmetalle charakteristischen Hybridisierung. Die Abb. 1.2–7 und 3.2–2 geben Beispiele für die Bandstrukturen und Zustandsdichten für ein Metall mit *kfz*-Gitter (Cu) bzw. *krz*-Gitter (V). Wegen der dominierenden Bedeutung der d-Zustände unterscheiden sich die Bandstrukturen verschiedener Übergangs- bzw. Edelmetalle im gleichen Gittertyp nur durch die Lage ε_d und Breite Γ_d des d-Bandes sowie durch die Lage der Fermi-

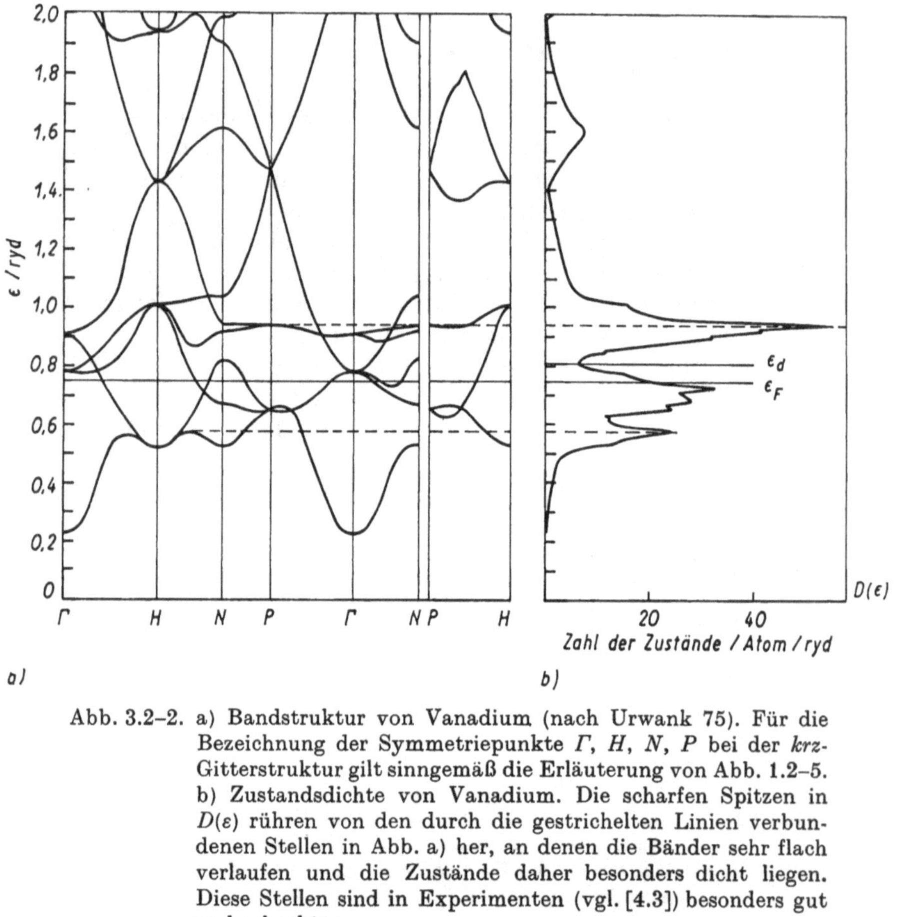

Abb. 3.2–2. a) Bandstruktur von Vanadium (nach Urwank 75). Für die Bezeichnung der Symmetriepunkte Γ, H, N, P bei der *krz*-Gitterstruktur gilt sinngemäß die Erläuterung von Abb. 1.2–5. b) Zustandsdichte von Vanadium. Die scharfen Spitzen in $D(\varepsilon)$ rühren von den durch die gestrichelten Linien verbundenen Stellen in Abb. a) her, an denen die Bänder sehr flach verlaufen und die Zustände daher besonders dicht liegen. Diese Stellen sind in Experimenten (vgl. [4.3]) besonders gut zu beobachten.

Energie, die durch die Anzahl der Leitungselektronen pro Atom bestimmt wird. Bei den Edelmetallen sind die fünf d-Bänder (die insgesamt 10 Elektronen aufnehmen können) vollbesetzt, d. h., ε_F liegt oberhalb dieser Bänder im Band fast freier Elektronen. Daher ist die Fermi-Fläche wie bei den Alkalimetallen nahezu kugelförmig (vgl. Abb. 1.2–5). Die markantesten Abweichungen davon treten in der Nähe des Punktes L auf der BZ-Grenze auf, wo der Fermi-Körper Hälse zur benachbarten Zone aufweist. Die Ursache dafür ist, daß die Energie des Punktes $L_{2'}$ unterhalb ε_F liegt, so daß die Zustände von $L_{2'}$ in Richtung des Punktes W besetzt sind (bis zu der in Abb. 1.2–7 mit einem Pfeil bezeichneten Stelle).

Innerhalb einer Übergangsmetallperiode nimmt Γ_d mit wachsender Ordnungszahl ab, da die Resonanzenergie im Vergleich zum MT-Potential im Zwischengebiet absinkt und die Resonanz daher schärfer wird.

Die Abb. 1.2–7 und 3.2–2 zeigen deutlich den schematischen Verlauf von Abb. 3.2–1: Vom Punkt $\Gamma(\boldsymbol{k} = 0)$ gehen die parabelförmigen Bänder der fast freien Elektronen aus; ihr Verlauf wird von den fünf schmalen d-Bändern unterbrochen. Diese sind auf den eingezeichneten hochsymmetrischen Linien meist entartet. Für die Richtung $\overline{\Gamma N}$ in Abb. 3.2–2 ist das nicht der Fall.

Die Zustandsdichte von Kupfer in Abb. 1.2–7b) zeigt die für *kfz*-Metalle typische Struktur mit drei Spitzen. Im Bereich der Fermi-Energie ist die Zustandsdichte bereits beträchtlich abgesunken. Die Hybridisierung auf der Linie $\overline{\Gamma X}$ führt zu einer Energielücke zwischen dem ersten und zweiten Band, der sich in der Zustandsdichte als leichter Sattel zu Beginn des d-Bandes äußert.

Die Bandstrukturen der anderen *kfz*-Übergangsmetalle Rh, Pd, Ir und Pt zeigen eine große Ähnlichkeit zu denen der Edelmetalle. Durch die ungefüllten d-Bänder bekommen die Fermi-Flächen komplizierte Formen und bestehen in der Regel aus mehreren Teilen.

Als Beispiel für *krz*-Metalle dient in Abb. 3.2–2 die Bandstruktur von Vanadium. Die in Abb. 3.2–2 nicht näher bezeichneten Zustände H_{12} und N_3, die die untere und obere Grenze des d-Bandes festlegen, sind reine, unhybridisierte d-Zustände. Das tiefe Minimum der Zustandsdichte bei 0,6 *ryd* ist typisch für die *krz*-Metalle und spielt eine wichtige Rolle für die Stabilität der *krz*-Struktur. In Richtung $\overline{\Gamma H}$ ist für das Δ_1-Band eine starke Hybridisierung zu beobachten, während das Δ_5'-Band nur schwach mit Zuständen fast freier Elektronen mit hoher Energie wechselwirkt.

Die meisten Bandberechnungen in dieser Gruppe wurden für Niob durchgeführt (Mattheiss 70), für das auch umfangreiche experimentelle Daten vorliegen (für eine Zusammenstellung s. z. B. Mackintosh und Andersen 79).

Chrom beansprucht wegen seiner antiferromagnetischen Ordnung bei tiefen Temperaturen, die die Form statischer Spindichtewellen längs der kubischen [100]-Achsrichtung annimmt, besonderes Interesse. Dafür ist die über große Gebiete nahezu ebene Fermi-Fläche im paramagnetischen Zustand verantwortlich.

Da *hdp*-Metalle zwei Atome pro Elementarzelle besitzen, zeigen sie eine kompliziertere Bandstruktur. Der wesentliche Unterschied der beiden Gruppen mit $N_V = 3, 4$ und $N_V = 7, 8$ besteht darin, daß sich ε_d und Γ_d mit N_V verringern. Eine detaillierte Diskussion der *hdp* Metalle wird von Jepsen u. a. (75) gegeben.

Das Einteilchenmodell und die sich daraus ergebenden Bandstrukturen erweisen sich auch für das Verständnis der Eigenschaften der Übergangsmetalle als recht erfolgreich. Erst wenn die Bandbreite in die Größenordnung der Austauschwechselwirkung kommt, werden Vielteilcheneffekte bedeutsam (Hubbard-Modell). Das ist aber nur in Verbindungen (z. B. Oxiden) der Übergangsmetalle der Fall, wenn infolge der größeren Abstände der Übergangsmetallatome die Bandbreiten geringer werden.

Die Trends der wesentlichen Potentialparameter, die in den dicht gepackten metallischen Strukturen fast unabhängig von der Kristallsymmetrie sind, können im wesentlichen auf der Basis atomarer Eigenschaften geklärt werden. Besonders für die schwereren Metalle (4d, 5d) ist jedoch für eine quantitative Beschreibung eine Einbeziehung relativistischer Effekte erforderlich (Nemoschkalenko u. a. 82). Für einen Überblick zu Bandstrukturen von Übergangsmetallen siehe Mackintosh u. Andersen (79).

Die über spinpolarisierte Rechnungen für Fe, Co und Ni aus ersten Prinzipien, d. h. vollständig ohne offene Parameter bestimmten magnetischen Momente im Grundzustand ($T = 0$) stimmen mit den experimentellen Werten ausgezeichnet überein: 2,15 (Fe); 1,56 (Co); 0,59 (Ni) jeweils in μ_B/Atom ($\mu_B = \hbar|e|/2m$), s. Moruzzi u. a. (78). Selbstkonsistente spinpolarisierte Bandberechnungen für antiferromagnetisches Cr wurden von Kübler (80) und Skriver (81) durchgeführt.

Die erwähnten Arbeiten zu ferro- oder antiferromagnetisch geordneten Metallen betreffen zunächst den Grundzustand, also $T = 0$. Bisherige Versuche einer Theorie für $T \neq 0$ beruhten entweder auf der Vorstellung, daß die lokalen magnetischen Momente dem Betrag nach ungeändert bleiben und daß mit zunehmender Temperatur lediglich deren Ausrichtung abnimmt (Heisenberg-Modell), oder darauf, daß die Orientierung der lokalen magnetischen Momente ungeändert bleibt und daß mit wachsendem T deren Betrag abnimmt (Stoner-, Band- oder Itinerant-Modell). Ein neuer bedeutsamer Schritt in der Elektronentheorie stark magnetisch geordneter Metalle für $T \neq 0$ zeichnet sich nun dadurch ab, daß versucht wird, beide Modellaspekte zu kombinieren, indem ein ferromagnetisches Metall für $T < T_c$ (Curie-Temperatur) als Legierung mit statistisch verteilten lokalen magnetischen Momenten (auf bzw. ab) aufgefaßt und darauf die CPA-Legierungstheorie angewendet wird. Eine solche Elektronentheorie bei endlichen Temperaturen müßte aus ersten Prinzipien liefern: das lokale magnetische Moment in Abhängigkeit von T, die Curie-Temperatur T_c, die Magnetisierung $M(T, H)$ für $T \leqq T_c$, Nahordnungsspinkorrelationen und die Suzeptibilität für $T \geqq T_c$. Während die Versuche von Gyorffy u. a. (84) auf der Vielfachstreutheorie (KKR-CPA) beruhen, wird von Moran-Lopez u. a. (81) die Theorie der festen Bindung (TB-CPA) eingesetzt; dabei wird auch versucht, eine Theorie des Oberflächenmagnetismus zu entwickeln (Mukherjee u. a. 82, s. auch Bennemann 82). Fulde (84) gibt eine einfache und wirksame Methode an, durch Einbeziehung von Vielteilchenkorrekturen in das Bandmodell lokale magnetische Momente oberhalb von T_c zu beschreiben und damit die Diskrepanzen desselben zu beseitigen (s. auch Olés u. Stollhoff 84).

3.3. Verbindungen

Bei intermetallischen Verbindungen können die verschiedenen Atomsorten sowohl in geordneter Form die Gitterplätze besetzen und dabei eine Überstruktur bilden oder auch – wie bei den Mischkristallen – sich statistisch ungeordnet über die Gitterplätze verteilen. Der letztere Fall ungeordneter Systeme erfordert Methoden wie das in [2.7] behandelte CPA-Verfahren.

Bei Verbindungen gelten dieselben Grundprinzipien wie bei den reinen Metallen, es sind jedoch einige Besonderheiten zu beachten. Die größten Probleme liegen in der Wahl des Kristallpotentials. Durch die starken räumlichen Schwankungen der Ladungsdichte und die gegenüber reinen Metallen weniger symmetrische Umgebung wird die Potentialbestimmung wesentlich schwieriger als bei reinen Metallen. Umladungseffekte spielen eine entscheidende Rolle, man ist daher verstärkt auf selbstkonsistente Rechnungen angewiesen.

Mit steigender Zahl der Atome je Elementarzelle wächst der Rechenaufwand für intermetallische Phasen so stark an, daß bald eine Grenze erreicht ist, wo die Rechnungen nicht mehr durchführbar sind bzw. der Aufwand nicht mehr vertretbar ist. Mit APW- und KKR-Rechnungen wird bei komplizierten Strukturen daher oft das Energiespektrum nur noch an einigen Symmetriepunkten berechnet, wo das Eigenwertproblem durch Symmetriebetrachtungen stark vereinfacht werden kann. Durch Interpolationsverfahren (wie die TB-Methode mit anzupassenden Parametern) wird dann versucht, das Zwischengebiet zu beschreiben und ein genügend dichtes Netz von $\boldsymbol{k}$-Werten für die Berechnung der Zustandsdichte und weiterer Meßgrößen zu gewinnen. Dabei muß jedoch mit größeren Unsicherheiten, insbesondere bei Wellenfunktionen, gerechnet werden. Wesentlich erfolgversprechender erscheint wegen des geringeren Rechenaufwands hier die Anwendung der H-NFE-TB-Methode oder anderer linearer Verfahren sowie der in [2.1] behandelten LCAO-Version.

Infolge der großen Anzahl von Atomen bzw. Elektronen pro Elementarzelle vergrößert sich einerseits die Gitterkonstante a, und die Ausdehnung der BZ $\sim a^{-1}$ verringert sich, andererseits sind wesentlich mehr besetzte Bänder als in reinen Metallen vorhanden. Die Zustandsdichte ist daher ebenfalls stärker strukturiert. Ein Beispiel dafür gibt die Zustandsdichte der Laves-Phase $MgZn_2$ mit 12 Atomen pro Elementarzelle in Abb. 3.3-1. Obwohl das Pseudopoten-

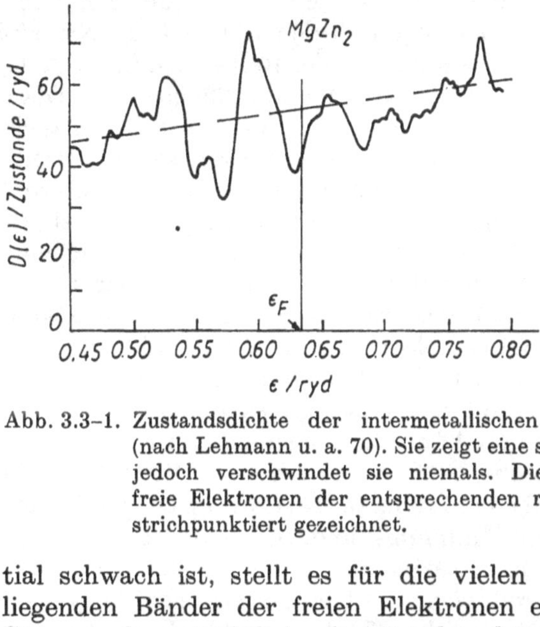

Abb. 3.3-1. Zustandsdichte der intermetallischen Verbindung $MgZn_2$ (nach Lehmann u. a. 70). Sie zeigt eine starke Strukturierung, jedoch verschwindet sie niemals. Die Zustandsdichte für freie Elektronen der entsprechenden räumlichen Dichte ist strichpunktiert gezeichnet.

tial schwach ist, stellt es für die vielen dicht beieinander liegenden Bänder der freien Elektronen eine relativ starke Störung dar, so daß in der Bandstruktur vom fast freien Verhalten der Elektronen nur wenig zu bemerken ist. Die Zustandsdichte bewegt sich um den gestrichelt eingetragenen Wert für freie Elektronen. Für einen Überblick der insgesamt zu $MgZn_2$ erzielten Ergebnisse s. Ziesche (77).

Als weiteres Beispiel soll hier die (nichtmagnetische) intermetallische Verbindung FeAl behandelt werden. Sie kristallisiert in der B2- oder CsCl-Struktur, die ein *krz*-Gitter darstellt. Im Mittelpunkt der Würfel sitzen die Atome der einen Sorte, die der anderen an den Würfelecken. In gewissem Sinne kann diese Struktur als einfachstes Modell dienen, das die wesentlichen Charakteristika der intermetallischen Verbindungen aufweist. Die mit der H-NFE-TB-Methode von Ziesche u. a. (78) berechnete Bandstruktur ist in Abb. 3.3–2 dargestellt. Deutlich zu erkennen ist das von Γ ausgehende NFE-Band. Die schwache Energielücke liegt wegen der geringeren Größe der BZ im Gegensatz zu den reinen Metallen unterhalb des d-Bandes (am Punkte X bei $X_{4'}$ und X_1). Am Punkte R fällt die Lücke in den Bereich des d-Bandes. Die Breite der d-Bänder ist durch den Abstand der Niveaus $R_{25'}$ und X_1 gegeben. Sie nimmt in der Reihe VAl, CrAl, FeAl, CoAl, NiAl (Müller u. a. 78) von 450 auf 235 m*ryd* ab. Diese Tendenz hat dieselbe Ursache wie bei den reinen Übergangsmetallen. In der Verbindung mit Al verringert sich die Breite des d-Bandes gegenüber dem reinen Übergangsmetall, obwohl die Resonanzbreite im reinen Metall etwas geringer ist als in der Verbindung. Dieses auf den ersten Blick überraschende Verhalten zeigt, daß die Bandbreite sowohl von der Eigenschaft des einzelnen Streuzentrums als auch vom Abstand, der Zahl und der Art der Nachbarn im Kristall abhängt. Die Fermi-Energie wandert in der Reihe von VAl zu NiAl wegen der zunehmenden Zahl der Leitungselektronen zu höheren Werten. Sie liegt bei VAl an der niederenergetischen Flanke des starken Maximums, bei CrAl etwa in seiner Mitte, bei FeAl an der oberen Flanke bei 710 m*ryd*, bei CoAl im Gebiet des anschließenden tiefen Minimums und bei NiAl oberhalb des nächsten Maximums jenseits des d-Bandes. Die Stabilität eines Systems ist groß, wenn die Fermi-Energie an der oberen Grenze eines Gebietes hoher Zustandsdichte liegt. Das ist am besten für CoAl, aber auch für FeAl und NiAl erfüllt. Dieses Ergebnis korrespondiert mit den beobachteten Umwandlungstemperaturen für die homogene B2-Phase (FeAl: 1250°C, CoAl: 1645°C, NiAl : 1638°C). Die B2-Phase von CrAl ist dagegen instabil. Die H-NFE-TB-Bandstrukturen stimmen gut mit Messungen der Feinstruktur von Röntgen-Linien überein.

Die elektronische Struktur weiterer intermetallischer Verbindungen wird u. a. von Rennert und Lehmann (77) behandelt.

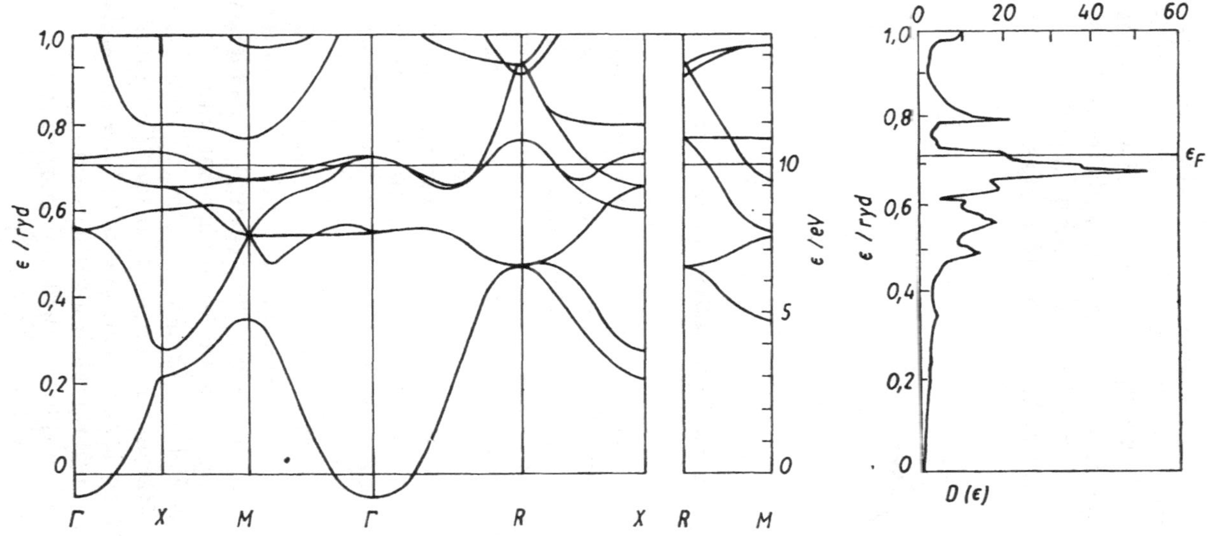

a) b)

Ab. 3.3–2. a) Bandstruktur von FeAl (B2-Struktur) nach Ziesche u. a. (78), Gitterkonstante $a = 5{,}4973 a_0$
b) Zustandsdichte von FeAl (Einheit: Zustände pro *ryd*, Elementarzelle und Spin)
Die Bezeichnung der einzelnen Zustände an den Punkten X und R lautet mit wachsender Energie: $X_{4'}$, X_1, X_2, X_5, X_3, X_1 bzw. $R_{25'}$, R_{12}, $R_{2'}$, R_{15}. (Versehentlich fehlt auf der Linie ΓX ein Kurvenstückchen, das zu dem Eigenwert knapp oberhalb 0,7 gehört.)

Die Besonderheiten für ungeordnete Legierungen seien nur kurz an Hand des schematischen Verlaufs der Zustandsdichte diskutiert (Abb. **3.3–3**). Sie zeigt für das geordnete System (ausgezogene Kurve) durch ein verbotenes Gebiet voneinander getrennte Bänder und besitzt innerhalb des unteren Bandes ausgeprägte Maxima und Minima sowie scharfe

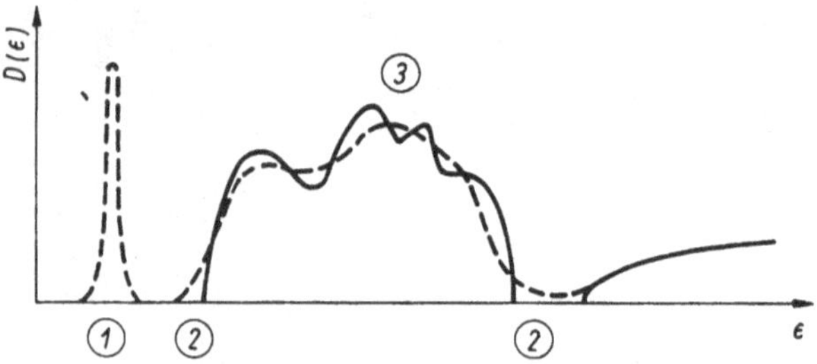

Abb. 3.3–3. Zur Diskussion der Zustandsdichte in ungeordneten Legierungen.

Bandkanten mit den nach [4.1] zu erwartenden wurzelförmigen Singularitäten. In einem ungeordneten System können im verbotenen Gebiet Defektniveaus ① entstehen, bei höheren Defektkonzentrationen entstehen daraus Defektbänder. Durch statistische Fluktuationen der Atomverteilung werden die scharfen Bandkanten zu Bandschwänzen ② ausgewaschen. In den Fällen ① und ② versagt die Störungsrechnung prinzipiell, da im interessierenden Gebiet im ungestörten System überhaupt keine Zustände existieren. Diese Gebiete sind bei Halbleitern und Isolatoren interessant, da dort die Fermi-Energie liegt. Bei Metallen interessiert besonders der Bandbereich ③. Dort ist die Verschmierung der Spitzen der Zustandsdichte charakteristisch, da wegen der endlichen Lebensdauer eines Impulszustandes infolge der Störungen der Periodizität eine Verbreiterung der Energieniveaus auftritt. Bei nicht zu starken Störungen sind die Wellenfunktionen im Gebiet ③ noch ausgedehnt, während die Zustände in den Gebieten ① und ② räumlich lokalisiert sind.

Einen Überblick über die bis 1970 publizierten Bandberechnungen gibt Dimmock (71).

4. Experimentelle Bestimmung der Bandstruktur

Unter dem Einfluß äußerer Felder werden besonders Elektronen in der Nähe der Fermi-Energie angeregt. Das dynamische Verhalten der Elektronen folgt aus der Bandstruktur. Bei Einführung einer effektiven Masse kann es mit klassischen Vorstellungen behandelt werden. Die Reaktion der Elektronen auf äußere Felder bei Anwesenheit eines konstanten Magnetfeldes eignet sich besonders für die experimentelle Bestimmung der Fermi-Flächen und der Bandstruktur in der Nähe der Fermi-Energie. Die Photoelektronen- und Röntgen-Spektroskopie gestattet auch Aussagen über davon entfernte Energiebereiche und z. T. direkt über die Dispersionsrelation.

4.1. Dynamik von Gitterelektronen

Bisher haben wir nur die stationären Eigenzustände von Elektronen im periodischen Potential untersucht. Bei Einwirkung äußerer Felder sind jedoch meist instationäre Prozesse von Bedeutung.

Zur Behandlung der dabei auftretenden Probleme stellen wir das Elektron durch ein Wellenpaket dar, das im $\boldsymbol{k}$-Raum relativ schmal und dafür im Orstraum über viele Gitterzellen ausgedehnt ist. Unter der Voraussetzung, daß das Wellenpaket nur aus Funktionen eines Bandes besteht, daß also keine Bandübergänge beschrieben werden sollen, ist $\varepsilon(\boldsymbol{k})$ eindeutig und periodisch.[1])

---

[1]) Ändern sich die Eigenschaften des Kristalls in Bereichen, die groß sind gegen die Ausdehnung des Wellenpakets, kann man auch eine

Diese Voraussetzungen sind in den meisten interessierenden Fällen erfüllt, so daß es ausreicht, die Bewegung des Schwerpunktes des Wellenpakets zu beschreiben. Ein Beispiel, bei dem Interbandübergänge wesentlich sind, ist der sog. Zener-Durchbruch („innere“ Feldemission) bei Nichtleitern bzw. Halbleitern. In diesem Falle wird durch ein sehr starkes elektrisches Feld $\boldsymbol{E}$

$$e\,|\boldsymbol{E}|\,a \gtrsim \Delta^2 \Big/ \left(\frac{\hbar^2}{2m}\frac{\pi^2}{a^2}\right) \tag{1}$$

ein Elektronenübergang aus einem vollbesetzten Band durch eine verbotene Zone der Breite Δ in ein unbesetztes Band verursacht. Das Elektron im unbesetzten Band wird durch das äußere Feld beschleunigt und verursacht so einen Strom. $e\,|\boldsymbol{E}|\,a$ ist der auf den Abstand einer Gitterkonstante a im äußeren Feld erzielte Energiegewinn, $(\hbar\pi/a)^2/2m$ entspricht der Bandbreite für freie Elektronen.

In der Einbandnäherung kann man wegen der periodischen Energiefunktion den Impulsoperator $\hat{\boldsymbol{p}}$ in (2) wie bei freien Teilchen durch $\frac{\hbar}{i}\frac{\partial}{\partial \boldsymbol{r}}$ ersetzen, für den Hamilton-Operator kann man wählen[1])

$$H = \varepsilon_\nu(\hat{\boldsymbol{p}}/\hbar) = \tilde{\varepsilon}_\nu(\hat{\boldsymbol{p}})\,. \tag{2}$$

Die Hamilton-Operatoren (2) und (1.2–1) haben dann bezüglich der Funktionen des ν-ten Bandes dieselben Matrix-

schwache Abhängigkeit der Dispersionsrelation vom Ort $\varepsilon(\boldsymbol{k}, \boldsymbol{r})$ annehmen. Das wird in der Halbleiterphysik (bei Grenzflächen) oft getan, wird aber falsch, wenn die räumliche Änderung von ε schon bei Längen der Größenordnung von Gittervektoren erfolgt.

[1]) In diesem Kapitel werden Operatoren wie $\hat{\boldsymbol{r}}$ und $\hat{\boldsymbol{p}}$ durch das Dachzeichen $\frown$ besonders gekennzeichnet. Mittelwerte der Operatoren über Wellenpakete werden mit dem Mittelungsstrich bezeichnet: $\bar{r}$, $\bar{p}$.

elemente.[1]) Die Geschwindigkeit $\boldsymbol{v}$ des Elektrons ist gleich der Gruppengeschwindigkeit $\frac{\partial \omega}{\partial \boldsymbol{k}}$ des Wellenpakets:

$$\boldsymbol{v} = \frac{\partial \omega}{\partial \boldsymbol{k}} = \frac{1}{\hbar} \frac{\partial \varepsilon}{\partial \boldsymbol{k}}. \tag{3}$$

Dieselbe Beziehung erhält man auch (mit dem Ortsoperator $\hat{\boldsymbol{r}}$ in der Impulsdarstellung $\hat{\boldsymbol{r}} = -\frac{\hbar}{i} \frac{\partial}{\partial \boldsymbol{p}} = i \frac{\partial}{\partial \boldsymbol{k}}$) über die Ehrenfestschen Sätze

$$\overline{\boldsymbol{v}} = \dot{\boldsymbol{r}} \equiv \frac{i}{\hbar} \overline{[H, \hat{\boldsymbol{r}}]} = \frac{i}{\hbar} \overline{\left[\bar{\varepsilon}(\boldsymbol{p}), -\frac{\hbar}{i} \frac{\partial}{\partial \boldsymbol{p}}\right]} = \frac{1}{\hbar} \frac{\partial \varepsilon}{\partial \boldsymbol{k}}. \tag{3'}$$

Im Falle äußerer Kräfte $\boldsymbol{F}$ gilt ($\boldsymbol{F}$ konstant)

$$H' = \bar{\varepsilon}(\hat{\boldsymbol{p}}) - \boldsymbol{F}\boldsymbol{r}; \qquad \boldsymbol{F} = -\frac{\partial V}{\partial \boldsymbol{r}}. \tag{4}$$

Für die Schwerpunktbeschleunigung $\ddot{\boldsymbol{r}}$ folgt aus den Ehrenfestschen Sätzen[2]):

$$\ddot{\boldsymbol{r}} = \frac{i}{\hbar} \overline{\left[\varepsilon(\boldsymbol{k}) + \frac{1}{i} \boldsymbol{F} \frac{\partial}{\partial \boldsymbol{k}}, \quad \frac{1}{\hbar} \frac{\partial \varepsilon}{\partial \boldsymbol{k}}\right]} = \boldsymbol{F} \frac{1}{\hbar^2} \overline{\frac{\partial}{\partial \boldsymbol{k}} \circ \frac{\partial \varepsilon}{\partial \boldsymbol{k}}} \tag{5}$$

---

[1]) Bei der Einführung des Hamilton-Operators H in (2) in der Einbandnäherung verwundert zunächst, daß mit $\varepsilon_\nu(\hat{\boldsymbol{p}}/\hbar)\, \psi_{\boldsymbol{k}} = \varepsilon_\nu(\boldsymbol{k})\, \psi_{\boldsymbol{k}}$ der Wellenvektor $\boldsymbol{k}$ formal als Eigenwert des wahren Impulsoperators $\hat{\boldsymbol{p}}$ dargestellt wird, obwohl die Bloch-Funktionen erwiesenermaßen keine Eigenfunktionen von $\hat{\boldsymbol{p}}$ sind. In Wirklichkeit wird jedoch auf die Bloch-Funktionen nicht $\hat{\boldsymbol{p}}$ angewandt, sondern eine wegen (1.2–12) im reziproken Gitter periodische Funktion $\varepsilon_\nu(\hat{\boldsymbol{p}}/\hbar)$. Betrachten wir in einer Fourier-Zerlegung von $\varepsilon_\nu(\boldsymbol{k})$ nur eine Fourier-Komponente $e^{i\boldsymbol{k}\boldsymbol{R}}$, so stellt der entsprechende, durch Ersetzung von $\boldsymbol{k} \to \hat{\boldsymbol{p}}/\hbar$ daraus hervorgehende Operator nichts anderes als den Translationsoperator T im Ortsraum dar, der eine Verschiebung um den Gittervektor $\boldsymbol{R}$ erzeugt. Zu T jedoch sind die Bloch-Funktionen Eigenfunktionen zum Eigenwert $e^{i\boldsymbol{k}\boldsymbol{R}}$. Somit stellen die Bloch-Funktionen auch Eigenfunktionen des Hamilton-Operators aus (2) zu den Eigenwerten $\varepsilon_\nu(\boldsymbol{k})$ dar.

[2]) Der Ring $\circ$ in (5) bezeichnet dabei das dyadische Produkt.

bzw. für die Impulsableitung

$$\dot{\boldsymbol{p}} = \frac{i}{\hbar}\left[\varepsilon(\boldsymbol{k}) + \frac{1}{i}\boldsymbol{F}\frac{\partial}{\partial \boldsymbol{k}}, \quad \hbar\boldsymbol{k}\right] = \boldsymbol{F}, \tag{6}$$

ein dem klassischen Impulssatz ähnlicher Ausdruck. Der Vergleich von (5) mit der entsprechenden Newtonschen Bewegungsgleichung $\ddot{\boldsymbol{r}} = \boldsymbol{F}/m$ zeigt, daß wir $1/m$ durch den reziproken (symmetrischen, impulsabhängigen) Massentensor $1/\mathbf{M}$ zu ersetzen haben:

$$\frac{1}{\mathbf{M}} = \frac{1}{\hbar^2}\frac{\partial}{\partial \boldsymbol{k}} \circ \frac{\partial \varepsilon}{\partial \boldsymbol{k}}. \tag{7}$$

Zur Illustration soll noch in der Näherung von freien Elektronen her die eindimensionale Bewegung eines Elektrons im untersten Band unter Einfluß einer konstanten äußeren Kraft besprochen werden. Die Störung des Energiebandes der freien Elektronen macht sich nur bei $k = \pm G/2$ bemerkbar. In Abb. 4.1–1 sind ε, v und $1/\mathbf{M}$ über k aufgetragen. Das Elektron mit der Anfangsgeschwindigkeit $v_0 = 0$ wird normal wie ein freies beschleunigt, bis k in die Nähe der Bandgrenze kommt. Dort nimmt trotz der konstanten Kraft die Geschwindigkeit wieder bis auf Null ab (Bandgrenze) und wird dann sogar negativ. Das heißt, das Wellenpaket läuft im Ortsraum entgegen der äußeren Kraft und vollführt mit dem Durchlaufen einer Strecke $\hbar G$ im Impulsraum so eine periodische Bewegung. (Diese Aussage ist nicht ganz korrekt, denn das Teilchen kann mit einer gewissen Wahrscheinlichkeit auch einen Zener-Durchbruch in ein höhergelegenes Band machen.) Das Elektron verhält sich an der Bandgrenze wie ein Eselsteilchen: Es wird gezogen, bewegt sich aber gerade in die entgegengesetzte Richtung. Dies ist aber nur eine andere Beschreibungsweise für die Bragg-Reflexion, die auftritt, wenn die Reflexionsbedingung (1.2–22) bzw. $\lambda = 2a$ für die Elektronenwellenlänge erfüllt ist. Mit der Diskussion zu Abb. 4.1–1 kann man auch das verschiedene Leitungsverhalten von Substanzen (Elektronen, Löcher) erklären.

Bei Anwesenheit von nicht zu starken Magnetfeldern $\boldsymbol{B}$ (damit konzentrierte Wellenpakete noch sinnvoll sind, s. auch [4.2]) gelten ebenfalls die obigen Bewegungsgleichungen, wenn man den kanonischen Impuls $\boldsymbol{p}$ durch den mechanischen

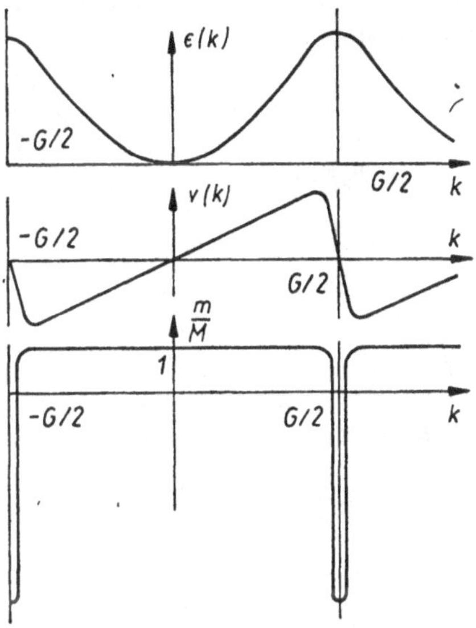

Abb. 4.1–1. Energie ε, Geschwindigkeit v und effektive Masse m/M für ein Gitterelektron als Funktion der Wellenzahl k

$\boldsymbol{q} = \boldsymbol{p} - e\boldsymbol{A}$ ersetzt (die Mittelungsstriche für die konzentrierten Wellenpakete sind im folgenden weggelassen, $\boldsymbol{A}$ ist das zum Magnetfeld $\boldsymbol{B}$ gehörige Vektorpotential):

$$\ddot{\boldsymbol{r}} = \frac{1}{\mathbf{M}}\,\dot{\boldsymbol{q}}; \qquad \dot{\boldsymbol{q}} = e\dot{\boldsymbol{r}} \times \boldsymbol{B}. \tag{8}$$

Man kann (8) in dieser halbklassischen Näherung nach Multiplikation mit $\dot{\boldsymbol{r}}$ zum Energiesatz integrieren:

$$\frac{\mathrm{d}\bar{\varepsilon}(\boldsymbol{q})}{\mathrm{d}t} = \dot{\boldsymbol{q}}\,\frac{\partial\bar{\varepsilon}(\boldsymbol{q})}{\partial\boldsymbol{q}} = \dot{\boldsymbol{q}}\dot{\boldsymbol{r}} = 0 \rightarrow \bar{\varepsilon}(\boldsymbol{q}) = const. \tag{9}$$

Ebenso erhält man nach Multiplikation von (8) mit $\boldsymbol{B}$

$$\boldsymbol{q}\boldsymbol{B} = \text{const.} \tag{10}$$

Die Bewegung verläuft also wie im klassischen Falle im $\boldsymbol{q}$-Raum auf den Schnittkurven der Flächen konstanter Energie mit den Ebenen normal zur Feldrichtung $\boldsymbol{B}$.

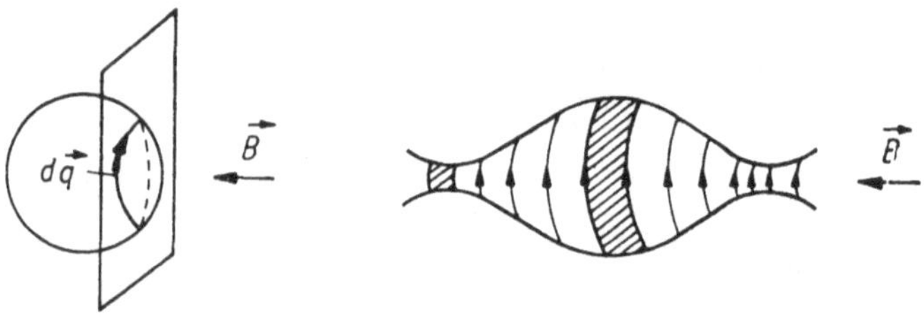

Abb. 4.1-2. a) Bewegung freier Elektronen im Magnetfeld
b) Bewegung von Elektronen auf einer zylinderförmigen Energiefläche im Magnetfeld

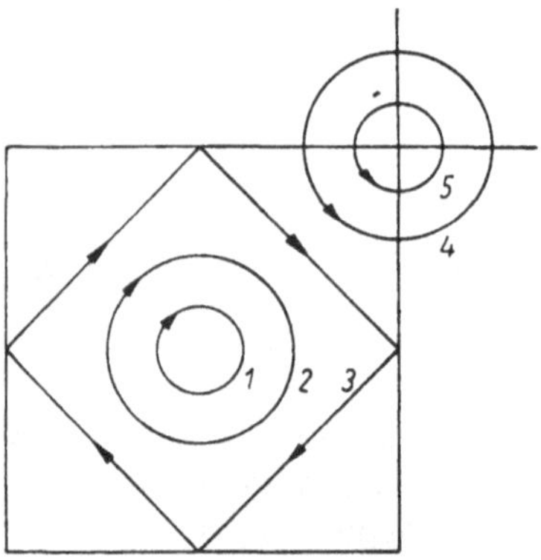

Abb. 4.1-3. Umlaufsinn der Elektronen auf Flächen konstanter Energie im Magnetfeld

Freie Elektronen laufen daher periodisch auf Kreisen mit gleicher Kreisfrequenz $\omega = |e|\, \beta/m$ um (Abb. 4.1-2), während für kompliziertere Energieflächen (etwa Abb. 4.1-2b) die ω für verschiedene Bahnen nicht mehr gleich sind, da $1/\mathbf{M}$ nach (7) von $\boldsymbol{k}$ abhängt. In dem ebenen kubischen Gitter von Abb. 4.1-3 laufen die Elektronen auf den eingezeichneten Kurven in Pfeilrichtung (falls $\boldsymbol{B}$ in die Papierebene hineinzeigt). Bei der Beschreibung der Bewegung von Elektronen mit der Energie ε_5 (in der Nähe der oberen Bandgrenze) zeigen sich wieder die Vorzüge des periodischen Zonenschemas. Teilchen dieser Energie laufen entgegen der Uhrzeigerrichtung, sie verhalten sich also wie Teilchen mit zu freien Elektronen entgegengesetztem e/m-Wert (wesentlich für Löcherbewegung).

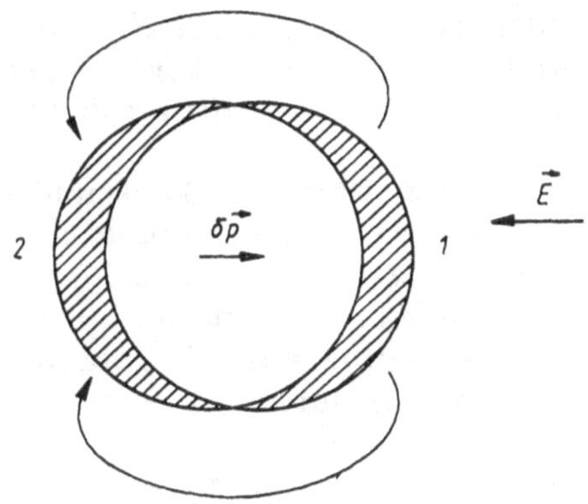

Abb. 4.1-4. Zur Deutung der Leitfähigkeit

Zur Erklärung der Leitungseigenschaften von Festkörpern darf man nicht nur die Bewegung eines Elektrons betrachten, an ihnen sind alle Elektronen in ihrer Gesamtheit beteiligt. Beim Anlegen eines konstanten elektrischen Feldes $\boldsymbol{E}$ wird die Fermi-Kugel (zunächst für fast konstantes Metallpotential) gemäß Abb. 4.1-4 im Impulsraum in der Zeit δt um $\delta \boldsymbol{p} = e\boldsymbol{E}\delta t$ verschoben, da alle Impulszustände den Zusatzimpuls $\delta \boldsymbol{p}$ erhalten.

Das System kommt so in einen Zustand höherer Energie. Der Gesamtimpuls $\boldsymbol{P}$ ist nicht mehr gleich Null, d. h., es fließt ein Massenstrom und damit auch ein elektrischer Strom. Im realen Fall wird diese Verteilung aber durch Fremdatome bzw. Gitterschwingungen gestört (d. h., bei Anwesenheit dieser Störungen ist der Impuls keine Erhaltungsgröße mehr), und so setzt Streuung der Elektronen in unbesetzte Zustände

$1 \rightarrow 2$ ein, die den alten Zustand mit $\boldsymbol{P} = 0$ wieder herzustellen versucht. Die Wirkung eines kurzzeitig angelegten äußeren Feldes $\boldsymbol{E}$ verschwindet also bald wieder (charakteristisch dafür ist die Relaxationszeit τ). Erst bei einem fortwährend angelegten Feld entsteht ein stationärer Zustand, in dem die Fermi-Kugel in erster Näherung um einen kleinen Impuls $\delta\boldsymbol{p}$, proportional zu $\boldsymbol{E}$, verschoben ist. Es ist dabei bemerkenswert, daß nur ein relativ kleiner Teil aller Elektronen (in Abb. 4.1–4 schraffiert gezeichnet) in der Nähe der Fermi-Oberfläche an den Streuprozessen beteiligt ist. Daher rührt das große Interesse an der Kenntnis der genauen Struktur der Fermi-Fläche.

Bei Supraleitern wird die erwähnte Streuung der Impulszustände durch eine „Energielücke" der Breite Δ unmittelbar an der Fermi-Oberfläche verhindert, und es kann so auch noch ein Strom fließen, wenn kein äußeres Feld mehr anliegt. Wie in [5.1.3] diskutiert wird, müssen erst durch Zuführen der Energie 2Δ zwei freie Elektronen durch „Aufbrechen" eines gebundenen Elektronenpaares erzeugt werden, ehe diese gestreut werden können; der Gesamtprozeß ist jedoch für Ströme unter der kritischen Stromstärke, d. h. bei nur relativ geringer Verschiebung der Fermi-Kugel, energetisch ungünstig.

Die bisherigen Überlegungen bedürfen noch einer Korrektur, wenn bei stärkerer Auffüllung des Bandes die Fermi-Fläche in die Nähe der Bandgrenze kommt. Stehen zwei Elektronen pro Atom zur Verfügung, so ist das Valenzband gerade vollgefüllt, und bei einer Verschiebung um $\delta\boldsymbol{p}$ im $\boldsymbol{p}$-Raum geht die Verteilung wieder in sich über (man sieht das am besten im periodischen Schema). Ein gefülltes Band kann somit keinen Beitrag zum Gesamtstrom liefern und trägt daher nichts zur Leitfähigkeit bei (Isolator). Erst wenn das betrachtete Band durch Überlappung mit einem weiteren Band nicht mehr vollgefüllt ist, da ein Teil der Elektronen in das nächste Band abfließt, kann eine endliche Leitfähigkeit beobachtet werden.

Wenn sich die beiden Bänder nicht überlappen, ihr Abstand aber in die Größenordnung der thermischen Anregungsenergie $k_B T$ kommt, können Elektronen durch die Wärmebewegung aus dem gefüllten Valenzband in das Leitungsband gebracht werden und dort eine endliche Leitfähigkeit erzeugen. Es liegt dann ein thermisch aktivierter Halbleiter vor.

Die nichtbesetzten Zustände an der oberen Bandgrenze werden oft als „Löcher" behandelt. Die Stromdichte $\boldsymbol{j}_L$, die sie verursachen, ist gleich der Gesamtstromdichte des gefüllten Bandes (gleich Null) minus Stromdichte des fehlenden Elektrons $\boldsymbol{j}_E$:

$$\boldsymbol{j}_L = 0 - \boldsymbol{j}_E = -en\boldsymbol{v} \tag{11}$$

mit n als zugehöriger Teilchendichte. Das Loch verhält sich also wie ein positiv geladenes Teilchen. Die Energie ε_L eines Loches definiert man zweckmäßigerweise als die fehlende Energie des Elektrons, bezogen auf die obere Bandgrenze ε_0. In deren Nähe gilt für ε_E die Näherung der effektiven Masse (Entwicklung von $\varepsilon(\boldsymbol{k})$ bis zum quadratischen Glied in $\boldsymbol{k}$)

$$\varepsilon_E \approx \varepsilon_0 - \boldsymbol{k} \frac{\hbar^2}{2\mathbf{M}^*} \boldsymbol{k} \tag{12}$$

mit einem effektiven Massentensor $1/\mathbf{M}^*$ mit positiven Eigenwerten und damit für ε_L

$$\varepsilon_L = \varepsilon_0 - \varepsilon_E \approx \boldsymbol{k} \frac{\hbar^2}{2\mathbf{M}^*} \boldsymbol{k}. \tag{13}$$

Das Loch verhält sich also wie ein Teilchen mit positiver effektiver Masse, ähnlich wie ein Elektron in der Nähe der unteren Bandgrenze. Das Verhalten des Elektrons an der oberen Bandgrenze wie ein Eselsteilchen bei Beschleunigung durch ein äußeres Feld interpretieren wir jetzt durch die positive elektronische Ladung des Loches. Diese positive Ladung des Loches äußert sich auch in seinem zu Elektronen entgegengesetzten Umlaufsinn im magnetischen Feld (vgl. dazu Abb. 4.1–3).

4.2. Experimentelle Bestimmung der Fermi-Fläche

4.2.1. Definition der Fermi-Fläche

Die experimentelle Überprüfung der theoretischen Bandberechnung ist wichtig wegen der großen Bedeutung der Bandstruktur sowohl für die Berechnung und Erklärung vieler makroskopischer Größen und Eigenschaften von Festkörpern als auch für ein prinzipielles Verständnis der Festkörper. Bei der Durchführung dieser Aufgabe leistete die Bestimmung von Fermi-Flächen einen wichtigen Beitrag wegen der dabei erreichbaren Genauigkeit und wegen des relativ einfachen Zusammenhanges von experimentell gemessenen und theoretisch berechneten Größen. Die Möglichkeiten zur experimentellen Bestimmung von Fermi-Flächen haben die Entwicklung der Metallphysik in den letzten 20 Jahren besonders vorangetrieben, daher soll dieses Gebiet aus einer Reihe anderer Probleme ausgewählt und in diesem Abschnitt genauer behandelt werden.

In diesem Zusammenhang ist noch bemerkenswert, daß besonders die Messungen der Fermi-Flächen die für moderne physikalische Forschungen charakteristische Tendenz der Verwendung verschiedenster experimenteller Techniken bei der Untersuchung eines Systems aufweisen.

Für die Definition von Fermi-Flächen ist der starke Abfall der mittleren Besetzungszahl $f(\varepsilon, T)$ aus (1.1–7) nach der Fermi-Statistik für kleine Temperaturen T in der Nähe der Fermi-Energie ε_F wesentlich (vgl. dazu Abb. 4.2–1 für $T = 0$). Im realen System wechselwirken die Elektronen jedoch stark miteinander durch ihre Coulomb-Abstoßung. Diese gegenseitige Beeinflussung führt dazu, daß der Teilchenimpuls keine Erhaltungsgröße mehr ist. Die Wahrscheinlichkeit, einen Zustand mit dem Impuls $\hbar k$ besetzt zu finden, kann man also nicht mehr mit (1.1–7) berechnen. Im Grundzustand des Gesamtsystems beobachtet man vielmehr auch mit einer gewissen Wahrscheinlichkeit Elektronen mit einem größeren Impuls als dem Fermi-Grenzimpuls $\hbar k_F$: Die Verteilungsfunktion wird infolge der Elektron-Elektron-Wechselwirkung „ausgeschmiert". Eine genaue Untersuchung des Vielteilchenproblems „wechselwirkendes Elektronengas" liefert die in Abb. 4.2-1 gestrichelt gezeichnete Impulsverteilung (für Temperatur $T = 0$). Charakteristisch für die neue Verteilung

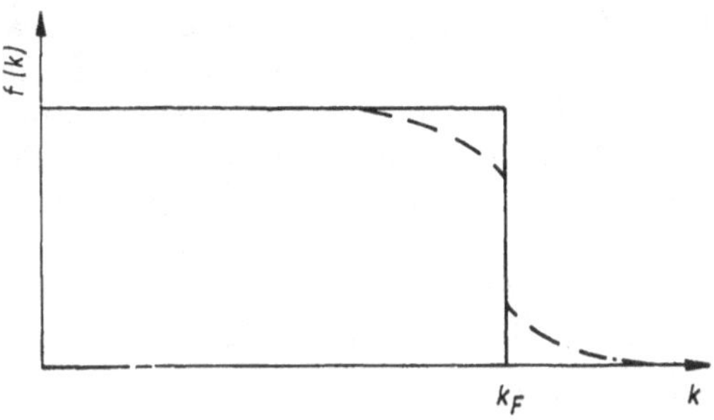

Abb. 4.2-1. Mittlere Besetzungszahl des homogenen Elektronengases als Funktion der Wellenzahl bei der Temperatur $T = 0$. Die gestrichelte Kurve gibt die Änderung für durch Coulomb-Kräfte korrelierte Elektronen an.

ist dabei, daß der für die Definition der Fermi-Fläche wichtige Sprung in der Verteilungsfunktion $f(k)$ auch für das wechselwirkende System an der Stelle k_F auftritt. Die Fermi-Fläche kann daher auch jetzt als die Fläche im $\boldsymbol{k}$-Raum, auf der der Sprung der Besetzungswahrscheinlichkeit auftritt, definiert werden.

4.2.2. Einfluß äußerer Magnetfelder

In den weiteren Untersuchungen wird das System häufig unter Einfluß eines äußeren Magnetfeldes betrachtet. Obwohl durch diese zusätzliche Einwirkung die Elektronenbewegung komplizierter wird, hat sie den Vorteil, daß die Bewegung unter Einfluß des Magnetfeldes $\boldsymbol{B}$ in einer Ebene normal zu $\boldsymbol{B}$ verläuft, was das Problem wieder vereinfacht. Die Diskussion erfolgt der Einfachheit halber oft nur am Beispiel freier Elektronen, sie läßt sich aber auch leicht für Gitterelektronen durchführen, wenn man $\hbar^2 k^2/2m$ durch $\varepsilon(\boldsymbol{k})$ ersetzt. Eine halbklassische Behandlung der Elektronenbewegung im Magnetfeld brachte bereits [4.1] über den effektiven Massentensor. Die Quantentheorie wurde nur bei der Berechnung der Dispersionsrelation $\varepsilon(\boldsymbol{k})$ für Gitterelektronen benutzt. Hier soll die Quantelung der Bewegung im Magnetfeld interessieren. Nach der klassischen Mechanik vollführen freie Elektronen im Magnetfeld $\boldsymbol{B}$ kreisförmige bzw. schraubenförmige Bewegungen mit der Zyklotronfrequenz $\omega = |e|\, B/m$. Bei der Quantelung führen diese harmonischen Bewegungen zu diskreten Energiespektren.

Die Umlauffrequenz bestimmen wir aus der Gleichgewichtsbedingung zwischen Zentrifugal- und Lorentz-Kraft

$$m\omega^2 R = |e|\, Bv\,, \quad v = \omega R \tag{1}$$

zu $\omega = |e|\, B/m$. ω ist also unabhängig vom Bahnradius R.

Die harmonische Bewegung mit der Kreisfrequenz ω hat die Quanten $\hbar\omega$, das n-te angeregte Niveau hat die Energie

$$\varepsilon_n = \hbar\omega n\,. \tag{2}$$

Bei der Bewegung im Magnetfeld ist nur die kinetische Energie $\varepsilon_n = p_n{}^2/2m$ vorhanden. Für die durch ε_n gegebene Kreisfläche $F_n = \pi p_n{}^2 = 2\pi\, m\varepsilon_n$ im Impulsraum erhalten wir also aus (1) und (2)

$$F_n = |e|\, Bnh \tag{3}$$

mit $h = 2\pi\hbar$. Die Onsagersche Beziehung (3) gilt auch für allgemeinere Dispersionsrelationen.

Nunmehr können wir die Energiewerte (2) wieder wie bei Elektronen im feldfreien Fall im Impulsraum darstellen. In der zu **B** senkrechten Ebene treten dabei nur die diskreten Werte auf, die Kreisen mit den Radien p_n entsprechen. Die zugehörigen erlaubten Zylinder („Landau-Zylinder") im Impulsraum sind jeweils bis zur Fermi-Energie aufgefüllt, wie Abb. 4.2–2 zeigt.

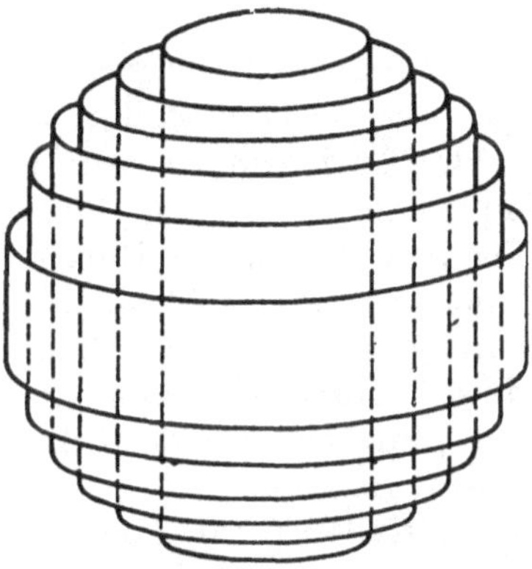

Abb. 4.2–2. Energiezustände im Magnetfeld

4.2.3. De-Haas-van-Alphen-Effekt

Für die gegenwärtig experimentell erreichbaren Magnetfelder (1 bis 30 T) erhält man für Metalle etwa 10000 besetzte Zylinder. Die Querschnittsfläche der Landau-Zylinder hängt nach (3) vom angelegten Magnetfeld ab. Das Hindurchtreten eines Zylinders durch die Fermi-Fläche macht sich in physikalischen Größen durch eine starke Änderung bemerkbar, wenn der Zylinder die Fermi-Fläche gerade tangiert, da dann bei einer kleinen Erhöhung des Magnetfeldes sehr viele Elektronen umgelagert werden. Das führt dazu, daß viele Meßgrößen sich periodisch mit $1/B$ ändern. Der Abstand zweier Maxima ergibt sich nach (3) zu

$$\Delta\left(\frac{1}{B}\right) = \frac{1}{B_n} - \frac{1}{B_{n+1}} = \frac{eh}{F(\varepsilon_F)} \tag{4}$$

mit $F(\varepsilon_F)$ als extremalem Querschnitt der Fermi-Fläche normal zum angelegten Magnetfeld. Diese periodischen Oszillationen machen sich besonders stark bei der magnetischen Suszeptibilität χ bemerkbar und werden als de-Haas-van-Alphen-Effekt (dHvA) bezeichnet. Die vom Experiment gelieferte Größe, der extremale Querschnitt der Fermi-Fläche, ergibt sich aus der Periode der Oszillationen.

Bisher haben wir den Fall $T = 0$ besprochen. Mit wachsender Temperatur werden der Sprung in der Fermi-Verteilungsfunktion (1.1-7) und damit auch die Oszillationen von χ immer mehr abgeflacht. Die Amplitude der dHvA-Oszillationen sinkt also mit steigender Temperatur. Für die Durchführung des Experimentes sind somit sehr kleine Temperaturen erforderlich. (Die Aufweichung der Fermi-Verteilung um $k_B T$ muß klein sein gegen den Abstand der Landau-Zylinder $\hbar\omega$, das ist bei den verwendeten Magnetfeldern der Größenordnung bis 30 T für Temperaturen unter 10 K erfüllt.) Eine Störung der idealen Kristallstruktur bewirkt gleichfalls eine Verbreitung der Fermi-Verteilung, die durch eine fiktive Temperatur, die sogenannte Dingle-Temperatur gekennzeichnet werden kann (zu ihrer Berechnung s. [5.5]). Man muß also für die Messungen sehr reine Einkristalle mit möglichst wenig Kristallbaufehlern verwenden.

Der dHvA stellt zur Zeit die genaueste Methode zur Messung von Fermi-Flächen dar (der relative Meßfehler ist kleiner als 0,1%!). Bei geschlossenen Fermi-Flächen (z. B. Alkalimetalle) kann man aus der Messung der extremalen Querschnitte für alle Richtungen des Magnetfeldes die Fermi-Fläche selbst eindeutig konstruieren. Für komplizierte Fermi-Flächen sind noch weitere Meßgrößen zur Bestimmung ihrer Form nötig.

Periodische Schwankungen in $1/B$ wie beim dHvA werden noch bei einer ganzen Reihe von Meßgrößen (z. B. elektrische Leitfähigkeit: Shubnikov-de-Haas-Effekt) – allerdings nicht immer so deutlich – beobachtet.

4.2.4. Zyklotronresonanz

Bei der Zyklotronresonanz wird die Kreisfrequenz der Elektronen im Magnetfeld $\omega_c = \frac{|e|}{m_c{}^*} B$ durch Messung der frequenzabhängigen Absorption eines Hochfrequenzfeldes bestimmt. Stimmt dessen Frequenz mit ω_c überein, tritt Resonanz auf, und der Hochfrequenzschwingkreis, in dem sich das zu untersuchende Metall befindet, wird stark gedämpft. Die Zyklotronmasse $m_c{}^*$ stimmt natürlich nicht mit der freien Elektronmasse überein, sondern hängt von der Dispersionsrelation ab. Da bei der Absorption Elektronen von einem besetzten Zylinder auf einen unbesetzten angeregt werden, mißt man deren Energiedifferenz, die von der Änderung des extremalen Querschnittes F der Fermi-Fläche mit der Energie abhängt:

$$m_c{}^* = \frac{1}{2\pi} \frac{\partial F}{\partial \varepsilon}. \tag{5}$$

Das ist gleichbedeutend mit Aussagen über die (über die Bahn des Elektrons gemittelte) Geschwindigkeit $v = \partial\omega/\partial k$. Gemessen werden können nur die Frequenzen, mit denen besonders viele Elektronen umlaufen. Das ist für die sog. „extremalen Querschnitte" der Fermi-Fläche der Fall, für die nämlich der Landau-Zylinder die Fermi-Fläche gerade tangiert. Bei der Fermi-Fläche von Abb. 4.1-2b sind das bei der angegebenen Richtung des Magnetfeldes gerade die „Bäuche" und „Hälse" B bzw. H (s. auch Abb. 4.2–3). Dreht man das Magnetfeld $\boldsymbol{B}$ aus der Symmetrierichtung, so verschwinden ab einem gewissen Winkel die Resonanzen bei den Hälsen, wie in Abb. 4.2–3 angedeutet (Fermi-Flächen, ähnlich der von Abb. 4.2–3, treten bei den Edelmetallen auf, vgl. dazu Abb. 1.2–5).

Die experimentell bestimmten und die theoretisch berechneten Zyklotronmassen zeigen in einzelnen Metallen einen fast gleichbleibenden Unterschied von 10 bis 30%. Das liegt an der Elektron-Phonon-Wechselwirkung (s. [5.4]). Als Folge dieser starken Wechselwirkung in der Nähe der Fermi-Energie sind die Elektronenenergien gemäß (5.1–6) zu renormieren. In die Berechnung von m_c^* geht also nicht die träge Masse m des freien Elektrons, sondern die „Feldmasse"

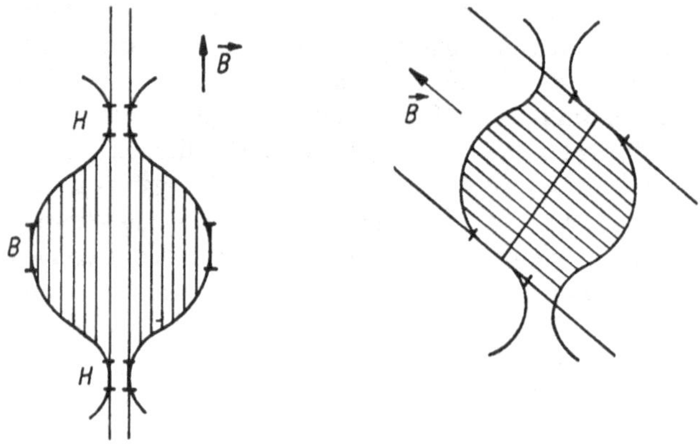

Abb. 4.2–3. a) Extremale Querschnitte der Fermi-Fläche von Abb. 4.1–2b
b) Extremaler Querschnitt für eine andere Richtung von $\boldsymbol{B}$

ein, die infolge der Wechselwirkung entsteht und die über die entsprechenden Zyklotronbahnen zu mitteln ist. Daher wurde bisher die Messung der Zyklotronfrequenz meist nicht zur Bestimmung der absoluten Größe der Fermi-Fläche, sondern nur der relativen Verhältnisse (der Topologie) verwendet. Besonders gut lassen sich Aussagen über das Verschwinden von extremalen Querschnitten in Abhängigkeit von der Richtung des Magnetfeldes (wie bei den Abbn. 4.2–3a und b) machen.

Der bei vielen Metallen beobachtete Resonanzeffekt tritt jedoch nur ein, wenn das Elektron in der Zeit τ zwischen zwei Stößen (an Fremdatomen bzw. Gitterschwingungen) mit der Umlauffrequenz ω_c viele Umläufe $\omega_c\tau$ ausführt:

$$\omega_c\tau \gg 1. \qquad (6)$$

Diese Bedingung läßt sich für große τ erfüllen. τ steigt mit der (physikalischen wie chemischen) Reinheit der Substanz und mit sinkender Temperatur. Man arbeitet daher wie auch beim dHvA-Effekt mit möglichst reinen und guten Einkristallen sowie bei Heliumtemperaturen (1,6 bis 2°K). Weiterhin läßt sich (6) für große ω erfüllen. Man arbeitet dabei mit festen Frequenzen im Gebiet von 10 GHz. Bei Molybdän z. B. beträgt die erforderliche magnetische Induktion 1 bis 10 kG.

4.2.5. Magnetoakustische Effekte

Eine ganze Reihe von magnetoakustischen Effekten ermöglicht ebenfalls die experimentelle Untersuchung der Struktur der Fermi-Fläche. Es handelt sich dabei um die Wechselwirkungseffekte von Gitterelektronen mit Phononen (Stöße, Absorption, Emission) unter Einfluß von magnetischen Feldern. Es ist auch hier wieder eine periodische Abhängigkeit, z. B. des Absorptionskoeffizienten für akustische Wellen, von $1/B$ charakteristisch, die eine einfache geometrische Deutung zuläßt.

Zu dieser Deutung benutzt man die Tatsache, daß der Bewegung eines Wellenpaketes im Impulsraum eine Bewegung im Ortsraum (um $\pi/2$ phasenverschoben) entspricht. Die Ausdehnung des Wellenpaketes im Orts- und Impulsraum ist natürlich der Unschärferelation unterworfen, die daraus folgenden Bedingungen können jedoch im folgenden vernachlässigt werden.

Die Bahn im Ortsraum habe etwa die in Abb. 4.2–4a gezeichnete Form. Dann besitzt die Bahn im Impulsraum die Form von Abb. 4.2–4b. Durch Deformation des Kristallgitters infolge eines (in diesem Falle als transversal angenommenen) Schallfeldes werden die in Abb. 4.2–4a durch Pfeile angedeuteten Kräfte auf das Elektron ausgeübt (x_0 soll dabei viele Atomlagen umfassen). Es tritt bei mehreren Umläufen des Elektrons insgesamt eine Beschleunigung desselben auf, falls die Bedingung

$$\frac{\lambda}{2}(2n + 1) = 2x_0 = \frac{2P_{y0}}{eB} \tag{7}$$

erfüllt ist, d. h., wenn ein ungeradzahliges Vielfaches der halben Wellenlänge (in Abb. 4.2–4a ist $n = 0$) der eingestrahlten Schallwelle gleich dem eingezeichneten (extremalen) Bahndurchmesser $2x_0$ ist. Dieser hängt mit dem Durchmesser der Fermi-Fläche P_{y0}, senkrecht zu $\boldsymbol{B}$ und zur Ausbreitungs-

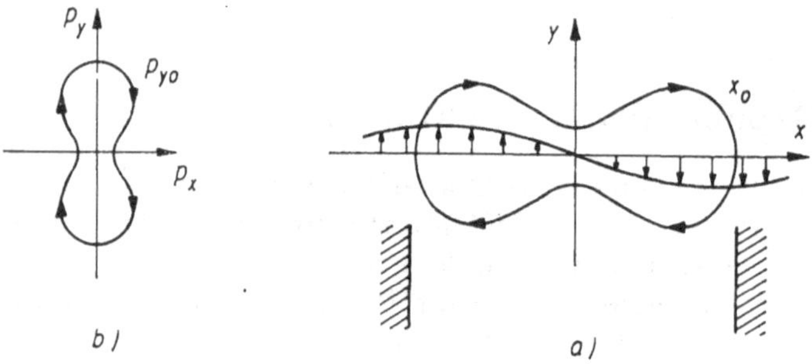

Abb. 4.2-4. a) Bahn eines Elektrons im Ortsraum
b) Bahn desselben Elektrons im Impulsraum

richtung des Phonons, zusammen. Es kommen auch bei diesem Effekt nur Elektronen an der Fermi-Fläche in Frage, da nur sie Energie absorbieren können. Von diesen tragen wiederum nur die auf extremalen Bahnen wesentlich zum Effekt bei. Die Schwingungsdauer der Schallwelle τ_s ist groß gegen die Umlaufdauer T_n des Elektrons ($\tau_s \gg T_n$), daher kann die Auslenkung durch die Schallwelle genähert als zeitunabhängig angesehen werden.

Das Schallfeld wird um die von den Elektronen aufgenommenen Energien geschwächt. Die Messung des Absorptionskoeffizienten für Schallwellen in Abhängigkeit von Ausbreitungsrichtung $\boldsymbol{n}$ (senkrecht zu $\boldsymbol{B}$) und Wellenlänge λ liefert also direkte Aussagen über extremale Durchmesser der Fermi-Fläche (genauer gesagt: über die Abstände von je 2 Ebenen, die normal zu $\boldsymbol{n}$ und $\boldsymbol{B}$ liegen und die Fermi-Fläche berühren).

Es läßt sich weiterhin eine Reihe anderer magnetoakustischer Effekte, u. a. auch mit longitudinalen Schallfeldern, zur Bestimmung von Parametern der Fermi-Fläche ausnutzen. Da sich die Elektron-Phonon-Wechselwirkung über die Fermi-Fläche aber stark ändern kann, ist bei der Interpretation von Ergebnissen eine gewisse Vorsicht angebracht.

Die erreichbare Meßgenauigkeit ist bei magnetoakustischen Effekten wesentlich geringer als beim dHvA. Die magnetoakustischen Effekte haben jedoch den Vorteil, daß aus ihnen die Fermi-Fläche geometrisch einfacher zu bestimmen ist als aus dem dHvA. Die soeben besprochenen extremalen Durchmesser x_0 der Bahnen hängen von der Stärke des Magnetfeldes ab. Hat die Probe gerade diese Dicke (in Abb. 4.2–4a sind die Gebiete außerhalb der Probe schraffiert gezeichnet), macht sich das ebenfalls im Hochfrequenzschwingkreis bemerkbar. Mit Hilfe dieses Größen-Effektes sind also ebenfalls Aussagen über extremale Bahnparameter der Fermi-Fläche zu gewinnen.

4.2.6. Magnetwiderstand

Als Magnetwiderstand bezeichnet man die Vergrößerung des elektrischen Widerstandes im Magnetfeld $\boldsymbol{B}$. Besonders interessant ist dabei das Verhalten bei hohen Feldstärken $\boldsymbol{B}$, reinen Proben und tiefen Temperaturen (bzw. kleinem elektrischem Widerstand oder großen Stoßzeiten τ), denn dann werden Details des Stoßprozesses unwesentlich gegen Einflüsse der Form der Fermi-Fläche auf die Leitfähigkeit. Man kann diese Bedingung mit der Zyklotronfrequenz ω_c ebenfalls durch (6) ausdrücken.

Im normalen Fall nimmt dann der transversale ($\boldsymbol{j} \perp \boldsymbol{B}$) Widerstand für hohe Feldstärken einen konstanten Wert an („Sättigung"). Bei Vorhandensein „offener" Bahnen (Abb. 4.2–5) wächst jedoch der Widerstand proportional zu B^2. Offene Bahnen sind dadurch gekennzeichnet, daß die Elektronen im periodischen Zonenschema durch alle Zellen des $\boldsymbol{k}$-Raumes laufen. Das Beispiel in Abb. 4.2–5 kann man sich als Schnitt der Fermi-Fläche aus Abb. 4.1-2b mit einer Ebene durch die Rotationsachse vorstellen. Das angelegte Feld $\boldsymbol{B}$ liegt in Abb. 4.2–5 in z-Richtung. Im Ortsraum können sich die Elektronen (für $B \to \infty$) nach den gerade durchgeführten Überlegungen nur in y-Richtung bewegen. Das heißt, in x-Richtung ist der elektrische Widerstand unendlich.

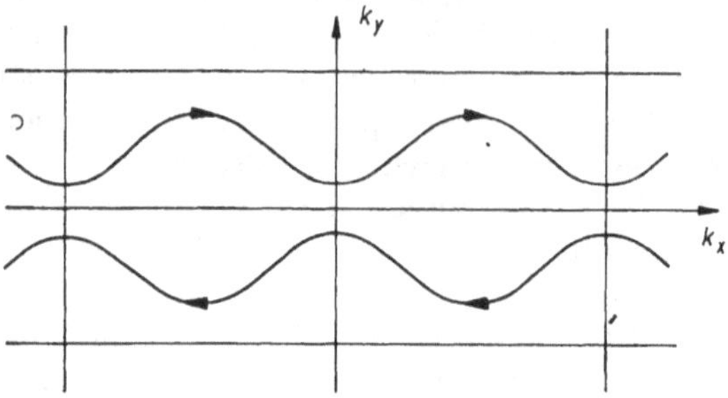

Abb. 4.2–5. Fermi-Fläche mit offenen Bahnen (entspr. Abb. 4.1–2b)

Man kann also aus der Richtungsunabhängigkeit des Magnetwiderstandes (für unterschiedliche Richtungen des angelegten Magnetfeldes) Hinweise auf das Vorhandensein und die Lage offener Bahnen auf der Fermi-Fläche gewinnen.

4.2.7. Positronvernichtung

Die Positronvernichtung und der Compton-Effekt sind zwei Experimente zur Messung von Querschnittsflächen und Sehnenlängen am Fermi-Körper, für die keine besonders tiefen Temperaturen, keine reinen Kristalle sowie keine Magnetfelder erforderlich sind.

Bei der Positronvernichtung wird der Effekt der Zerstrahlung eines Positrons (das nach dem Eintritt in den Kristall durch inelastische Stöße in etwa 10^{-12} s den Impuls $\boldsymbol{p}_p = 0$ annimmt) mit einem Elektron in zwei Photonen (Energien $\hbar\omega$, Impulse $\hbar\boldsymbol{k}$) ausgenutzt, deren Winkelkorrelation gemessen wird. Für die Behandlung des Effektes sind die relativistische Energie- und Impulsbilanz erforderlich (vgl.

Abb. 4.2–6):

$$mc^2 + c\sqrt{(mc)^2 + p_e^2} = \hbar(\omega_1 + \omega_2), \tag{8'}$$

$$\boldsymbol{p}_e = \hbar(\boldsymbol{k}_1 + \boldsymbol{k}_2). \tag{8''}$$

Man sieht, daß zur Erfüllung von (8) die Photonenenergien in der Größenordnung der Ruhenergien des Elektrons mc^2 ($\approx$ 0,5 MeV) liegen, während die kinetische Energie des Elektrons innerhalb der Fermi-Kugel mit dem Impuls $\boldsymbol{p}_e$ kleiner als 10 eV ist. Daher kann p_e^2 in der Wurzel in (8') weggelassen werden. Das Verhältnis der Impulse p_e und $\hbar k$ ist kleiner als $5 \cdot 10^{-3}$. Der in Abb. 4.2–6a eingezeichnete Winkel ϑ ist von der Größenordnung dieses Verhältnisses und somit ebenfalls sehr klein (einige 10 Bogenminuten).

Nach Elimination von k_2 (über $\omega = ck$) liefert (8)

$$\boldsymbol{p}_e = \hbar(k_1\boldsymbol{e}_1 + k_2\boldsymbol{e}_2) = \hbar k_1(\boldsymbol{e}_1 - \boldsymbol{e}_2) + 2mc\boldsymbol{e}_2. \tag{9}$$

Die möglichen k_1-Werte für einen festen Winkel ϑ liegen gemäß Abb. 4.2–6b auf der gestrichelten Linie innerhalb des Fermi-Körpers im Abstand

$$p_\perp = mc\vartheta \tag{10}$$

von dessen Mittelpunkt. Alle Elektronen auf dieser Linie tragen daher zur gemessenen Intensität der Photonen beim Winkel ϑ mit bei. Man kann also aus der Intensität auf die Länge der zu ϑ gehörigen Sehne des Fermi-Körpers in der von den Richtungsvektoren der Photonen $\boldsymbol{e}_1$ und $\boldsymbol{e}_2$ aufgespannten Ebene Rückschlüsse gewinnen.

Den Absolutwert der Intensität bestimmt die Übergangswahrscheinlichkeit $W \sim |(\psi_{\text{el}}, e^{i\boldsymbol{k}\boldsymbol{r}}\,\psi_{\text{pos}})|^2$. Zu deren Berechnung ist also die Kenntnis der Wellenfunktionen von Elektron ψ_{el} und Positron ψ_{pos} erforderlich. Da das zerstrahlte Elektron den Spin des Positrons gerade kompensieren muß, kann man mit polarisierten Positronen auch Fermi-Flächen für nur eine Spinrichtung ausmessen.

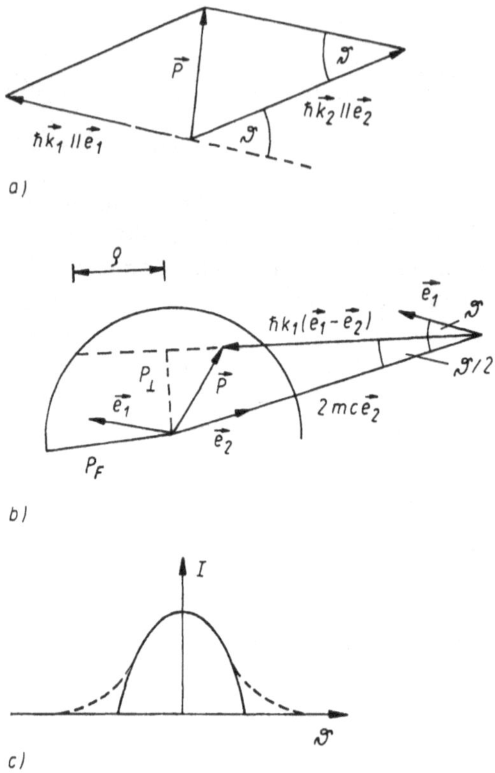

Abb. 4.2–6. Positronvernichtung
a) Impulsbilanz
b) mögliche $\boldsymbol{K}_1$- und $\boldsymbol{p}$-Werte
c) Intensität I als Funktion des Koinzidenzwinkels

Die Zerstrahlung erfolgt während einer Zeitdauer von 10^{-10} s. Als Quelle der Positronen verwendet man β-Strahler (Na^{22}, Co^{57}, Co^{58}, Cu^{46}). Experimentell ordnet man in Richtung von $\boldsymbol{e}_1$ und $\boldsymbol{e}_2$ je ein γ-Zählrohr mit großer Winkelauflösung und mißt mit einer Koinzidenzschaltung die Zahl der jeweils gleichzeitig ankommenden und daher aus demselben Zerstrahlungsprozeß herrührenden γ-Quanten. Erfaßt man alle Photonen mit beliebigen Impulskomponenten in der Richtung senkrecht zu $\boldsymbol{e}_1$ und $\boldsymbol{e}_2$, so erhält man direkt die Querschnittsfläche durch den Fermi-Körper, normal zu $(\boldsymbol{e}_1 + \boldsymbol{e}_2)$ im Abstand $p_\perp$ vom Ursprung. Bei einer kugelförmigen Fermi-Fläche vom Radius p_F ist das die Fläche (vgl. Abb. 4.2–6b)

$$F = \pi\varrho^2 = \pi(p_F{}^2 - p_\perp{}^2) = \pi(p_F{}^2 - m^2c^2\vartheta^2). \tag{11}$$

Die Intensität als Funktion von ϑ zeigt also den in Abb. 4.2–6c dargestellten parabelförmigen Verlauf; experimentell wird die gestrichelte Kurve gemessen.

4.2.8. Compton-Effekt

Beim Compton-Effekt werden Röntgen-Quanten der Wellenlänge λ an Elektronen gestreut. Sie erfahren dabei eine Ablenkung um den Winkel ϑ und eine Vergrößerung der Wellenlänge um

$$\Delta\lambda = \lambda_c(1 - \cos\vartheta), \tag{12}$$

die einem Energieverlust des Quants entspricht ($\lambda_c = h/mc$ ist dabei die Compton-Wellenlänge). Zur Untersuchung des Fermi-Körpers mißt man die spektrale Intensität der unter dem festgehaltenen Winkel ϑ gestreuten Quanten als Funktion des Energieverlustes (zur strengen Theorie s. [5.2.2]).

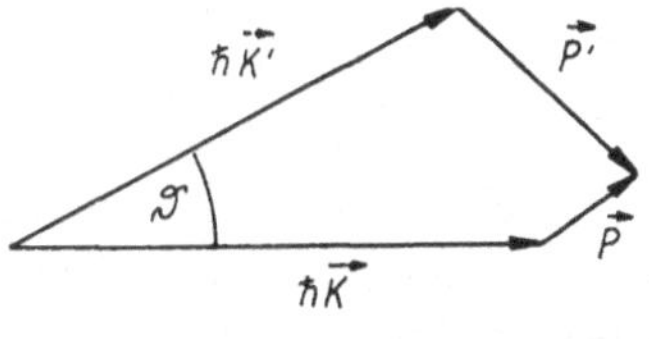

Abb. 4.2–7. Impulsbilanz beim Compton-Effekt

In Abb. 4.2–7 sind die Impulse $\boldsymbol{p}$ und $\boldsymbol{p}'$ des Elektrons und der Photonen $\hbar\boldsymbol{K}$ und $\hbar\boldsymbol{K}'$ vor und nach dem Streuprozeß aufgetragen. Energie- und Impulssatz lauten in diesen

Größen

$$\sqrt{(mc)^2 + p^2} + \hbar K = \sqrt{(mc)^2 + p'^2} + \hbar K' \tag{13'}$$

$$\boldsymbol{p} + \hbar \boldsymbol{K} = \boldsymbol{p}' + \hbar \boldsymbol{K}'. \tag{13''}$$

Wir vernachlässigen p^2 in (13), eliminieren $\boldsymbol{p}'$ mit Hilfe von (13''), setzen im Produkt $\boldsymbol{p}(\boldsymbol{K} - \boldsymbol{K}') = \boldsymbol{p}(\boldsymbol{e} - \boldsymbol{e}')\,K$ und erhalten nach Einführung der Frequenz $\omega = ck$ aus (13)

$$\boldsymbol{p}(\boldsymbol{e} - \boldsymbol{e}') = mc\,\frac{\hbar\Delta\omega}{\hbar\omega} - \frac{\hbar\omega}{c}\,(1 - \cos\vartheta). \tag{14}$$

Zur Intensität I der Quanten, die um den Winkel ϑ mit dem Energieverlust $\hbar\Delta\omega$ gestreut werden, tragen also alle Elektronen mit derselben Projektion des Impulses auf die Richtung $(\boldsymbol{e} - \boldsymbol{e}')$ bei:

$$\boldsymbol{p}(\boldsymbol{e} - \boldsymbol{e}') = p_\perp\,|\boldsymbol{e} - \boldsymbol{e}'| = \text{const.} \tag{14'}$$

Die Zahl dieser Elektronen und damit die Intensität ist somit proportional der Größe der Schnittfläche des Fermi-Körpers mit einer Ebene normal zu $(\boldsymbol{e} - \boldsymbol{e}')$ im Abstand $p_\perp$. Bei einem kugelförmigen Fermi-Körper ergeben sich für die Abhängigkeit von I von $\Delta\omega$ Parabeln ähnlich der in Abb. 4.2–6c, nur liegt das Maximum jetzt bei dem durch (12) bzw. durch

$$\frac{\Delta\omega}{\omega} = \frac{\hbar\omega}{mc^2}\,(1 - \cos\vartheta) \tag{12'}$$

bestimmten Energieverlust. Für ein ruhendes Elektron wird nur bei Erfüllung von (12) eine Streuung beobachtet.

Für Gitterelektronen ist der von einem Elektron gelieferte Anteil gemäß (5.2–24) proportional zu der Wahrscheinlichkeit

$$W_{\boldsymbol{k}} = \frac{1}{\mathcal{V}}\,|(\psi_{\boldsymbol{k}}, \mathrm{e}^{i\boldsymbol{k}\boldsymbol{r}})|^2, \tag{15}$$

das Elektron mit der Wellenfunktion ψ_k in einem Impulseigenzustand anzutreffen. Dabei wurde angenommen, daß das Elektron nach dem Streuprozeß entsprechend seiner hohen Energie durch eine ebene Welle (genauer OPW) beschrieben werden kann.

Die soeben erläuterte Messung liefert somit Aussagen über die Impulsverteilung von Gitterelektronen. Sie besitzt dieselben Vorteile wie Positronvernichtungsexperimente. Darüber hinaus ist nunmehr zur Berechnung von I nicht mehr die Kenntnis der Positronwellenfunktion nötig. Sie besitzt den Nachteil, daß für genügend großen Energieverlust ($\hbar\Delta\omega > \varepsilon_{\mathrm{Rumpf}}$) auch tiefer gelegene, mit $\varepsilon_{\mathrm{Rumpf}}$ gebundene Bänder mit zur Intensität beitragen. Man ist also auf Energiewerte $\hbar\Delta\omega < \varepsilon_{\mathrm{Rumpf}}$ angewiesen.

4.3. Photoelektronen- und Röntgen-Spektroskopie

4.3.1. Prinzipielle Situation

Die Einwirkung äußerer Strahlung bietet vielfältige Möglichkeiten für die Anregung des Systems. Dazu gehören der Beschuß mit Elektronen, Neutronen, Ionen, Photonen (z. B. ultraviolettes Licht, Röntgen-Quanten) u. a.. Gemessen wird entweder die Absorption dieser Strahlung oder die Emission von Teilchen. Beispiele dafür sind schon im letzten Abschnitt behandelt worden (Compton-Effekt, Positronvernichtung). Eine Auswahl der im Innern des Festkörpers ablaufenden Prozesse ist in Abb. 4.3–1 dargestellt. Bei tiefliegenden Energien ε_1 liegen sehr schmale Bänder vor, die aus den stark gebundenen atomaren Zuständen hervorgehen. Höherliegende Bänder (ε_2) zeigen bereits eine geringe Verbreiterung infolge der Wechselwirkung zwischen den Nachbaratomen. Die Leitungsbänder bei ε_3 weisen eine Breite von der Größenordnung 10 eV auf. Die Zustände unterhalb der Fermi-

Energie ε_F sind besetzt. Die darüber liegenden Bänder werden immer breiter und überlappen sich außerdem, so daß praktisch ein Kontinuum von Zuständen vorliegt. Elektronen oberhalb einer Energie ε_0 sind in der Lage, den Festkörper zu verlassen (daher in Abb. 4.3–1 als freie Zustände gekennzeichnet).

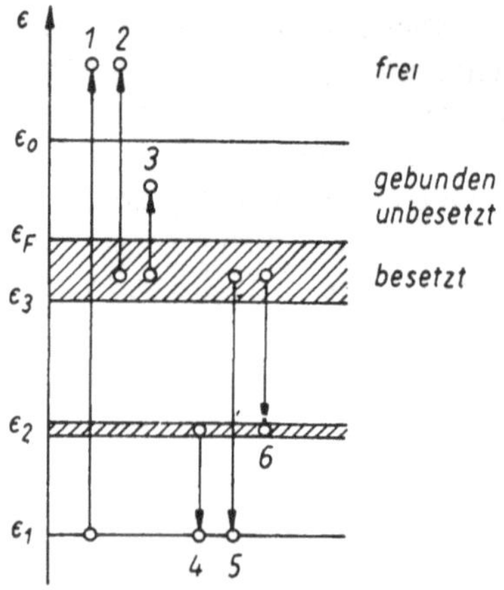

Abb. 4.3–1. Schematische Darstellung von An- und Abregungsprozessen in einem Festkörper infolge einer äußeren Einwirkung.

Durch Energieabgabe der einfallenden Strahlung können Elektronen aus besetzten Zuständen in unbesetzte angeregt werden. In den Fällen 1) und 2) kann das aus einem tiefliegenden (bzw. dem Leitungs-) Band stammende Elektron den Festkörper verlassen und bezüglich Energie, Impuls und Spin analysiert werden. Im Fall 2) kann bei einer festen von der einfallenden Strahlung zur Verfügung stehenden Anregungsenergie ε auf diese Weise die Struktur des Leitungsbandes untersucht werden. Im Fall 3) kann das angeregte Elektron den Festkörper nicht verlassen und nicht gemessen werden. Man ist dann also auf die Untersuchung von Energie- und Impulsänderung der einfallenden Strahlung angewiesen. In den Fällen 4) bis 6) gehen in höheren Zuständen befindliche Elektronen in tiefliegende Zustände über, die durch Anregung über eine äußere Einwirkung freigeworden sind. Dabei können sowohl Photonen emittiert als auch andere Elektronen energetisch angeregt werden, die dann analysiert werden (Auger-Effekt). Nach der „Goldenen Regel" ist die Intensität I des in einen Raumwinkelbereich emittierten Quants gegeben durch

$$I(\varepsilon, \varepsilon', \boldsymbol{p}, s) \sim \varepsilon \sum_{e(a)} |\langle\psi_a| H^W |\psi_e\rangle|^2 \, \delta(\varepsilon + \varepsilon_a - \varepsilon_e + \varepsilon'). \tag{1}$$

Sie wird gemessen als Funktion der Anregungsenergie ε und hängt von Energie ε', Impuls $\boldsymbol{p}$ und Spin s des emitterten Quants ab. Die rechte Seite enthält das Quadrat des Matrixelements der Wechselwirkung H^W und beschreibt die Wahrscheinlichkeit des Übergangs vom Anfangszustand ψ_a in den Endzustand ψ_e des Systems. Darin sind die an der Anregung beteiligten inneren (Quasi-) und äußeren (Test-)Teilchen enthalten. Die δ-Funktion garantiert die Energiebilanz. Wenn durch die Meßanordnung die Impulsänderung (Winkelabhängigkeit) bestimmt werden kann, ist der Impulssatz analog hinzuzufügen. Entsprechend den experimentellen Bedingungen ist außerdem über alle möglichen End-(e) bzw. Anfangszustände (a) zu summieren bzw. zu mitteln.

Wenn einer der beiden Zustände genau bekannt ist (etwa ein tiefliegender Anfangszustand ψ_a), lassen sich aus I Schlüsse auf den anderen Zustand (ψ_e) ziehen. Diese betreffen sowohl die Energie ε_e bzw. die Anzahl der bei dieser Energie verfügbaren Zustände, d. h. die Zustandsdichte $D(\varepsilon)$, als auch über die Größe des Matrixelements Angaben zum Ortsverlauf der Wellenfunktion. Eine Verbreiterung der Niveaus durch ihre Lebensdauer und die apparativen Bedingungen schränken die Genauigkeit der Aussagen ein.

Bei Übergängen vom Typ 3), die z. B. durch optische Anregungen verursacht werden können, ist die Differenzenergie von Anfangs- und Endzustand vorgegeben, und beide schwanken selbst wieder über das ganze Band: Man ermittelt somit sogenannte gemischte Zustandsdichten, die gekoppelte Informationen sowohl über Anfangs- als auch Endzustand enthalten.

4.3.2. Röntgen-Emissionsspektren

Die Emission von Röntgen-Strahlung soll im folgenden etwas genauer betrachtet werden. Ihr entsprechen die Prozesse 4) bis 6). Die Wechselwirkung $H^{\mathrm{W}} = e\boldsymbol{p}\boldsymbol{A}/m$ mit dem Strahlungsfeld in (1) wird durch dessen Vektorpotential $\boldsymbol{A} = \sqrt{\frac{\hbar}{2\varepsilon_0 \mathcal{V} \omega}}$ $\boldsymbol{n}e^{i\boldsymbol{k}\boldsymbol{r}}$ mit der Polarisationsrichtung $\boldsymbol{n}$ bestimmt. Da die Ausdehnung a des stark gebundenen unbesetzten Zustandes klein gegen die Wellenlänge des weichen Röntgen-Quants ist ($ka \approx 10^{-1} \cdots 10^{-2}$), kann für H^{W} die sogenannte Dipolnäherung verwendet werden:

$$H^{\mathrm{W}} = \frac{e}{m}\boldsymbol{p}\boldsymbol{A} \sim \omega^{-1/2}\boldsymbol{p}\boldsymbol{n}e^{i\boldsymbol{k}\boldsymbol{r}} \approx \boldsymbol{n}\boldsymbol{p}\omega^{-1/2}. \tag{2}$$

In (1) entfällt die Abhängigkeit von der Energie ε der auf den Festkörper treffenden Strahlung, da es sich um einen spontanen Emissionsprozeß handelt. Die Energie des emittierten Photons bezeichnen wir mit $\varepsilon' = \hbar\omega$. Das Matrixelement des Impulses wird durch das des Ortsoperators ersetzt[1]):

$$\langle \psi_a | \boldsymbol{n}\boldsymbol{p} | \psi_e \rangle = im\omega \langle \psi_a | \boldsymbol{n}\boldsymbol{r} | \psi_e \rangle. \tag{3}$$

Sind die Matrixelemente des Ortsoperators in (3) unabhängig von der Energie, dann liefert die Feinstruktur der Röntgen-Linie nach (1) bis (3) eine direkte Aussage über die Dichte der besetzten Zustände

$$I(\omega) \sim \omega^2 D(\omega + \varepsilon_e/\hbar). \tag{4}$$

Die genaue Struktur wird jedoch durch die Matrixelemente beeinflußt. Bei den einfachen Metallen liefern die mit Pseudowellenfunktionen berechneten Matrixelemente des Orts-

---

[1]) Diese Beziehung folgt aus der Vertauschungsrelation $[H, \boldsymbol{r}] = \hbar\boldsymbol{p}/im$ und der Tatsache, daß ψ_a und ψ_e Eigenzustände von H mit den Energien ε_a und ε_e sind. Dabei ist $\hbar\omega = \varepsilon_a - \varepsilon_e$.

operators eine gute Übereinstimmung mit dem Experiment. Bei den Spektren der Übergangsmetalle spielen die in (3) enthaltenen Auswahlregeln bzgl. des Drehimpulses von Anfangs-(l) und Endzustand (l')

$$l' = l \pm 1 \tag{5}$$

eine entscheidende Rolle. Die Spektren bezeichnet man nach den Schalen, in die die Übergänge erfolgen, analog zu den Atomspektren mit K, L, M usw. Diese Endzustände haben einen definierten Drehimpulscharakter l'. Wegen (5) werden daher aus den Leitungszuständen gemäß der Darstellung der Bloch-Funktion innerhalb der WS-Zelle

$$\psi_{\boldsymbol{k}}(\boldsymbol{r}) = \sum_L i^l c_L(\boldsymbol{k})\, R_l(r, \varepsilon)\, Y_L(\boldsymbol{r}) \tag{6}$$

die zu l gehörigen Anteile herausgefiltert. Der Vergleich mit dem Experiment liefert statt (4) nunmehr die „partiellen" Zustandsdichten (m Magnetquantenzahl)

$$D_l(\varepsilon) = \sum_{\boldsymbol{k},m} |c_L(\boldsymbol{k})|^2 \delta(\varepsilon - \varepsilon_{\boldsymbol{k}}). \tag{7}$$

Die Energieabhängigkeit der verbleibenden Integrale über die radialen Wellenfunktionen kann bei Übergangsmetallen meist vernachlässigt werden.

Bei Verwendung polarisierter Röntgen-Strahlung ist es an Einkristallen möglich, über die Richtungsabhängigkeit der Matrixelemente (3) Aussagen über die Orientierung von Wellenfunktionen zu erhalten.

Bei den schweren Übergangsmetallen ($Z > 40$) beeinflußt die Spin-Bahn-Wechselwirkung der Zustände die Form der Spektren stark (Nemoschkalenko u. a. 82). Die Aufspaltung der d-Zustände infolge dieser Wechselwirkung entspricht dabei der Breite des d-Bandes.

Da sich die tiefliegenden Zustände entsprechend ihrem Energiewert eindeutig einer bestimmten Atomart i des Festkörpers zuordnen lassen, testet das Übergangselement wegen der an diesem Ort lokalisierten Wellenfunktion des Endzustandes $\psi_e(\boldsymbol{r} - \boldsymbol{R}_i)$ die weit ausgedehnten Zustände des

Leitungsbandes genau an diesem Ort $\boldsymbol{R}_i$ aus (partielle, lokale Zustandsdichten). Allerdings sind sehr tiefliegende Zustände wegen der großen Energie-Verschmierung infolge der reduzierten Lebensdauer wieder weniger aussagefähig.

Bei der Interpretation der experimentellen Spektren sind auch Vielteilcheneffekte (z. B. Plasmonenanregungen) zu beachten. Wichtig ist auch das Problem, inwieweit die Coulomb-Wechselwirkung mit dem Lochzustand die Ein-Elektronenfunktion des Bloch-Zustandes beeinflußt. Hierzu konnte unlängst gezeigt werden, daß der Endzustand des Prozesses ohne tiefliegenden Lochzustand entscheidend ist, daß also das Matrixelement mit den normalen Bloch-Funktionen berechnet werden kann (v. Barth, Grossmann 79, Mahan 80). Eine tiefgehende vielteilchentheoretische Begründung zur Behandlung stark gebundener Lochzustände steht z. Z. allerdings noch aus.

4.3.3. Photoelektronenspektroskopie

Mit der Verfügbarkeit leistungsfähiger, durchstimmbarer Strahlungsquellen z. B. in Form der Synchrotronstrahlung erlangt die Photoelektronenspektroskopie (PES) im ultravioletten (UPS) und im Röntgen-Bereich (XPS) zunehmende Bedeutung für die experimentelle Untersuchung der elektronischen Struktur fester Körper. Das einfallende Lichtquant mit der Energie $\varepsilon = \hbar\omega$ regt dabei entsprechend den Prozessen 1) und 2) in Abb. 4.3–1 ein Elektron an, das in einem zweiten Schritt zur Festkörperoberfläche transportiert wird und in einem dritten Schritt den Festkörper verläßt, wobei Brechungs- und Beugungseffekte an der Oberfläche eine Rolle spielen. Infolge der stark inelastischen Prozesse beim Transport an die Oberfläche können bei der UPS nur Elektronen aus den obersten Lagen erfaßt werden, während die XPS mit Elektronenenergien um 1 keV mit einer mittleren freien Weglänge der Elektronen von 5···10 nm durchaus Volumeneffekte beschreibt. Für den Anregungsprozeß ist dabei ebenfalls die Dipolnäherung (2) anwendbar.

Bei der UPS ist die Impulsänderung des Elektrons wegen des kleinen Photonenimpulses ebenfalls klein. Es treten die in Abb. 4.3–2 schematisch dargestellten „senkrechten" Über-

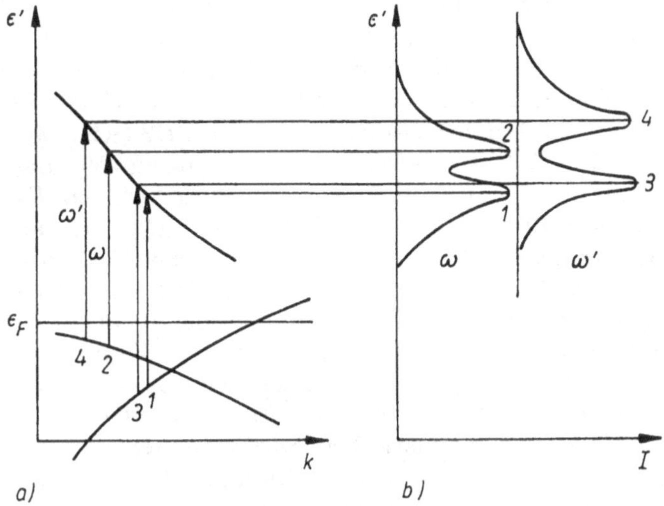

Abb. 4.3–2. Zur Erläuterung der Vielfalt der bei der Photoelektronenemission gewinnbaren Information

gänge auf. Im allgemeinen ist die Interpretation um so schwieriger, je mehr unbekannte Zustände an den Übergangswahrscheinlichkeiten beteiligt sind. Vorteile entstehen bei der PES dadurch, daß die äußeren Bedingungen (wie die Energie der einfallenden Strahlung) in breiten Grenzen variiert werden kann, wie das in Abb. 4.3–2 schematisch dargestellt ist. In Abb. a) ist eine Bandstruktur mit zwei sich kreuzenden besetzten Bändern eingezeichnet. Die einfallenden Photonen der Frequenz ω rufen dabei die Übergänge 1) und 2) hervor. Diese führen zu dem in Abb. 4.3–2b dargestellten Verlauf der Intensität als Funktion der Energie ε' des emittierten Elektrons. Die Übergänge 1) und 2) sind dabei zu den zwei nahegelegenen Maxima ausgeschmiert. Bei einer gering erhöhten Einfallsenergie $\hbar\omega' > \hbar\omega$ entstehen die Übergänge

3) und 4). Dabei ändert sich infolge der gegenläufigen Tendenz der sich beiden kreuzenden Bänder der Abstand der Maxima 3) und 4) der Intensitätsverteilung (zur Einfallsenergie $\hbar\omega'$) recht stark. Durch die Variation von ω lassen sich somit vielfältige und aussagekräftige Informationen gewinnen. Die Interpretation wird besonders erleichtert, wenn die Lage eines „Referenzbandes" genau bekannt ist. Das ist z. B. bei Vorhandensein von dispersionsfreien Oberflächenzuständen der Fall. Bei der winkelauflösenden PES (ARPES: angle resolved PES) ist durch die Beobachtungsrichtung des Elektrons die Richtung des $\boldsymbol{k}$-Vektors vorgegeben. Es ist damit also möglich, Dispersionsrelationen $\varepsilon(\boldsymbol{k})$ von besetzten und unbesetzten Bändern direkt zu messen (Eastman, Himpsel 81). Aus der Höhe der Intensitätsmaxima lassen sich Aussagen über die Matrixelemente gewinnen. Bei Verwendung polarisierter Strahlung ist es somit möglich, Symmetrieeigenschaften der Bänder zu bestimmen. Die Spinrichtung der austretenden Elektronen erlaubt Aussagen über spinpolarisierte Bänder in magnetischen Systemen (ferromagnetische Austauschaufspaltung in Co: Eastman u. a. 80). Es ergeben sich damit Hinweise, daß die mit dem Potential V_{XC} (1.3–13) von Barth und Hedin (72) berechnete Spinaufspaltung zu groß ist.

Bei der XPS sind die Energien des angeregten Elektrons hoch, so daß der Endzustand durch fast freie Elektronen beschrieben werden kann. Die Impulsänderung ist in der Größenordnung der BZ und kann daher nicht vernachlässigt werden. Die Beugung des emittierten Elektrons an der Oberfläche macht die Behandlung von Impuls- und Energiebilanz kompliziert. Wegen der großen Impulse des austretenden Elektrons macht sich die Winkelauflösung des Spektrometers von einigen Grad schon in einer Verschmierung des Impulses senkrecht zur Beobachtungsrichtung von der Größenordnung der BZ bemerkbar, so daß die beobachtete Intensität nicht Aussagen über die Dispersionsrelation, sondern nur über partielle Zustandsdichten liefert. Dabei ist von Vorteil, daß sich die Dichte der Endzustände bei den hohen Energien nur schwach monoton ändert.

Neben Aussagen zur Bandstruktur liefert die XPS aus der Verschiebung der absoluten Lage der Linien gegenüber freien Atomen bzw. bekannten Standardsubstanzen auch Aussagen über die Ladungsverhältnisse und die chemischen Bindungsverhältnisse des untersuchten Festkörpers. Die absolute Lage der Linien ist natürlich wie die charakteristische Röntgen-Strahlung typisch für das chemische Element, in dem sich das Ausgangsniveau befindet. Auf Grund dieses Sachverhalts wird die PES auch als ESCA (Elektronen-Spektroskopie für die Chemische Analyse) bezeichnet und benutzt (Siegbahn 67).

5. Weitere elektronische Eigenschaften

Natürlich sind die Bandstruktur $\varepsilon_{\boldsymbol{k},\nu}$ und die zugehörigen Bloch-Wellenfunktionen $\psi_{\boldsymbol{k},\nu}(\boldsymbol{r})$ zusammen mit der Phononendispersion $\omega_{\boldsymbol{q},\lambda}$ und den zugehörigen Polarisationsvektoren $\boldsymbol{e}_{\boldsymbol{q},\lambda}$ letzten Endes für alle Metalleigenschaften verantwortlich. Allerdings werden manche Eigenschaften (wie z. B. das Verhalten des Versetzungsensembles, es bestimmt die plastischen Eigenschaften) nur sehr indirekt über mehrere Zwischenstufen (elektronische Struktur von Defekten, hier Versetzungen, Peierls-Kraft, Wechselwirkung zwischen Versetzungen) durch die obengenannten Basisgrößen beeinflußt. Demgegenüber gibt es eine Reihe von Metalleigenschaften, die unmittelbar durch die erwähnten Eingangsgrößen bestimmt werden. Diese sollen im folgenden besprochen werden.

5.1. Zustandsdichte, Wärmekapazität, Sprungtemperatur der Supraleitung, magnetische Suszeptibilität und Transportgrößen

Die Zustandsdichte an der Fermi-Energie, D_{F}, bestimmt wesentlich die elektronische Wärmekapazität. Die Elektron-Phonon-Wechselwirkung modifiziert diesen Zusammenhang, ist für die Supraleitung verantwortlich und bestimmt deren Sprungtemperatur. D_{F} und Elektron-Elektron-Wechselwirkung bestimmen die Suszeptibilität des Paulischen Spinparamagnetismus. Transportgrößen wie der elektrische Widerstand können durch Lösung der Boltzmann-Gleichung berechnet werden; letztere enthält Übergangswahrscheinlichkeiten, die durch Bandstruktur bzw. Phononenspektrum bestimmt sind.

5.1.1. Zustandsdichte und Wärmekapazität

Aus der Bandstruktur $\varepsilon_{\boldsymbol{k},\nu}$ entsteht die Zustandsdichte $D(\varepsilon)$ als Zahl der Elektronenzustände pro Energieintervall und Elementarzelle gemäß (s. auch (1.2–24))

$$D(\varepsilon) = \frac{2}{N} \sum_{\substack{\boldsymbol{k}\in \mathrm{BZ} \\ \nu}} \delta(\varepsilon - \varepsilon_{\boldsymbol{k},\nu}) = \frac{2\mathscr{V}_0}{(2\pi)^3} \sum_{\nu} \int_{\mathrm{BZ}} \mathrm{d}^3k \, \delta(\varepsilon - \varepsilon_{\boldsymbol{k},\nu}). \qquad (1)$$

Der Faktor 2 berücksichtigt die beiden Spineinstellungen. Jede der N Elementarzellen hat das Volumen $\mathscr{V}_0$. Die Fermi-Energie ε_{F} ergibt sich aus der Forderung, daß das Integral über $D(\varepsilon)$ mit ε_{F} als oberer Grenze gerade gleich der Gesamtzahl der Elektronen pro Elementarzelle ist.

Die in $D(\varepsilon)$ enthaltene Teilinformation über die Bandstruktur bestimmt über die Innere Energie U_{El} die Gleichgewichtsthermodynamik des Elektronensystems:

$$U_{\mathrm{El}}(T) = N \int \mathrm{d}\varepsilon \, D(\varepsilon) \, f(\varepsilon, T) \, \varepsilon. \qquad (2)$$

Dieses trägt zur Inneren Energie $U(T) = U_{\mathrm{El}}(T) + U_{\mathrm{Ph}}(T)$ bei. $U_{\mathrm{El}}(T)$ enthält mit $f(\varepsilon, T)$ die Fermi-Dirac-Verteilung (1.1–7). Der zu (2) analoge Beitrag des Phononensystems, $U_{\mathrm{Ph}}(T)$, enthält gemäß (5.3–14) die Bose-Einstein-Verteilung (5.3–13). Mit $U(T)$ besteht auch die Wärmekapazität bei konstantem Volumen $\mathscr{V}$

$$C_{\mathscr{V}}(T) = (\partial U(T)/\partial T)_{\mathscr{V}} \qquad (3)$$

aus zwei Anteilen: $C_{\mathscr{V}}(T) = C_{\mathrm{El}}(T) + C_{\mathrm{Ph}}(T)$. Bei tiefen Temperaturen $T(\ll$ Debye-Temperatur $\theta_{\mathrm{D}})$ gilt. $C^{\mathrm{El}}(T) \sim T$ und $C_{\mathrm{Ph}}(T) \sim T^3$, also (für nichtmagnetische Metalle)

$$C_{\mathscr{V}}(T) = \gamma T + A T^3 + \cdots. \qquad (4)$$

Der Term $\sim T$ entsteht durch das Aufweichen der Fermi-Kante. Er folgt aus der Auswertung von $\partial U_{El}(T)/\partial T$ mit $U_{El}(T)$ aus (2): Bei kleinen T ist $\partial f(\varepsilon, T)/\partial T$ nur in einem schmalen Bereich $\sim k_B T$ um ε_F von Null verschieden (s. Abb. 1.1-1). Dort kann $D(\varepsilon)$ als konstant angesehen und als Zustandsdichte an der Fermi-Energie, $D_F = D(\varepsilon_F)$, vor das Integral gezogen werden: $\gamma \sim D_F$. Die Auswertung des verbleibenden Integrals $\int d\varepsilon[\partial f(\varepsilon, T)/\partial T]\,\varepsilon$ liefert den Proportionalitätsfaktor:

$$\gamma = \frac{\pi^2}{3} k_B D_F . \tag{5}$$

Weiter beschreibt der Term $\sim T^3$ in (4) den Beitrag der akustischen Phononen (s. [5.3.2]). A enthält über die Debye-Energie $k_B\theta_D = \hbar\omega_D$ die atomare Dichte (des Metalls) und die mittlere Schallgeschwindigkeit (der akustischen Phononen). Wenn man $C_{\mathscr{V}}(T)/T$ über T^2 aufträgt (s. Abb. 5.1-1), ent-

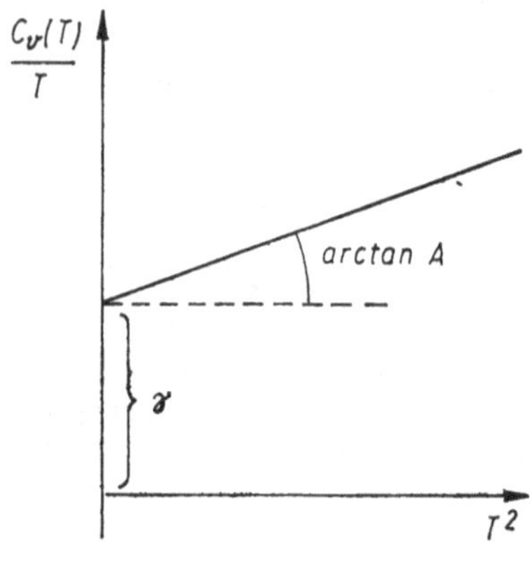

Abb. 5.1-1. Wärmekapazität nichtmagnetischer Metalle bei tiefen Temperaturen

steht eine Gerade mit dem Ordinatenabschnitt γ und dem Anstieg A. Aus Tieftemperaturmessungen von $C_{\mathscr{V}}(T)$ lassen sich also γ und A und damit die mikroskopischen Größen D_F

und θ_D oder ω_D bestimmen. Dabei zeigt der Vergleich theoretisch und experimentell bestimmter Werte von γ eine Diskrepanz, die sich daraus erklärt, daß der Einfluß der Gitterschwingungen auf die Elektronenzustände zunächst vernachlässigt wurde.

5.1.2. Renormierung der Elektronenenergien

Bisher wurde nur die Wechselwirkung eines Elektrons mit dem statischen Gitterpotential und mit den übrigen Elektronen berücksichtigt. Die in [1.3] diskutierten Korrekturen an der adiabatischen Näherung führen zur Elektron-Phonon-Wechselwirkung. Nach [1.3] modifiziert diese besonders das Verhalten der Elektronen in der Nähe der Fermi-Energie, $|\varepsilon_{\boldsymbol{k},\nu} - \varepsilon_F| \sim \hbar\omega_D$. Sie kann sogar zu einer effektiven Anziehung der Elektronen führen, die die Ursache für den Phononen-Mechanismus der Supraleitung ist. Anschaulich dargestellt polarisiert ein Elektron (über Coulomb-Kräfte) das Gitter in seiner Umgebung. Diese Verzerrung kann wiederum auf andere Elektronen einwirken. In einem dynamischen Bild wird die Stärke der Wechselwirkung von den dabei austauschbaren Phononenenergien von der Größe $\hbar\omega_D$ bestimmt.

Auch die dynamischen Eigenschaften eines Elektrons selbst werden dadurch geändert, denn das Elektron ist gezwungen, seine Gitterpolarisation (oder in einem anderen Bild – die von ihm erzeugte Wolke virtueller Phononen) mit sich zu schleppen. Man kann das am besten durch eine $\boldsymbol{k}$-abhängige Renormierung der Dispersionsrelation beschreiben:

$$\varepsilon_{\boldsymbol{k},\nu} \to \varepsilon_{\boldsymbol{k},\nu}/(1 + \lambda_{\boldsymbol{k},\nu}). \tag{6}$$

Analog ergibt sich für die Zustandsdichte an der Fermi-Energie

$$D_F \to D_F(1 + \lambda) \text{ mit } \lambda = \sum_{\boldsymbol{k},\nu} \lambda_{\boldsymbol{k},\nu}\, \delta(\varepsilon_{\boldsymbol{k},\nu} - \varepsilon_F) / \sum_{\boldsymbol{k},\nu} \delta(\varepsilon_{\boldsymbol{k},\nu} - \varepsilon_F) \tag{6'}$$

als gemitteltem Elektron-Phonon-Kopplungsparameter. Seine Berechnung wird in [5.4] erläutert. Er kann mittels Tunnelspektroskopie bzw. aus der Übergangstemperatur T_c in den supraleitenden Zustand bestimmt werden [5.1.3]. Die Größenordnung von D_F und λ für einige Metalle ist aus Tab. 5.1-1 zu entnehmen.

Der Faktor $(1 + \lambda)$ ist auch im Elektronenanteil der Wärmekapazität zu berücksichtigen:

$$\gamma = \frac{\pi^2}{3} k_B(1 + \lambda)D_F. \tag{5'}$$

Dabei ist insbesondere bei Übergangsmetallen mit ihrer Neigung zur Ausbildung magnetischer Fernordnung zu beachten, daß in dem in (5') auftretenden λ neben dem Elektron-Phonon-Anteil auch ein Beitrag durch Spinfluktuationen enthalten ist. Dies scheint besonders zuzutreffen auf den Beginn der Übergangsperiode mit ihrer Tendenz zu antiferromagnetischer Ordnung (Sc, Y, Lu) und auf das Ende mit ihrer Tendenz zu ferromagnetischer Ordnung (Pd, Pt). Der Einfluß der Spinfluktuationen auf die elektronische Wärmekapazität kann durch Anlegen eines äußeren Magnetfeldes unterdrückt werden.

Die Renormierung der Elektronenenergien äußert sich auch in weiteren Meßgrößen wie Zyklotronmassen und Amplituden von dHvA-Oszillationen. Die Perioden der dHvA-Oszillationen bleiben als rein mit der Geometrie der Fermi-Fläche zusammenhängende Größen unverändert.

5.1.3. Sprungtemperatur der Supraleitung

Die von der Elektron-Phonon-Wechselwirkung hervorgerufene effektive Anziehung der Elektronen in der Nähe der Fermi-Energie führt – falls sie die Coulomb-Abstoßung der Elektronen dort übertrifft – zur Bildung von sogenannten Cooper-Paaren aus Elektronen mit jeweils entgegengesetzten Impulsen und antiparallelen Spins. Nach der Theorie von Bardeen, Cooper und Schrieffer (BCS) kondensieren alle Elektronen in der Nähe der Fermi-Fläche in einem Gebiet der Breite der Debye-Energie $\hbar\omega_D$ in Cooper-Paaren. Die Debye-Energien $\hbar\omega_D$ betragen im Unterschied zu $\varepsilon_F \approx 5 \cdots 10$ eV nur einige 10 meV. Zahlenbeispiele für T_c und $\hbar\omega_D$ s. in Tab. 5.1-1. Zur Erzeugung von zwei freien Elektronen muß ein

Tab. 5.1-1. Zustandsdichte D_F an der Fermi-Energie, Elektron-Phonon-Kopplungsparameter λ, Supraleitungssprungtemperatur T_c und Debye-Energie $\hbar\omega_D$ für ausgewählte Metalle

Metall	D_F/ryd^{-1}	λ_{theor}	λ_{emp}	T_c/K	$\hbar\omega_D$/meV
Be (1,87)	0,80	0,26	0,24	0,03	89
Zn (2,29)	4,28	0,42	0,43	0,85	20
Pb (2,29)	7,10	1,47	1,55	7,19	9
α- Hg (2,65)	4,08	0,93	1,60	4,16	9
V	25,40	1,05	0,6	5,30	34
Nb	20,60	1,39	0,97	9,26	22
Ta	21,62	1,16	0,69	4,48	19

Die λ_{emp} sind optimale Werte aus Tunnel- und T_c-Messungen nach McMillan (68), Grimvall (81), Butler (77). λ_{theor} für einfache Metalle s. Grimvall (81), für Übergangsmetalle s. Papaconstantopoulos u. a. (77) für $3d$, Butler (77) für $4d$, John u. a. (82) für $5d$. Bei den einfachen Metallen steht in Klammern der r_s-Wert (s. [1.1.2]).

derartiges Cooper-Paar mit der Bindungsenergie 2Δ aufgebrochen werden. Im Einteilchenanregungsspektrum erscheint daher ein verbotenes Gebiet dieser Breite. Stehen diese Anregungsenergien nicht zur Verfügung, kann ein Zustand des Systems mit einem von Null verschiedenem Gesamtimpuls und damit ein elektrischer Strom nicht durch Streuung von Elektronen gedämpft werden, d. h. es liegt ein supraleitender Zustand vor. Mit wachsender Temperatur verringert sich die Energielücke $\Delta(T)$, um bei der kritischen Temperatur T_c zu verschwinden. Das System geht dann in den normalleitenden Zustand über. Nach der BCS-Theorie gilt bei $T = 0$ für die Energielücke $\Delta(0) = \Delta$

$$2\Delta = 3{,}52\, k_B T_c \tag{7}$$

und

$$k_B T_c = 0{,}86\, \hbar\omega_D\, e^{-1/D_F V}. \tag{8}$$

T_c nimmt also mit der Größe $\hbar\omega_D$ der ausgetauschten Energie zu. Es wächst ebenfalls mit der Anzahl der an der Paarbildung beteiligten Elektronen ($\sim D_F$) in der Nähe der Fermi-Energie sowie der Stärke der effektiv anziehenden Wechselwirkung V, die in (8) zunächst als modellmäßig gegeben und als klein angenommen wurde.

Die verbesserte Theorie von Eliashberg (60) geht von dem gekoppelten Gleichungssystem für die Greenschen Funktionen von Elektronen und Phononen aus. Ihre genäherte numerische Auswertung liefert nach McMillan (68) den auch für stärkere Wechselwirkungen ($\lambda \approx 1$) gültigen Ausdruck

$$k_B T_c = \frac{\hbar\langle\omega\rangle}{1{,}20} \exp\left[-\frac{1{,}04(1+\lambda)}{\lambda - \mu^*(1+0{,}62\lambda)}\right]. \quad (9)$$

$\langle\omega\rangle$ ist dabei eine mittlere Phononenfrequenz. Das Coulombsche Pseudopotential μ^* berücksichtigt die abstoßende Coulomb-Wechselwirkung der Leitungselektronen in pauschaler Weise (für Übergangsmetalle liegt μ^* bei 0,13; für einfache Metalle ergeben sich etwas kleinere Werte). (8) ist in (9) als Spezialfall für kleine λ und kleine ($\lambda - \mu^*$) enthalten.

Maximale Werte von λ erreichen für reine Metalle Pb, α-Hg, Nb, V (s. Tab. 5.1–1), für die meisten anderen Metalle liegt λ in der Größenordnung von 0,5. Bei den Übergangsmetallen und ihren Legierungen zeigt T_c eine starke Abhängigkeit von der Valenzelektronenzahl pro Atom, Z (Matthias-Regel). Maxima von T_c treten bei $Z = 4{,}5$ und 6,75 auf. Diese Tendenz konnte durch die Berechnung der Abhängigkeit von λ längs der $3d$- und $4d$-Perioden (Papaconstantopoulos u. a. 77, Butler 77) sowie der $5d$-Periode (John u. a. 82) der Übergangsmetalle bestätigt werden. Die Interpolation im Sinne eines Modells starrer Bänder erklärt die Werte für die Legierungen. Insgesamt zeigen diese Daten: Große Werte von D_F korrespondieren nicht unbedingt mit großen Werten von λ, wie die Beispiele Pd und Pt zeigen, die trotz großer D_F nur kleine λ und damit keine Supraleitung zeigen. Allenfalls gilt umgekehrt, daß niedrige D_F-Werte mit kleinen λ-Werten verkoppelt sind. Dazu betrachten wir die Elemente Ta ($Z = 5$)

und W ($Z = 6$). Beide $5d$-Metalle haben dieselbe Gitterstruktur (*kfz*). Die Bandstrukturen und Zustandsdichten sind sehr ähnlich, nur liegt ε_F bei W in einem Minimum von $D(\varepsilon)$, während ε_F bei Ta in der Nähe eines Maximums liegt ($D_F{}^W = 5$/Atom *ryd*, $D_F{}^{Ta} = 22$/Atom *ryd*). Die entsprechenden λ- bzw. T_c-Werte sind $\lambda^W = 0{,}3$, $\lambda^{Ta} = 0{,}7$, $T_c{}^W = 0{,}012$ K, $T_c{}^{Ta} = 4{,}48$ K. Analoges gilt für die entsprechenden $4d$-Metalle Nb ($Z = 5$, $\lambda = 0{,}97$, $T_c = 9{,}26$ K) und Mo ($Z = 6$, $\lambda = 0{,}44$, $T_c = 0{,}92$ K).

Ein wichtiger Test für die Theorie ist die Druckabhängigkeit von T_c. Während für einfache Metalle der Einfluß der Druckabhängigkeit des Phononenspektrums überwiegt und zu $\partial T_c/\partial p < 0$ führt, können durch die in [5.4] behandelte Theorie die besonders am Anfang der Übergangsmetallperioden beobachteten positiven Werte von $\partial T_c/\partial p$ erklärt werden. Die physikalische Ursache liegt in den relativ großen Ionenradien dieser Elemente begründet.

Mit der Supraleitung und ihrem Ausgleich der Elektronenspins in den Cooper-Paaren konkurriert der Ferromagnetismus als kooperatives Phänomen mit unterschiedlichen Bandstrukturen für verschiedene Spinrichtungen (s. [3.2]). Die Möglichkeit ihrer Koexistenz war daher lange umstritten (Wonsowskij u. a. 77). Deshalb interessieren neuerdings ternäre Seltenerdverbindungen[1]) sowie die binäre Verbindung Y_9Co_7 [2]) als „magnetische Supraleiter“[3])[4]). Bei UPt_3 beobachtet man eine Koexistenz von Spinfluktuationen und Supraleitung. Auch bei Pd liegt ein empfindliches Wechselspiel beider Einflüsse vor. Einerseits ist infolge eines sehr schmalen 4d-Bandes die magnetische Suszeptibilität sehr hoch, was zu starken Spinfluktuationen führt. Andererseits ist das berechnete λ nicht so klein, daß man nicht doch Supraleitung erwarten könnte. Während Pd zu ferromagnetischer Ordnung neigt, gibt es bei Y eine Tendenz zu antiferromagnetischer Ordnung. Das Gegeneinanderspielen von Supraleitung und Ferromagnetismus zeigt sich auch bei den Lanthaniden.

---

[1]) – [4]) s. S. 228

5.1.4. Magnetische Suszeptibilität

Eine weitere Größe, die durch D_F bestimmt wird, ist die magnetische Suszeptibilität. Zu ihr tragen bei: Der Diamagnetismus der Ionenrümpfe mit ihren abgeschlossenen Schalen, der Paulische Spinparamagnetismus der Valenzelektronen und der Landausche Bahndiamagnetismus der Valenzelektronen.

Betrachten wir zunächst den Spinparamagnetismus. Dessen Berechnung durch Pauli 1927 stellte die erste Anwendung der Quantenstatistik auf die Festkörperphysik dar. Er kommt daher, daß sich das magnetische Spinmoment der Elektronen $\mu_s = \hbar e/2m (= -\mu_B)$ im äußeren Magnetfeld $\boldsymbol{B}$ ausrichtet. Die zwei Einstellmöglichkeiten für den Spin sind mit Energieverschiebungen

$$\Delta\varepsilon = \pm\,\mu_s B \text{ für } \begin{cases} \text{Spin antiparallel zu } \boldsymbol{B} \\ \text{Spin parallel zu } \boldsymbol{B} \end{cases}$$

gegenüber dem feldfreien Fall verbunden (man beachte $\mu_s < 0$ wegen $e < 0$: Spin und magnetisches Moment sind einander entgegengesetzt). Im Falle freier Elektronen treten daher an die Stelle von $\varepsilon_k^0 = (\hbar \boldsymbol{k})^2/2m$ und $D^0(\varepsilon) = D_F^0 \sqrt{\varepsilon/\varepsilon_F^0}$, $D_F^0 = 3/2\varepsilon_F^0$ zwei um $\pm\,\mu_s B$ verschobene Bänder mit der halben Zustandsdichte $D^0(\varepsilon)/2$ und mit verschiedener Spinorientierung (s. Abb. 5.1-2). Beide Bänder sind bei $T = 0$ bis zur gemeinsamen Fermi-Grenze gefüllt. Der Überschuß an Elektronen mit zum Felde parallelen Momenten ist daher gleich dem doppelt schraffierten Flächenstück:

$$N_\pm^0 = \int\limits_{\pm\mu_s B}^{\varepsilon_F^0} \mathrm{d}\varepsilon \, \frac{1}{2} \, D^0(\varepsilon \mp \mu_s B) \to$$

$$N_+^0 - N_-^0 = \int\limits_{\varepsilon_F^0 + \mu_s B}^{\varepsilon_F^0 - \mu_s B} \mathrm{d}\varepsilon \, \frac{1}{2} \, D^0(\varepsilon) \approx |\mu_s| \, B D^0(\varepsilon_F^0) . \qquad (10)$$

Für die Magnetisierung $M^0 = (N_+{}^0 - N_-{}^0)\,|\mu_s|/\mathscr{V}$ ergibt sich daher $M^0 = \chi^0_{\text{para}} B$ mit

$$\chi^0_{\text{para}} = \mu_s{}^2 \frac{D^0(\varepsilon_F{}^0)}{\mathscr{V}} \tag{11}$$

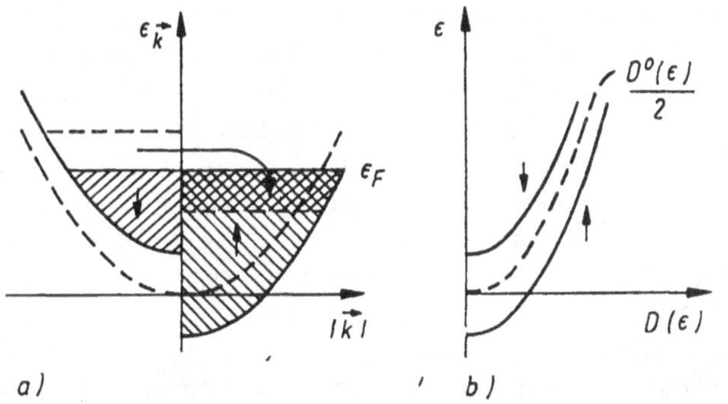

Abb. 5.1-2. Freie Elektronen im Magnetfeld. a) Energiezustände, b) Zustandsdichte

als Spinsuszeptibilität. Sie ist also (ebenso wie die elektronische Wärmekapazität) zur Zustandsdichte an der Fermi-Grenze proportional. Analoges gilt für Bloch-Elektronen: $\chi_{\text{para}} = \mu_s{}^2 D(\varepsilon_F)/\mathscr{V}$. Infolge der Fermi-Statistik ist χ_{para} weitgehend temperaturunabhängig. Übrigens kann χ_{para} auch direkt aus Kernresonanzmessungen (Knight-Verschiebung) bestimmt werden.

Schließlich führt der Bahndiamagnetismus nach Landau 1930 (für freie Elektronen) auf $\chi^0_{\text{dia}} = -(1/3)\,\chi^0_{\text{para}}$ (das negative Vorzeichen erklärt sich daraus, daß das Einschalten des Magnetfeldes für die Elektronen mit einer Energieerhöhung verbunden ist), sodaß sich (freie) Valenzelektronen insgesamt paramagnetisch verhalten und mit $(2/3)\,\chi^0_{\text{para}}$ zur magnetischen Suszeptibilität beitragen. Für Bloch-Elektronen ist die Theorie des Bahndiamagnetismus komplizierter. Hinzu kommt der oben erwähnte Einfluß der Ionenrümpfe. Daher sind Suszeptibilitätsmessungen zur Bestimmung von D_F weniger geeignet. Zu beachten ist auch die Renormierung der Suszeptibilität durch die Elektron-Elektron-Wechselwirkung (s. Moruzzi u. a. 78, Ashcroft u. Mermin 76)[1]).

5.1.5. Transportgrößen

Viele theoretische Untersuchungen von Transportkoeffizienten, wie elektrische und thermische Leitfähigkeit, aber auch Thermokraft, Magnetwiderstand (transversal, longitudinal), Hall-Koeffizient u. a. haben als Ausgangspunkt das quasiklassische Konzept der Boltzmann-Gleichung. Dabei wird das System der Valenzelektronen durch eine Einteilchenverteilungsfunktion $f(\boldsymbol{r}, \boldsymbol{p}, t)$ oder $f_{\boldsymbol{k}}(\boldsymbol{r}, t)$ beschrieben, die sich aus der ungestörten Fermi-Dirac-Verteilung (1.1–7) unter dem Einfluß schwacher äußerer Störungen, die zeitabhängig und schwach ortsabhängig sein können, ergibt. Die gleichzeitige Angabe von Ort $\boldsymbol{r}$ und (Quasi-) Impuls $\boldsymbol{p} = \hbar\boldsymbol{k}$ steht nicht im Widerspruch zur Quantentheorie, da wir annehmen können, daß die Wellenpakete – wie schon in [4.1] diskutiert – viel schmaler sind als die Ortsbereiche, in denen sich die äußeren Störungen und damit auch $f_{\boldsymbol{k}}(\boldsymbol{r}, t)$ wesentlich ändern. Als mittlere Teilchendichte im Phasenraum ist $f_{\boldsymbol{k}}(\boldsymbol{r}, t)$ auf die Gesamtzahl der Valenzelektronen normiert.

Die Boltzmann-Gleichung lautet

$$\left(\frac{\partial}{\partial t} + \boldsymbol{v}_k \frac{\partial}{\partial \boldsymbol{r}} + \boldsymbol{F}_k \frac{\partial}{\partial \hbar \boldsymbol{k}}\right) f_{\boldsymbol{k}}(\boldsymbol{r}, t) = \left(\frac{\partial f_{\boldsymbol{k}}}{\partial t}\right)_{\text{St}} \tag{12}$$

mit $\boldsymbol{v}_k = \partial \varepsilon_{\boldsymbol{k}} / \partial \hbar \boldsymbol{k}$ als Elektronengeschwindigkeit gemäß (4.1–3) und $\boldsymbol{F}_k = e(\boldsymbol{E} + \boldsymbol{v}_k \times \boldsymbol{B})$ als äußere Kraft auf ein Elektron. Vereinfachend wird nur ein Energieband betrachtet und der Bandindex weggelassen, daher $k = (\boldsymbol{k}, \nu) \rightarrow \boldsymbol{k}$. (12) stellt

---

[1]) Eine Renormierung von χ^0_{para} durch die Elektron-Phonon-Wechselwirkung erfolgt dagegen nicht. Die Renormierung (6) der Einteilchenzustände erfolgt in einer Schicht der Breite ω_{D} auf beiden Seiten der Fermi-Energie, die bei Anlegen eines Magnetfeldes (s. Abb. 5.1–2) nicht verschoben wird.

eine Bilanzgleichung im Phasenraum dar, in der die linke Seite (multipliziert mit $d^3r\, d^3p\, dt$) die totale Änderung der Elektronenzahl im Phasenraumvolumen $d^3r\, d^3p$ während dt bedeutet, wenn sich dieses entsprechend $\boldsymbol{v_k}$ und $\boldsymbol{F_k}$ mit den Bildpunkten im Phasenraum mitbewegt. Für ein im Phasenraum feststehendes Volumen $d^3r\, d^3p$ gibt $d^3r\, d^3p\, dt(\boldsymbol{v}_k\partial/\partial\boldsymbol{r} + \boldsymbol{F}_k\partial/\partial\boldsymbol{p})\, f_k$ die Zahl der Teilchen an, die durch die Oberfläche des Volumens infolge Orts- und Impulsänderung herauswandern. Die für die Einstellung des Gleichgewichts wichtige Änderung der Teilchenzahl durch Wechselwirkung ('Stöße') z. B. mit Defekten, Gitterschwingungen oder anderen Elektronen wird durch die rechte Seite, den 'Stoßterm' beschrieben. Dieser enthält die Übergangswahrscheinlichkeit (= Wahrscheinlichkeit pro Zeiteinheit) $P_{k,k'}$ für eine Streuung von $\boldsymbol{k}$ nach $\boldsymbol{k}'$ (oder umgekehrt – mikroskopische Reversibilität) und beschreibt seinerseits gemäß

$$\left(\frac{\partial f_k}{\partial t}\right)_{\mathrm{St}} = \sum_{k'} P_{k,k'}(f_k - f_k) \tag{13}$$

eine Bilanz: Zunahme der Teilchenzahl im Zustand $\boldsymbol{k}$ durch Streuung von allen möglichen Zuständen $\boldsymbol{k}'$ nach $\boldsymbol{k}$ (erster Term) minus Abnahme der Teilchenzahl bei $\boldsymbol{k}$ durch Streuung von $\boldsymbol{k}$ nach $\boldsymbol{k}'$ (zweiter Term). Bei gegebenem $\boldsymbol{v}_k$, $\boldsymbol{F}_k$ und $P_{k,k'}$ ist (12) und (13) eine Integrodifferentialgleichung zur Bestimmung von $f_k(\boldsymbol{r}, t)$. Eine Transporttheorie auf der Grundlage von (12) erfordert also: Berechnung der Bandstruktur und daraus abgeleiteter Größen, Berechnung der Übergangswahrscheinlichkeit und Lösung der Boltzmann-Gleichung.

Beschränken wir uns zur Berechnung der elektrischen Leitfähigkeit auf ein elektrisches Gleichfeld als äußere Störung, so gilt $\boldsymbol{F}_k = e\boldsymbol{E}$, und in (12) entfällt der erste Term. Für schwache Störungen werden auch nur geringe Abweichungen $g_k(\boldsymbol{r}, t)$ von der Fermi-Dirac-Gleichgewichtsverteilung $f_k^0(\boldsymbol{r}) = f(\varepsilon, T)$ auftreten: $f_k = f_k^0 + g_k$. Über $\zeta(\boldsymbol{r})$ und $T(\boldsymbol{r})$ kann f_k^0 gegebenenfalls schwach ortsabhängig sein. Die Kleinheit von $g_k = f_k - f_k^0$ ermöglicht die Linearisierung von (12) und

(13) bezüglich $\boldsymbol{E}$. Betrachten wir schließlich nur homogene Felder und Materialien, so entfällt auch der zweite Term in (12). Beschränkt man sich schließlich noch auf elastische Streuprozesse (Streuung an Defekten), so nimmt (12) und (13) mit $\partial f_k^0/\partial \boldsymbol{k} = (\partial f_k^0/\partial \varepsilon_k)\,(\partial \varepsilon_k/\partial \boldsymbol{k})$ und $f_{k'} - f_k = g_{k'} - g_k$ (wegen $f_{k'}^0 = f_k^0$) die einfache Form

$$\frac{\partial f_k^0}{\partial \varepsilon_k} \boldsymbol{v}_k\, e\boldsymbol{E} = \sum_{k'} P_{k,k'}(g_{k'} - g_k) \tag{14}$$

an. Die Ableitung der Fermi-Verteilung stellt eine verschmierte δ-Funktion der Breite $k_B T$ dar, die nur nahe ε_F von Null verschieden ist: $-\,\partial f_k^0/\partial \varepsilon_k = \delta_{k_BT}(\varepsilon_k - \varepsilon_F)$. Daher spielen sich die Streuprozesse nur nahe der Fermi-Fläche ab. (14) legt den Ansatz

$$g_k = \delta_{k_BT}(\varepsilon_k - \varepsilon_F)\, \Lambda_k\, e\boldsymbol{E} \tag{15}$$

nahe mit zunächst unbekannten Vektoren Λ_k (Dimension: Länge) auf der Fermi-Fläche. (15) überführt (14) in

$$-\boldsymbol{v}_k = \sum_{k'} P_{k,k'}(\Lambda_{k'} - \Lambda_k) \text{ oder } \Lambda_k = \tau_k\Big(\boldsymbol{v}_k + \sum_{k'} P_{k,k'}\, \Lambda_{k'}\Big). \tag{16}$$

Dabei ist $1/\tau_k = \sum_{k'} P_{k,k'}$ die Übergangswahrscheinlichkeit dafür, daß $\boldsymbol{k}$ durch Streuung in irgendeinen anderen Zustand $\boldsymbol{k}'$ auf der Fermi-Fläche übergeht (elastische Streuung). (16) ist bei gegebenem $\boldsymbol{v}_k$ und $P_{k,k'}$ eine inhomogene, lineare Integralgleichung für Λ_k, deren Lösung (z. B. durch Variationsansatz; s. auch [5.5], dort wird ausgenutzt, daß der Integralkern ausgeartet ist; eine moderne Methode beruht auf der Verwendung der Fermi-Flächen-Harmonischen (Mertig 82)) gemäß (15) g_k liefert.

Wir nehmen an, es sei (16) gelöst und damit g_k bekannt. Daraus ergibt sich die elektrische Stromdichte (als Ladungsdichte × Geschwindigkeit)

$$\boldsymbol{j} = \frac{e}{\mathcal{V}}\, 2 \sum_k f_k \boldsymbol{v}_k = \frac{e}{\mathcal{V}}\, 2 \sum_k g_k \boldsymbol{v}_k = e2 \int \frac{d^3k}{(2\pi)^3}\, g_k \boldsymbol{v}_k . \tag{17}$$

Dabei wurde im zweiten Schritt $f_k = f_k^0 + g_k$ verwendet und berücksichtigt, daß f_k^0 einen stromlosen Zustand beschreibt. Einsetzen von (15) und der anschließende Vergleich mit dem Ohmschen Gesetz $\boldsymbol{j} = \boldsymbol{\sigma E}$ liefert für $T \to 0$ den Leitfähigkeitstensor

$$\boldsymbol{\sigma} = \frac{1}{4\pi^3} \frac{e^2}{\hbar} \oiint_{\varepsilon_k = \varepsilon_F} \frac{dS_k}{v_k} \boldsymbol{v}_k \circ \boldsymbol{\Lambda}_k . \tag{18}$$

Für kubische Symmetrie ist der Leitfähigkeitstensor proportional dem Einheitstensor $\boldsymbol{\sigma} = \sigma \mathbf{1}$ mit

$$\sigma = \frac{1}{3} \frac{1}{4\pi^3} \frac{e^2}{\hbar} \oiint_{\varepsilon_k = \varepsilon_F} \frac{dS_k}{v_k} \boldsymbol{v}_k \boldsymbol{\Lambda}_k . \tag{19}$$

Bei bekanntem $\boldsymbol{v}_k$ (aus Bandberechnung) und $\boldsymbol{\Lambda}_k$ (durch Lösung von (16)) ergibt sich also σ oder $\varrho = 1/\sigma$ durch die Fermi-Flächenintegration (19).

Eine wesentliche Vereinfachung besteht in der Relaxationszeitnäherung. Beschreibt man nämlich den Streuprozeß entsprechend dem Ansatz $\boldsymbol{\Lambda}_k = \boldsymbol{v}_k \tau$ durch eine $\boldsymbol{k}$-unabhängige und skalare Relaxationszeit τ (streng ist dies nur für eine kugelförmige Fermi-Fläche möglich – dann gilt auch $\boldsymbol{v}_k = v_F \boldsymbol{e}_k$ und $\boldsymbol{\Lambda}_k = \Lambda \boldsymbol{e}_k$ mit $\Lambda = v_F \tau$), so ergibt sich aus (19) in der Näherung effektiver Masse mit $\boldsymbol{v}_k = \hbar \boldsymbol{k}/m^*$ und $4\pi\, k_F^3/3 = 4\pi^3 n$

$$\sigma = \frac{e^2 n}{m^*} \tau \quad \text{oder} \quad \varrho = \frac{m^*}{e^2 n} \frac{1}{\tau} \tag{20}$$

(für freie Elektronen ist $m^* = m$). Für den Stoßterm (13) hat die Relaxationszeitnäherung zur Folge, daß er in folgenden einfachen Ausdruck übergeht:

$$\left(\frac{\partial f_k}{\partial t}\right)_{St} = \sum_{k'} P_{k,k'}(g_{k'} - g_k) = -\frac{g_k}{\tau} . \tag{21}$$

Letzteres zeigt in Verbindung mit (12), daß der Stoßterm in der Relaxationszeitnäherung für ein physikalisch vernünftiges exponentielles Abklingen einer anfänglich vorhandenen Störung sorgt. τ ist dabei die charakteristische Abklingzeit. Mikroskopisch hat τ die Bedeutung der mittleren freien Flugzeit oder Stoßpause zwischen zwei Streuprozessen. Daher ist auch $\Lambda = v_F\tau$ die mittlere freie Weglänge, im Normalfall ist sie groß gegen den mittleren Atomabstand a. Woraus bestimmt sich nun τ? $\boldsymbol{\Lambda}_k = \boldsymbol{v}_k\tau$ in (16) eingesetzt liefert

$$\frac{1}{\tau} = \sum_{k'} P_{k,k'}(1 - \cos\vartheta), \quad \vartheta = \sphericalangle(\boldsymbol{k}, \boldsymbol{k}'). \tag{22}$$

Dabei wird in der Summe $\sum_{k'} P_{k,k'}\boldsymbol{v}_{k'}$ von $\boldsymbol{v}_{k'}$ nur die Komponente $\cos\vartheta \boldsymbol{v}_k$ in Richtung von $\boldsymbol{v}_k$ berücksichtigt. Für den vorausgesetzten isotropen Fall hängt $P_{k,k'}$ nur vom Winkel ϑ zwischen $\boldsymbol{k}$ und $\boldsymbol{k}'$ ab. Daher ist dann τ tatsächlich unabhängig von $\boldsymbol{k}$. Im Sinne einer halbempirischen Näherung benutzt man (21) aber auch für allgemeine (z. B. nichtelastische) Streuprozesse und nichtisotrope Fermi-Flächen.
Der Transportfaktor $(1 - \cos\vartheta)$ ist proportional zur Impulsänderung des Elektrons in Richtung von $\boldsymbol{v}_k$. Er sorgt somit plausiblerweise für einen um so größeren Beitrag des jeweiligen Streuprozesses, je größer dessen Streuwinkel ϑ und damit die Impulsänderung des gestreuten Elektrons ist. Mit (20) und (22) ist die Berechnung des elektrischen Widerstandes auf die Bestimmung der Relaxationszeit aus den Übergangswahrscheinlichkeiten zurückgeführt, letzteres ist die entscheidende Aufgabe der Transporttheorie.

Schließlich führt im Rahmen der Relaxationszeitnäherung (21) die Verallgemeinerung auf Wechselfelder $\boldsymbol{E} \sim \exp(-i\omega t)$ für die stationäre Lösung $g_k(t) \sim \exp(-i\omega t)$ wegen $\partial/\partial t \to -i\omega$, also (entsprechend (12) und (21)) $1/\tau \to 1/\tau - i\omega$ auf den Tensor der Wechselstromleitfähigkeit

$$\boldsymbol{\sigma}(\omega) = \frac{1}{4\pi^3}\frac{e^2}{\hbar} \oiint_{\varepsilon_k=\varepsilon_F} \frac{\mathrm{d}S_k}{v_k} \frac{\boldsymbol{v}_k \circ \boldsymbol{v}_k}{\frac{1}{\tau} - i\omega} \tag{23}$$

an Stelle von (18). Für kugelförmige Fermi-Flächen ergibt

sich $\boldsymbol{\sigma}(\omega) = \sigma(\omega)\mathbf{1}$ mit

$$\sigma(\omega) = \frac{\sigma(0)}{1 - i\omega\tau}, \quad \sigma(0) \mathrel{\dot{=}} \sigma \tag{24}$$

an Stelle von (20). τ ist je nach der Art der Streuprozesse i. a. energie- und temperaturabhängig (bei optischen Frequenzen kommt noch eine Frequenzabhängigkeit hinzu). Größe und Abhängigkeiten von τ ergeben sich nach (22) aus den Übergangswahrscheinlichkeiten der einzelnen Streuprozesse.

Für sehr kleine Temperaturen überwiegt die Streuung an chemischen Verunreinigungen (substitutionelle und interstitielle Fremdatome) und Abweichungen von der idealen Kristallstruktur (Leerstellen, Zwischengitteratome, Versetzungen, Korngrenzen). Diese Einflüsse führen zum temperaturunabhängigen Restwiderstand; für Punktdefekte wird dessen Berechnung aus ersten Prinzipien in [5.5] beschrieben.

Bei höheren Temperaturen erfolgt die Streuung vorzugsweise an den thermischen Gitterstörungen, den Phononen. Bei hohen Temperaturen ($T > \theta_D$) ist die Streuwahrscheinlichkeit proprotional zur quadratischen Auslenkung der Atome aus ihren Mittellagen, $\overline{u^2}$, und damit zur mittleren potentiellen Energie. Nach dem klassischen Gleichverteilungssatz ist somit $\varrho_{Ph} \sim T$. Die genauere Untersuchung des Elektron-Phonon-Streuprozesses für alle Temperaturen liefert die Bloch-Grüneisen-Formel

$$\varrho_{Ph} \sim \frac{1}{\tau_{Ph}} \sim \left(\frac{T}{\theta_D}\right)^5 \int\limits_0^{\theta_D/T} \frac{dz\, z^4}{e^z - 1}. \tag{25}$$

Hierbei wird vereinfachend das Phononspektrum mit dem Debye-Modell (s. [5.3.2]) beschrieben. Erste Erfolge gibt es bei der Berechnung des Phononenanteils des elektrischen Widerstandes aus ersten Prinzipien (Bandstruktur, Phononenspektrum, Elektron-Phonon-Kopplung) z. B. für Nb und Pd mit der Methode der Fermi-Flächen-Harmonischen (s. Pinski u. a. 81, auch Butler 81).

Entsprechend der Addition der Übergangswahrscheinlichkeiten in $1/\tau$ gemäß (22) addieren sich im Rahmen der Relaxationszeitnäherung auch der (temperaturunabhängige) Defektanteil und der (temperaturabhängige) Phononenanteil des Gleichstromwiderstandes (Matthiessen-Regel). Abweichungen von der Matthiessen-Regel haben ihre Ursache z. B. in der unterschiedlichen Anisotropie (d. h. $\boldsymbol{k}$-Abhängigkeit) der einzelnen Streuprozesse. In diesen Fällen versagt die Relaxationszeitnäherung. – Magnetische Verunreinigungen können infolge der Anregung innerer magnetischer Freiheitsgrade zu einer Besonderheit in der Temperaturabhängigkeit führen: Anstatt mit T stetig anzuwachsen, zeigt ϱ bei tiefen Temperaturen ein charakteristisches Minimum (Kondo-Effekt).

Eine vollständige Beschreibung der Kinetik des Elektron-Phonon-Systems erfordert, von einem gekoppelten System von Boltzmann-Gleichungen für Elektronen und für Phononen auszugehen. Ein solches Vorgehen ermöglicht, die Rückwirkung des Elektronensubsystems auf das Phononensubsystem zu beschreiben (Mitziehen der Phononen durch die Elektronen, phonon-drag). Diese Rückwirkung führt dazu, daß Abweichungen von dem aus (25) folgenden Blochschen Tieftemperaturverhalten $\varrho_{\mathrm{Ph}} \sim T^5$ auftreten.

Analog zum elektrischen Widerstand lassen sich aus (12) auch andere Transporteigenschaften berechnen. Äußere Störungen können dabei neben elektrischen und magnetischen Feldern auch inhomogene Temperaturverteilungen $T(\boldsymbol{r})$ sein, die zu Wärmestromdichten $\boldsymbol{j}_{\mathrm{W}} \sim -\partial T(\boldsymbol{r})/\partial \boldsymbol{r}$ führen.

Schließlich sei erwähnt, daß es zur Boltzmann-Gleichung alternative Zugänge zur Berechnung von Transportgrößen gibt. Stellvertretend seien die Strom-Strom-Korrelationsfunktionen (Kubo-Formalismus) und Kraft-Kraft-Korrelationsfunktionen (s. hierzu Röpke u. Ziesche 77, Möbius u. a. 79) genannt, die bislang für Metalle meist nur in störungstheoretisch niedrigster Ordnung ausgewertet wurden, was einer Lösung der Boltzmann-Gleichung (z. B. durch Variationsansatz) entspricht. Eine Transporttheorie jenseits der Gültigkeit der Boltzmann-Gleichung (schwache Streuung, quasiklassische Beschreibung) muß sich aber auf die erwähnten Alternativen stützen.

Dies ist der Fall für starke Streuung, wie sie in Übergangsmetallen, bei starker Elektron-Phonon-Wechselwirkung, in konzentrierten Legierungen und amorphen Metallen auftritt. Für konzentrierte Legierungen konnte mit Einzentren-CPA (s. [2.7]) und Kubo-Formalismus (Kubo-Greenwood-Formel) das experimentelle Material (u. a. negative Temperaturkoeffizienten, was dem metallischen Verhalten eigentlich widerspricht) befriedigend erklärt werden. Daneben gibt es für starke Unordnung – die mittlere freie Weglänge Λ ist dann mit dem mittleren Atomabstand a vergleichbar ($\Lambda \gtrsim a$) – das Konzept der minimalen metallischen Leitfähigkeit (Mott 74). Danach existieren, sobald die Unordnung ein gewisses Maß übersteigt, nur noch lokalisierte Zustände, die über (phononeninduzierte) Sprungprozesse zur Leitfähigkeit beitragen. An die Stelle der Bandleitung würde dann also das Konzept der mit einer Mastergleichung zu beschreibenden Sprungleitung treten. – Ob das in vielen Fällen beobachtete Sättigungsverhalten des Widerstandes bei hohen Temperaturen im Rahmen der Boltzmann-Gleichung befriedigend beschrieben werden kann, ist noch unklar. – Kollektiver Ladungstransport durch Ladungsdichtewellen (Fröhlich-Mechanismus) liegt im Falle des quasieindimensionalen Leiters $NbSe_3$ vor (s. [6.6]).

Bei genügend starkem äußeren Feld tritt nichtlineares Transportverhalten auf; kleine Dimensionen oder starke Magnetfelder können zum Versagen der quasiklassischen Beschreibung führen; Vielteilcheneffekte der Elektronenkorrelation können besondere Sorgfalt erfordern (evtl. genügt auch die Beschreibung durch Einteilchenfunktionen nicht mehr). Ein solcher nichtlinearer, voll quantenmechanischer und durch Korrelation beeinflußter Ladungstransport wird für die Theorie von Submikronhalbleiterbauelemente benötigt.

Neuerdings werden Besonderheiten des Ladungstransports in dünnen Drähten bei tiefen Temperaturen diskutiert. Diese hängen damit zusammen, daß in streng eindimensionalen Systemen bei Vorhandensein noch so geringer Störungen alle Zustände lokalisiert sind. Es konnte jedoch gezeigt werden, daß bei tiefen Temperaturen Lokalisierung auch in dünnen Drähten auftritt, wenn der Widerstand einen kritischen Wert überschreitet. Der Widerstand ist dann nicht proportional zur Drahtlänge L, sondern nimmt exponentiell mit L zu (Thouless 77, Giordano 80).

5.2. Dielektrische Funktion, inelastische Elektronen- und Photonenstreuung und optische Reflexion

Die inelastische Streuung von Elektronen und Photonen und die optische Reflexion ergeben sich aus der dielektrischen Funktion (s. auch Ziesche u. Paasch 83, Taut 83).

5.2.1. Dielektrische Funktion

Eine wichtige Schlüsselgröße zum Verständnis verschiedener elektronischer Metalleigenschaften ist die dielektrische Matrix der Metallelektronen $\varepsilon(\boldsymbol{q}, \boldsymbol{q}'; \omega)$. Sie vermittelt im Rahmen einer mikroskopischen Beschreibung als nichtlokale Materialgröße den Zusammenhang zwischen einem äußeren Feld $\boldsymbol{E}_{\text{ext}}$ und dem dadurch im Festkörper erzeugten mikroskopischen Gesamtfeld $\boldsymbol{E}_{\text{tot}}$.

Betrachtet wird ein orts- und zeitabhängiges äußeres Feld $\boldsymbol{E}_{\text{ext}}(\boldsymbol{r}, t)$. Dieses kann als Fourier-Überlagerung zeitlich und räumlich periodischer Anteile mit Amplituden $\boldsymbol{E}_{\text{ext}}(\boldsymbol{q}, \omega)$ geschrieben werden:

$$\boldsymbol{E}_{\text{ext}}(\boldsymbol{r}, t) = \sum_{\boldsymbol{q}} \int \frac{\mathrm{d}\omega}{2\pi \mathcal{V}} \, \mathrm{e}^{i(\boldsymbol{q}\boldsymbol{r} - \omega t)} \boldsymbol{E}_{\text{ext}}(\boldsymbol{q}, \omega) . \tag{1}$$

$\boldsymbol{E}_{\text{ext}}$ polarisiert das Metall, die induzierte Polarisationsladungsdichte en_{ind} (mit n_{ind} als induzierte Elektronendichte) erzeugt das Feld $\boldsymbol{E}_{\text{ind}}$ und bewirkt so eine Abschirmung des äußeren Störfeldes $\boldsymbol{E}_{\text{ext}}$. Gegenüber $\boldsymbol{E}_{\text{ext}}$ hat $\boldsymbol{E}_{\text{ind}}$ eine durch die Kristallstruktur geänderte räumliche Periodizität (Bragg-

Reflexion). $\boldsymbol{E}_{\text{tot}} = \boldsymbol{E}_{\text{ext}} + \boldsymbol{E}_{\text{ind}}$ ist das Gesamtfeld. Durch (symbolisch) $\boldsymbol{E}_{\text{tot}} = \varepsilon^{-1} \boldsymbol{E}_{\text{ext}}$ oder (ausführlich)

$$E_{\text{tot}}(\boldsymbol{q}, \omega) = \sum_{\boldsymbol{q}'} \varepsilon^{-1}(\boldsymbol{q}, \boldsymbol{q}'; \omega)\, E_{\text{ext}}(\boldsymbol{q}', \omega) \tag{2}$$

wird nun eine mikroskopische Materialgröße $\varepsilon(\boldsymbol{q}, \boldsymbol{q}'; \omega)$ eingeführt, die gerade die erwähnte Abschirmung des äußeren Feldes durch n_{ind} bzw. $\boldsymbol{E}_{\text{ind}}$ beschreibt. Dabei wurde verwendet, daß sich die Felder zeitlich nur langsam (quasistatisch) ändern sollen, mithin aus elektrostatischen Potentialen u_{ext}, u_{ind}, u_{tot} abgeleitet werden können: $\boldsymbol{E}(\boldsymbol{r}, t) = -\,\partial u(\boldsymbol{r}, t)/\partial \boldsymbol{r}$. Für die Fourier-Komponenten bedeutet das $\boldsymbol{E}(\boldsymbol{q}, \omega) = \boldsymbol{e}_{\boldsymbol{q}}\, E(\boldsymbol{q}, \omega)$, d. h., die Felder sind longitudinal. Daher wird von dem durch $\boldsymbol{D} = \varepsilon_0 \boldsymbol{\epsilon}\, \boldsymbol{E}_{\text{tot}}$ oder

$$\boldsymbol{D}(\boldsymbol{q}, \omega) = \varepsilon_0 \sum_{\boldsymbol{q}'} \boldsymbol{\epsilon}(\boldsymbol{q}, \boldsymbol{q}'; \omega)\, \boldsymbol{E}_{\text{tot}}(\boldsymbol{q}', \omega) \tag{3}$$

definierten dielektrischen Tensor $\boldsymbol{\epsilon}(\boldsymbol{q}, \boldsymbol{q}'; \omega)$ nur die rein longitudinale Komponente

$$\varepsilon(\boldsymbol{q}, \boldsymbol{q}'; \omega) = \boldsymbol{e}\boldsymbol{\epsilon}(\boldsymbol{q}, \boldsymbol{q}'; \omega)\, \boldsymbol{e}', \quad \boldsymbol{q} = q\boldsymbol{e}, \quad \boldsymbol{q}' = q'\boldsymbol{e}' \tag{4}$$

benötigt. (3) ist die aus der Elektrodynamik bekannte Beziehung, in der $\boldsymbol{E}_{\text{tot}}$ durch sämtliche Ladungen (äußere und induzierte) bestimmt wird, während das $\boldsymbol{D}$-Feld nur die äußeren Ladungen als Quellen hat. In (2) bedeutet $\varepsilon^{-1}(\boldsymbol{q}, \boldsymbol{q}'; \omega)$ die zu $\varepsilon(\boldsymbol{q}, \boldsymbol{q}'; \omega)$ inverse Matrix bezüglich $\boldsymbol{q}, \boldsymbol{q}'$: $\sum_{\boldsymbol{q}} \varepsilon^{-1}(\boldsymbol{q}, \boldsymbol{q}'')\, \varepsilon(\boldsymbol{q}'', \boldsymbol{q}') = \delta_{\boldsymbol{q},\boldsymbol{q}'}$.

Aus (2), $E_{\text{tot}} = E_{\text{ext}} + E_{\text{ind}}$ und $\partial \boldsymbol{E}_{\text{ind}}(\boldsymbol{r}, t)/\partial \boldsymbol{r} = e n_{\text{ind}}(\boldsymbol{r}, t)/\varepsilon_0$ oder $iqe\, E_{\text{ind}}(\boldsymbol{q}, \omega) = 4\pi\epsilon^2\, n_{\text{ind}}(\boldsymbol{q}, \omega)$ folgt, daß für die durch $\varepsilon^{-1} = 1 + \sqrt{v}\, \alpha \sqrt{v}$ symbolisch oder durch

$$\varepsilon^{-1}(\boldsymbol{q}, \boldsymbol{q}'; \omega) = \delta_{\boldsymbol{q},\boldsymbol{q}'} + \sqrt{v_q}\,\alpha(\boldsymbol{q}, \boldsymbol{q}'; \omega) \sqrt{v_{q'}}, \quad v_q = 4\pi\epsilon^2/q^2 \tag{5}$$

ausführlich definierte Matrix der elektrischen Polarisierbarkeit α der Zusammenhang $n_{\text{ind}} = \alpha v_{\text{ext}}$ oder

$$n_{\text{ind}}(\boldsymbol{q}, \omega) = \sum_{\boldsymbol{q}'} \alpha(\boldsymbol{q}, \boldsymbol{q}'; \omega)\, v_{\text{ext}}(\boldsymbol{q}', \omega) \tag{6}$$

besteht ($v_{\text{ext}} = eu_{\text{ext}}$ ist das auf ein Elektron wirkende mechanische Potential). α beschreibt die Reaktion oder Response der Metallelektronen auf das nichtabgeschirmte („nackte") äußere Potential v_{ext}.

Zu ε und α (bezüglich ihres Informationsgehaltes) äquivalent ist die elektrische Suszeptibilität χ. Für sie gilt (symbolisch)

$$\varepsilon = 1 - \sqrt{v}\,\chi\,\sqrt{v} \text{ und } n_{\text{ind}} = \chi v_{\text{tot}}. \tag{6'}$$

Daher beschreibt χ die Response auf das abgeschirmte äußere Potential $v_{\text{tot}} = v_{\text{ext}} + v_{\text{ind}}$.

Für schwache äußere Störungen sind die Materialgrößen ε und α von der Stärke des Störfeldes unabhängig und nur durch das betreffende Metall bestimmt (lineare Response). Im Grundzustand liefert zeitabhängige Störungsrechnung erster Ordnung für n_{ind} und Vergleich mit (6) nach Kubo

$$\alpha(\vec{q}, \vec{q}'; \omega) = \frac{1}{\hbar \mathscr{V}} \sum_n (\varrho^\dagger_{\boldsymbol{q}})^*_{no} (\varrho^\dagger_{\boldsymbol{q}'})_{no} \left[\frac{1}{\omega^+ - \omega_{no}} - \frac{1}{\omega^+ + \omega_{no}}\right]. \tag{7}$$

Dabei wird in (7) über die angeregten Vielteilchenzustände des Elektronensystems summiert, $\hbar\omega_{no} = E_n - E_o$ sind die Anregungsenergien, $\omega^+ = \omega + i\delta$, mit $\delta \underset{\rightarrow}{\geq} 0$, $\varrho_{\boldsymbol{q}} = \sum_i \exp(-i\,\boldsymbol{q}\boldsymbol{r}_i)$ ist die Fourier-Transformierte des Teilchendichteoperators $\varrho(\vec{r}) = \sum_i \delta(\boldsymbol{r} - \boldsymbol{r}_i)$ mit $\varrho_{\boldsymbol{q}}{}^\dagger = \varrho_{-\boldsymbol{q}}$. In der Hartree-Näherung unabhängiger Teilchen können die Vielteilchenzustände auf Einteilchenzustände zurückgeführt werden, und (7) vereinfacht sich zu (17).

Die Herleitung von (7) beruht auf der Vorstellung, daß sich ausgehend von dem 'ungestörten' System der wechselwirkenden Metallelektronen (Hamilton-Operator H, Eigenzustände

E_n, Φ_n) aus dem Grundzustand als Anfangszustand zur Zeit $t \to -\infty$ $\Psi(-\infty) = \Phi_0$, unter dem Einfluß einer äußeren Störung $H^W = \int d^3r\, \varrho(\boldsymbol{r})\, e u_{\text{ext}}(\boldsymbol{r}, t)$ auf Grund der zeitabhängigen Schrödinger-Gleichung für $t \leqq 0$ ein von Φ_0 verschiedener Zustand $\Psi(t)$ entwickelt. Mit $u_{\text{ext}}(\boldsymbol{r}, t) \sim \exp(\delta \cdot t)$ denkt man sich die Störung quasistatisch von 0 (für $t \to -\infty$) auf 1(für $t = 0$) eingeschaltet. Bildet man mit $\Psi(t)$ den Erwartungswert von $\varrho(\boldsymbol{r})$, so ergibt sich die gestörte Teilchendichte $n(\boldsymbol{r}, t)$. Daraus entsteht mit $n(\boldsymbol{r})$ als Elektronendichte im ungestörten Grundzustand Φ_0 die induzierte Elektronendichte $n_{\text{ind}}(\boldsymbol{r}, t) = n(\boldsymbol{r}, t) - n(\boldsymbol{r})$. Die erste Störungsordnung liefert

$$n_{\text{ind}}(\boldsymbol{r}, t) = \frac{i}{\hbar} \int\limits_{-\infty}^{t} dt' \big(\Phi_0, [H^W(t'), \varrho(\boldsymbol{r}, t)]\, \Phi_0\big), \; A(t) = e^{\frac{i}{\hbar} Ht} A e^{-\frac{i}{\hbar} Ht}.$$

Fourier-Tranformation (dabei werden aus den zeitabhängigen Exponentialfunktionen Energienenner) und Vergleich mit (6) führen schließlich auf (7), q. e. d.

Die Gitterperiodizität des Metalls äußert sich darin, daß $\alpha(\boldsymbol{q}, \boldsymbol{q}'; \omega)$ und $\varepsilon(\boldsymbol{q}, \boldsymbol{q}'; \omega)$ nur von Null verschieden sind, wenn sich $\boldsymbol{q}$ und $\boldsymbol{q}'$ um einen reziproken Gittervektor $\boldsymbol{G}$ unterscheiden. Man kann dies dadurch zum Ausdruck bringen, daß man $\boldsymbol{q}$ und $\boldsymbol{q}'$ gemäß $\boldsymbol{q} = \boldsymbol{k} + \boldsymbol{G}$ und $\boldsymbol{q}' = \boldsymbol{k} + \boldsymbol{G}'$ in einen Anteil $\boldsymbol{k}$, der in der ersten Brillouin-Zone liegt, und einen reziproken Gittervektor $\boldsymbol{G}$ bzw. $\boldsymbol{G}'$ zerlegt. Summen wie in (2), (3) und (6) laufen dann nur über $\boldsymbol{G}'$.

Die durch die Nichtdiagonalelemente von α bezüglich $\boldsymbol{G}$ entstehenden Terme werden Gitter-Lokalfeldkorrekturen genannt; für einfache Metalle können sie störungstheoretisch berücksichtigt werden. Mit Näherungen für α ist nach (5) auch ε^{-1} (und damit auch ε) genähert bekannt. Welche Meßgrößen ergeben sich nun aus ε?

5.2.2. Verlustfunktion und Reflexionsvermögen

Fragt man nach der Wahrscheinlichkeit pro Zeit, also nach der Übergangswahrscheinlichkeit γ, daß von außen (mit ca. 10···50 keV) eingeschlossene Elektronen den Energieverlust $\hbar\omega$ und den Impulsverlust $\hbar\boldsymbol{q}$ erleiden (dabei geht das System der Metallelektronen in einen seiner angeregten Zustände über), so liefert die „goldene Regel" der zeitabhängigen Störungsrechnung (s. z. B. Taut 83, S. 269)

$$\gamma_{\mathrm{El}}(\boldsymbol{q}, \omega) = \frac{2}{\hbar \mathscr{V}} \frac{4\pi \epsilon^2}{q^2} [-\mathrm{Im}\, \varepsilon^{-1}(\boldsymbol{q}, \boldsymbol{q}; \omega)]. \tag{8}$$

Dabei fungiert die elektrostatische Wechselwirkung zwischen dem einfallenden Elektron und den Metallelektronen als Störung. Mit (5) läßt sich (8) auch schreiben als $\gamma_{\mathrm{El}}(\boldsymbol{q}, \omega) \sim -\mathrm{Im}\, v_q\, \alpha(\boldsymbol{q}, \boldsymbol{q}; \omega)\, v_q$. Faßt man das rechte v_q als äußeres Potential $v_{\mathrm{ext}}(\boldsymbol{q}', \omega) \sim v_q\, \delta_{\boldsymbol{q}',\boldsymbol{q}}$ auf, so gilt mit (6) auch $\gamma_{\mathrm{El}}(\boldsymbol{q}, \omega) \sim -\mathrm{Im}\, v_q\, n_{\mathrm{ind}}(\boldsymbol{q}, \omega)$. In plausibler Interpretation beschreibt dies die Wechselwirkung der durch das eingeschossene Elektron induzierten Polarisationswolke mit diesem Elektron. Durch die Polarisationswolke erfährt ja das eingeschossene Elektron eine bremsende Rückwirkung.

Die zu (8) analoge Größe für die bereits in [4.2.8] elementar diskutierte Compton-Streuung, also die inelastische Streuung von Photonen ergibt sich zu (s. z. B. Taut 83, S. 271)

$$\gamma_{\mathrm{Ph}}(\boldsymbol{q}, \omega) = \frac{2\pi \epsilon^2}{\hbar \mathscr{V}} \lambda\!\!\!^{-}_{\mathrm{C}}{}^2 \frac{1 + (\boldsymbol{e}\boldsymbol{e}')^2}{2KK'} q^2[-\mathrm{Im}\, \varepsilon^{-1}(\boldsymbol{q}, \boldsymbol{q}; \omega)]. \tag{9}$$

Dabei sind $K\boldsymbol{e}$ und $K'\boldsymbol{e}'$ die Wellenzahlvektoren des Photons vor und nach der Wechselwirkung mit den Metallelektronen mit $K'\boldsymbol{e}' = K\boldsymbol{e} - \boldsymbol{q}$ und $cK' = cK - \omega$; $\lambda\!\!\!^{-}_{\mathrm{C}} = \hbar/m|e|$ $(= 0{,}4 \cdot 10^{-12}\ \mathrm{m})$ ist die Compton-Wellenlänge des Elektrons. ω stellt in (9) somit den Energieverlust des gestreuten Lichtquants dar. Die Rolle des Störpotentials spielt hier das zu dem Photon gehörige Vektorpotential (4.3–2). Dieser Unterschied ist auch die Ursache für den im Vergleich zu (8) anderen Vorfaktor.

Sowohl für Elektronenstreuung wie für Photonenstreuung ist also eine Größe

$$P(\boldsymbol{q}, \omega) = -\operatorname{Im} \varepsilon^{-1}(\boldsymbol{q}, \boldsymbol{q}; \omega), \tag{10}$$

die Verlustfunktion, maßgebend. Im ersten Fall ist sie mit $1/q^2$, im letzteren Fall mit q^2 multipliziert. Daher sind Elektronenstreuexperimente nur für kleine Impulsänderungen $\hbar q$ (d. h. kleine Streuwinkel) genau durchführbar, während Photonenstreuexperimente besonders für große $\hbar q$ genau sind. Elektronen- und Photonenstreuung ergänzen sich somit gegenseitig.

In beiden Fällen wird eine Funktion

$$\varepsilon^{-1}(\boldsymbol{q}, \omega) = \varepsilon^{-1}(\boldsymbol{q}, \boldsymbol{q}; \omega) \tag{11}$$

benötigt. Während aber für γ_{El} und γ_{Ph}

$$P(\boldsymbol{q}, \omega) = -\operatorname{Im}\varepsilon^{-1}(\boldsymbol{q}, \omega) \tag{10'}$$

gebraucht wird, ergibt sich die Reflexion von Licht und elektromagnetischen Wellen der angrenzenden Frequenzbereiche (vom fernen Ultrarot mit $\hbar\omega \approx 0{,}1$ eV bis zum fernen Ultraviolett mit $\hbar\omega \approx 50$ eV) aus $\varepsilon(\omega) = \varepsilon(o, \omega)$.

Dies findet seine Begründung durch folgende Überlegungen (die übrigens auch die physikalische Bedeutung von $\varepsilon(\boldsymbol{q}, \omega)$ als makroskopische dielektrische Funktion im Unterschied zur mikroskopischen dielektrischen Matrix $\varepsilon(\boldsymbol{q}, \boldsymbol{q}'; \omega)$ aufhellen):

1. Da die Wellenlänge der Störung ($10^{-5} \cdots 10^{-8}$ m) wie auch deren Eindringtiefe (des exponentiellen Abklingens) groß ist gegen die Gitterkonstante (10^{-10} m), genügt es für die optischen Eigenschaften, statt der mikroskopischen Felder E_{ind} und E_{tot} makroskopische, d. h. über Bereiche von der Größe einer Elementarzelle gemittelte, Felder $\bar{E}_{\text{ind}}$ und $\bar{E}_{\text{tot}}$ zu betrachten. Die äußere Störung ist nach Voraussetzung makroskopisch: $\bar{E}_{\text{ext}} = E_{\text{ext}}$. Für die Fourier-Entwicklung der makroskopischen Größen bedeutet das: Nur

solche Fourier-Komponenten sind von Null verschieden, deren Wellenvektoren in der ersten Brillouin-Zone liegen:

$$\begin{aligned} \bar{E}_{\text{tot}}(\boldsymbol{k} + \boldsymbol{G}, \omega) &= E_{\text{tot}}(\boldsymbol{k}, \omega)\, \delta_{\boldsymbol{G},0}, \\ E_{\text{ext}}(\boldsymbol{k} + \boldsymbol{G}, \omega) &= E_{\text{ext}}(\boldsymbol{k}, \omega)\, \delta_{\boldsymbol{G},0}. \end{aligned} \tag{12}$$

Damit wird aus (2)

$$\bar{E}_{\text{tot}}(\boldsymbol{k}, \omega) = \varepsilon^{-1}(\boldsymbol{k}, \boldsymbol{k}; \omega)\, E_{\text{ext}}(\boldsymbol{k}, \omega) = \varepsilon^{-1}(\boldsymbol{k}, \omega)\, E_{\text{ext}}(\boldsymbol{k}, \omega), \tag{13}$$

wobei im letzten Schritt die makroskopische dielektrische Funktion $\varepsilon(\boldsymbol{k}, \omega) = [\varepsilon^{-1}(\boldsymbol{k}, \boldsymbol{k}; \omega)]^{-1}$ eingeführt wird. Dies ist so zu lesen: Von $\varepsilon(\boldsymbol{k} + \boldsymbol{G}, \boldsymbol{k} + \boldsymbol{G}'; \omega) = \varepsilon_{\boldsymbol{G},\boldsymbol{G}'}(\boldsymbol{k}, \omega)$ bilde man bezüglich $\boldsymbol{G}, \boldsymbol{G}'$ die inverse Matrix $\varepsilon^{-1}_{\boldsymbol{G},\boldsymbol{G}'}(\boldsymbol{k}, \omega)$, von deren Matrixelement zu $\boldsymbol{G} = \boldsymbol{G}' = 0$ nehme man das Reziproke. Es gilt also auch

$$\varepsilon^{-1}(\boldsymbol{k}, \omega) = [\varepsilon^{-1}_{\boldsymbol{G},\boldsymbol{G}'}(\boldsymbol{k}, \omega)]_{\boldsymbol{G}=\boldsymbol{G}'=0}. \tag{11'}$$

Falls Nichtdiagonalelemente, also Gitter-Lokalfeldkorrekturen vernachlässigt werden können, gilt natürlich $\varepsilon(\boldsymbol{k}, \omega) = \varepsilon(\boldsymbol{k}, \boldsymbol{k}; \omega)$; anderenfalls treten Korrekturterme auf. — Die in (11) eingeführte Größe $\varepsilon(\boldsymbol{q}, \omega)$ verallgemeinert $\varepsilon(\boldsymbol{k}, \omega)$ von $\boldsymbol{k}$ auf $\boldsymbol{q} = \boldsymbol{k} + \boldsymbol{G}$.

2. Da im Unterschied zu den quasistatischen Betrachtungen von (1) bis (4) mit longitudinalen Feldern $\boldsymbol{E} \sim \boldsymbol{q}$ elektromagnetische Wellen durch transversale Felder $\boldsymbol{E} \perp \boldsymbol{q}$ gekennzeichnet sind, erhebt sich die Frage, ob die rein longitudinalen Komponente $\varepsilon(\boldsymbol{q}, \omega)$ des (analog zu (3) definierten makroskopischen) dielektrischen Tensors $\boldsymbol{\varepsilon}(\boldsymbol{q}, \omega)$ zur Beschreibung optischer Eigenschaften überhaupt ausreicht. Die Antwort ist: Ja. Die nochmalige Verwendung der unter 1. genannten Voraussetzung (Wellenlänge $\gg$ atomare Dimension) zeigt nämlich, daß es genügt, die Materialgröße $\boldsymbol{\varepsilon}(\boldsymbol{q}, \omega)$ nur für den vereinfachenden Grenzfall $\boldsymbol{q} \to 0$ zu betrachten. Nun läßt sich aber in diesem Grenzfall der dielektrische Tensor $\boldsymbol{\varepsilon}(\omega) = \varepsilon(0, \omega)$ aus seinen longitudinalen Komponenten $\varepsilon_i(\omega) = \boldsymbol{e}_i \boldsymbol{\varepsilon}(0, \omega) \boldsymbol{e}_i$ in den aus der betreffenden Kristallsymmetrie

folgenden Hauptachsenrichtungen $\boldsymbol{e}^i (i = 1, 2, 3)$ gewinnen:

$$\boldsymbol{\varepsilon}(\omega) = \sum_i \varepsilon_i \boldsymbol{e}_i \circ \boldsymbol{e}_i, \quad \varepsilon_i(\omega) = \boldsymbol{e}_i \, \boldsymbol{\varepsilon}(\omega) \, \boldsymbol{e}_i. \tag{14}$$

Zwar gilt eine solche Darstellung auch für $\boldsymbol{q} \neq 0$, aber die dabei auftretenden Tensorkomponenten $\varepsilon_i(q\boldsymbol{e}, \omega) = \boldsymbol{e}_i \, \boldsymbol{\varepsilon}(q\boldsymbol{e}, \omega) \, \boldsymbol{e}_i$ haben wegen $\boldsymbol{e} \neq \boldsymbol{e}_i$ nicht die Bedeutung longitudinaler Anteile. Nur für $q = 0$ haben die $\varepsilon_i(0, \omega)$ zugleich die Bedeutung der longitudinalen Anteile jeweils in der betreffenden Hauptachsenrichtung $\boldsymbol{e}_i$. Darin kommt zum Ausdruck, daß für $q = 0$ zwischen longitudinalen (plasmonartigen) und transversalen (photonenartigen) elektromagnetischen Wellen physikalisch nicht unterschieden werden kann. Trotz der Transversalität elektromagnetischer Wellen genügen also für optische Eigenschaften die drei longitudinalen Komponenten des dielektrischen Tensors, $\varepsilon_i(\omega) = [\varepsilon_i^{-1}(0, 0; \omega)]^{-1}$. Für kubische (optisch isotrope) Metalle sind diese Funktionen alle gleich, $\varepsilon_i(\omega) = \varepsilon(\omega)$, für hexagonale (optisch einachsige) Metalle werden zwei Funktionen benötigt: $\varepsilon_\parallel(\omega)$ und $\varepsilon_\perp(\omega)$

Wie erhält man nun aus diesen makroskopischen dielektrischen Funktionen die optischen Eigenschaften? Für optisch isotrope Metalle entsteht aus $\varepsilon(\omega) = \varepsilon_1(\omega) + i\varepsilon_2(\omega)$ der komplexe Brechungsindex $n(\omega) = n_1(\omega) + in_2(\omega)$ gemäß

$$n^2 = \varepsilon \to \begin{cases} n_1^2 = \dfrac{1}{2}\left(\varepsilon_1 + \sqrt{\varepsilon_1^2 + \varepsilon_2^2}\right) \\[2ex] n_2^2 = \dfrac{1}{2}\left(-\varepsilon_1 + \sqrt{\varepsilon_1^2 + \varepsilon_2^2}\right) \end{cases}. \tag{15}$$

$n(\omega)$ seinerseits bestimmt das Reflexionsvermögen $R(\omega)$ bei senkrechtem Einfall nach

$$R = \left|\frac{1 - n}{1 + n}\right|^2 = \frac{(1 - n_1)^2 + n_2^2}{(1 + n_1)^2 + n_2^2}. \tag{16}$$

(15) und (16) ergeben sich für nichtferromagnetische Metalle ($\mu \approx 1$) aus den Maxwellschen Gleichungen in Verbindung mit

der Definition von $n(\omega)$ gemäß $k^2 = (\omega/c)^2 n(\omega)$ und von $R(\omega)$ als Verhältnis von einfallender zu reflektierter Energiestromdichte.

Für optisch einachsige Metalle gibt es zu $\varepsilon_\parallel$ und $\varepsilon_\perp$ auch $n_\parallel$ und $n_\perp$ sowie $R_\parallel$ und $R_\perp$. Zur experimentellen Bestimmung dieser beiden Reflexionsvermögen schneidet man die Oberfläche so, daß sie in der optischen Achse ($\sim \boldsymbol{e}_c$) liegt. Die Polarisation kann dann sowohl parallel zur optischen Achse gelegt werden (dem entspricht $\boldsymbol{E} \parallel \boldsymbol{e}_c$, also $\varepsilon_\parallel$, $n_\parallel$, $R_\parallel$), als auch senkrecht zur optischen Achse (dem entspricht $\boldsymbol{E} \perp \boldsymbol{e}_c$, also $\varepsilon_\perp$, $n_\perp$, $R_\perp$).

5.2.3. Näherungen für $\varepsilon(\boldsymbol{q}, \omega)$

Zusammenfassend gilt das Schema:

$$\left.\begin{matrix} E_n \\ \Phi_n \end{matrix}\right\} \xrightarrow{(7)} \alpha(\boldsymbol{q}, \boldsymbol{q}; \omega) \xrightarrow{(5)} \varepsilon^{-1}(\boldsymbol{q}, \boldsymbol{q}; \omega)$$

$$\xrightarrow{(11)} \varepsilon(\boldsymbol{q}, \omega) - \begin{cases} \xrightarrow{(10')} P(\boldsymbol{q}, \omega) - \begin{cases} \xrightarrow{(8)} \gamma_{\mathrm{El}}(\boldsymbol{q}, \omega) \\ \xrightarrow{(9)} \gamma_{\mathrm{Ph}}(\boldsymbol{q}, \omega). \end{cases} \\ \xrightarrow{(15)} n(\omega) \xrightarrow[(16)]{} R(\omega) \end{cases}$$

Der erste Schritt beinhaltet die Lösung des Vielteilchenproblems der Bloch-Elektronen.

Die einfachste Näherung, die sowohl den Einteilchenaspekt (Bloch-Elektronen als teilchenartige Anregungen oder Quasiteilchen) als auch den Vielteilchenaspekt (Plasmonen als kollektive Anregungen) enthält, ist die sogenannte Random Phase Approximation (RPA, s. z. B. Ziesche, Lehmann u. a. 83, s. 36, 261)):

$$\chi^0(\boldsymbol{q}, \boldsymbol{q}'; \omega) = \frac{1}{\hbar \mathscr{V}} \sum_{k', k''} (\varrho_{\boldsymbol{q}}{}^\dagger)^*_{k''k'} (\varrho^\dagger_{\boldsymbol{q}'})_{k''k'} \frac{f^0_{k''} - f^0_{k'}}{\omega_{k''k'} - \omega^+}, \tag{17}$$

$$\alpha_{\mathrm{RPA}} = \chi^0 (1 - v\chi^0)^{-1}, \tag{18}$$

$$\varepsilon_{\mathrm{RPA}} = 1 - \sqrt{v}\, \chi^0 \sqrt{v}, \quad \varepsilon^{-1}_{\mathrm{RPA}} = 1 + \sqrt{v} \alpha_{\mathrm{RPA}} \sqrt{v}. \tag{19a, b}$$

Die in (17) auftretenden Matrixelemente sind mit Bloch-Wellenfunktionen $\psi_k(\boldsymbol{r}, \sigma) = \delta_{s,\sigma}\, \psi_{\boldsymbol{k}}(\boldsymbol{r})$ zu bilden. $k \triangleq (\boldsymbol{k}, \nu, s)$ faßt also den Bloch-Vektor $\boldsymbol{k}$, den Bandindex ν und die Spineinstellung s zusammen. Weiter ist $\hbar\omega_{k''k'} = \varepsilon_{k''} - \varepsilon_{k'}$, und $f_k{}^0$ bedeutet die Fermi-Verteilungsfunktion für $T = 0$. In (18) und (19) ist die in (5) eingeführte abkürzende Schreibung verwendet.

Zum tieferen Verständnis der RPA läßt sich folgendes sagen: (6) und (6′) führen die Materialgrößen α und χ gemäß $n_{\text{ind}} = \alpha v_{\text{ext}}$ und $n_{\text{ind}} = \chi v_{\text{tot}}$ ein mit $v_{\text{tot}} = v_{\text{ext}} + v_{\text{ind}}$ und $v_{\text{ind}} = v n_{\text{ind}}$ (letzteres als Folge der Poisson-Gleichung). (7) gibt eine strenge Darstellung für α. Würde man nun diese in der Einteilchennäherung wechselwirkungsfreier Bloch-Elektronen auswerten – der Vergleich von (7) mit (17) zeigt, daß dies $\alpha \approx \chi^0$ bedeuten würde –, so würde man den Besonderheiten der Coulomb-Wechselwirkung (lange Reichweite, Abschirmung) deswegen nicht gerecht, weil man damit nach $n_{\text{ind}} = \alpha v_{\text{ext}}$ nur die Reaktion des Systems auf die nackte äußere Störung beschreiben würde. Die tatsächlich vorhandene, durch die äußere Störung verursachte Polarisation des Mediums, also die Abschirmung der äußeren Störung würden auf diese Weise vernachlässigt. Das Wesen der RPA besteht nun darin, nicht α (beschreibt Reaktion auf nackte äußere Störung) sondern χ (beschreibt Reaktion auf abgeschirmte äußere Störung) in Einteilchennäherung zu betrachten: $\chi \approx \chi^0$. Wegen $n_{\text{ind}} \approx \chi^0 v_{\text{tot}}$, also $n_{\text{ind}} \approx \chi^0(v_{\text{ext}} + v n_{\text{ind}})$ ergibt sich durch fortgesetzte Iteration (Störungsentwicklung) oder direkt durch Auflösung nach n_{ind} eine selbstkonsistente Behandlung der Abschirmung in der einfachst möglichen Näherung entsprechend dem Hartree-Verfahren:

$$n_{\text{ind}} \approx (1 - \chi^0 v)^{-1}\, \chi^0 v_{\text{ext}} = \chi^0 (1 - v\chi^0)^{-1}\, v_{\text{ext}}.$$

Der Vergleich mit $n_{\text{ind}} = \alpha v_{\text{ext}}$ liefert tatsächlich (18). So beschreibt also die RPA die Reaktion wechselwirkungsfreier Bloch-Elektronen auf die s e l b s t k o n s i s t e n t a b g e s c h i r m t e äußere Störung. – Schreibt man (18) in der Form α_{RPA}

$= \chi^0 + \chi^0 v \chi^0 + \cdots$, so erkennt man, daß die RPA ausgehend von dem strengen Ausdruck (7) und dessen störungstheoretischer Entwicklung nach Potenzen der Coulomb-Wechselwirkung v eine bestimmte Partialsummation darstellt, die die Polarisationseffekte durch Elektron-Elektron-Wechselwirkung in einfachster Näherung berücksichtigt.

Einen Eindruck zum Verlauf von $\varepsilon_{\text{RPA}}(\boldsymbol{q}, \boldsymbol{q}'; \omega)$ erhält man durch Auswertung von (17) und (19) mit freien Teilchen $\psi_{\boldsymbol{k}}{}^0(\boldsymbol{r}) = \left(1/\sqrt{\mathcal{V}}\right) \exp(i\boldsymbol{kr})$, $\varepsilon_{\boldsymbol{k}}{}^0 = \hbar^2 \boldsymbol{k}^2/2m$. In diesem Fall verschwinden die Nichtdiagonalelemente und für

$$\varepsilon^0_{\text{RPA}}(\boldsymbol{q}, \boldsymbol{q}; \omega) = 1 - v_q \chi^0(\boldsymbol{q}, \omega) = \varepsilon^0(\boldsymbol{q}, \omega)$$

entsteht die Lindhard-Funktion. Für $\omega = 0$ bzw. $\boldsymbol{q} = 0$ ergibt sich jeweils

$$\varepsilon^0(\boldsymbol{q}) = \varepsilon^0(\boldsymbol{q}, 0) = 1 + \frac{q^2_{\text{TF}}}{q^2}\, l\left(\frac{q}{2k_{\text{F}}}\right),$$

$$l(x) = \frac{1}{2}\left[1 + \frac{1 - x^2}{2x} \ln\left|\frac{1 + x}{1 - x}\right|\right], \quad q^2_{\text{TF}} = \frac{4k_{\text{F}}}{\pi a_0}, \tag{20a}$$

$$\varepsilon^0(\omega) = \varepsilon^0(0, \omega) = 1 - \frac{\omega^2_{\text{pl}}}{\omega^2} - i\pi\omega^2_{\text{pl}} \frac{\text{d}}{\text{d}\omega}\,\delta(\omega),$$

$$\omega^2_{\text{pl}} = \frac{4\pi e^2 n}{m} \tag{20b}$$

mit ω_{pl} als klassischer Plasmafrequenz und $1/q_{\text{TF}}$ als Thomas-Fermi-Abschirmlänge. Insgesamt entsteht der in Abb. 5.2–1 angegebene Verlauf für $\varepsilon_1{}^0(\boldsymbol{q}, \omega) = \text{Re}\, \varepsilon^0(\boldsymbol{q}, \omega)$ und $\varepsilon_2{}^0(\boldsymbol{q}, \omega) = \text{Im}\, \varepsilon^0(\boldsymbol{q}, \omega)$; das singuläre Verhalten von $\varepsilon_2{}^0(\boldsymbol{q}, \omega)$ bei $\boldsymbol{q} = 0$ ist nicht mit eingetragen.

Für manche Zwecke (Gitterstruktur, Gitterdynamik) ist die RPA nicht ausreichend; denn RPA bedeutet ja mit $\chi \approx \chi^0$, daß nach $n_{\text{ind}} \approx \chi^0 v_{\text{tot}}$ nur nichtwechselwirkende Elektronen auf das Gesamtpotential $v_{\text{tot}} = v_{\text{ext}} + v_{\text{ind}}$ reagieren. Dabei ist nicht berücksichtigt, daß am Ort eines

Elektrons durch Austausch und Korrelation die Dichte der anderen Elektronen lokal verringert ist (Lokalfeld). Diese lokale Dichteverringerung kommt gegenüber $v_{ind} = vn_{ind}$, dem Potential der induzierten Ladungsdichte, das eine

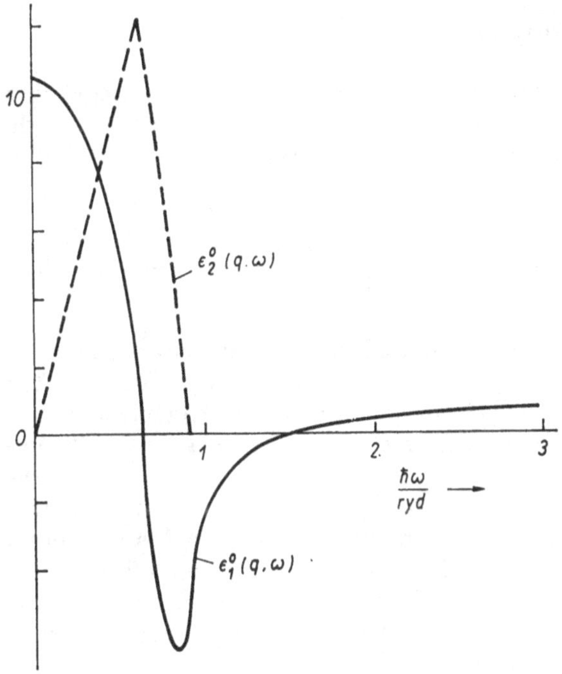

Abb. 5.2-1. Dielektrische Funktion in der Näherung RPA für freie Elektronen mit der Valenzelektronendichte von Be. $q = 0{,}4 \cdot 2\pi/c$ (c = Gitterkonstante längs der hexagonalen Achse).

schwache Testladung spürt, in dem entsprechenden Potential $v_{ind}^{(e)} = (1 - G)\, v_{ind} = (1 - G)\, vn_{ind}$, das ein Elektron spürt, durch eine Funktion $G(\boldsymbol{q})$, die sogenannte Lokalfeldkorrektur (LFK) zum Ausdruck. Für das gesamte, auf eine Elektron wirkende Potential ergibt sich $v_{tot}^{(e)} = v_{ext} + v_{ind}^{(e)} = v_{tot} - Gvn_{ind}$. Auf dieses Gesamtpotential reagieren nun ähnlich wie in RPA nichtwechselwirkende Elektronen gemäß n_{ind}

$\approx \chi^0 v_{\text{tot}}^{(e)}$. Einsetzen von $v_{\text{tot}}^{(e)}$, Umstellen nach n_{ind} und Vergleich mit $n_{\text{ind}} = \chi v_{\text{tot}}$ liefert

$$\chi(\boldsymbol{q}, \omega) = \frac{\chi^0(\boldsymbol{q}, \omega)}{1 + G(\boldsymbol{q})\, v_q \chi^0(\boldsymbol{q}, \omega)}, \quad v_q = \frac{4\pi \epsilon^2}{q^2}. \tag{21}$$

Für $G(\boldsymbol{q}) = 0$ entsteht mit $\chi = \chi^0$ wieder die RPA, umgekehrt kann man sich die LFK durch eine über RPA hinausgehende Partialsummation erzeugt denken. Setzt man (21) in (6′) ein, so ergibt sich

$$\varepsilon(\boldsymbol{q}, \omega) = 1 - v_q \chi(\boldsymbol{q}, \omega) = 1 - \frac{v_q \chi^0(\boldsymbol{q}, \omega)}{1 + G(\boldsymbol{q})\, v_q \chi^0(\boldsymbol{q}, \omega)}, \tag{21′}$$

was an die LFK der Clausius-Mosotti- oder Lorentz-Lorenz-Formel erinnert (s. z. B. Lenk 76). Im Unterschied zu den Gitter-LFK von [5.2.2] werden die durch Korrelation und Austausch verursachten Korrekturen Korrelations-LFK genannt. Während nun $\varepsilon(\boldsymbol{q}, \omega)$ gemäß $v_{\text{tot}} = v_{\text{ext}}/\varepsilon$ die Abschirmung einer äußeren Störung beschreibt, die eine schwache, das Elektronengas also nicht störende Testladung spürt, beschreibt eine weitere dielektrische Funktion $\varepsilon^{(e)}(\boldsymbol{q}, \omega)$ gemäß $v_{\text{tot}}^{(e)} = v_{\text{ext}}/\varepsilon^{(e)}$ die Abschirmung, die ein Elektron spürt, das zum System gehört und daher seine Umgebung polarisiert (Lokalfeld). Es ergibt sich

$$\varepsilon^{(e)}(\boldsymbol{q}, \omega) = 1 - v_q[1 - G(\boldsymbol{q})]\, \chi^0(\boldsymbol{q}, \omega). \tag{22}$$

Aus dem Vergleich von (21′) und (22) folgt noch $\varepsilon^{(e)}/\varepsilon = \chi^0/\chi$. Während ε in der Theorie der Phononen und der Elektron-Phonon-Wechselwirkung auftritt, bestimmt $\varepsilon^{(e)}$ z. B. das auf die Leitungselektronen einfacher Metalle wirkende und von ihnen selbst abgeschirmte Pseudopotential der Ionen. Für $G(\boldsymbol{q})$ wird vielfach die von Singwi u. a. (70) angegebene Funktion verwendet. Neuerdings wurden neben diesen statischen (nur von $\boldsymbol{q}$ abhängigen) auch dynamischen ($\boldsymbol{q}$- und ω-abhängige) LFK diskutiert. Für weitere Details s. z. B. Ziesche, Lehmann u. a. 83, S. 45.

5.2.4. Ergebnisse für $P(\boldsymbol{q}, \omega)$, $n(\omega)$ und $R(\omega)$

Aus $\varepsilon^0(\boldsymbol{q}, \omega)$ ergibt sich gemäß (10') die Verlustfunktion $P^0(\boldsymbol{q}, \omega)$. Sie ist nur in dem in Abb. 5.2–2 schraffierten Streifen (nur hier ist $\varepsilon_2{}^0(\boldsymbol{q}, \omega) \neq 0$) sowie auf der aus $\varepsilon^0(\boldsymbol{q}, \omega) = 0$ folgenden Kurve $\omega_{\text{pl}}(q)$, für die sowohl $\varepsilon_1{}^0(\boldsymbol{q}, \omega) = 0$ wie

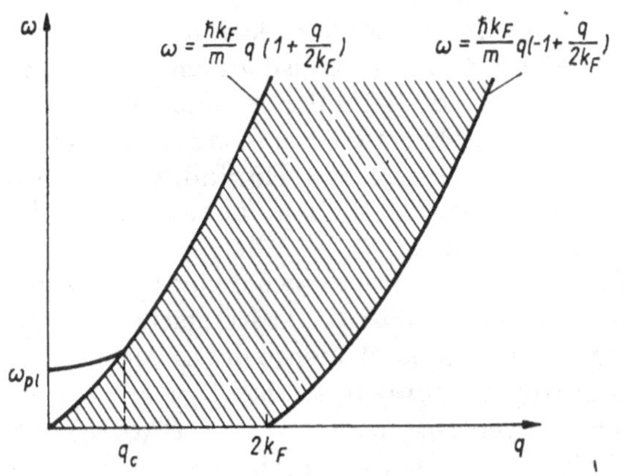

Abb. 5.2–2. Spektrum individueller und kollektiver Anregungen des homogenen Elektronengases in der Näherung RPA: Einpaaranregungen im schraffierten Streifen, ungedämpfte Plasmonen längs der Kurve beginnend bei $q = 0$, $\omega = \omega_{\text{pl}}$.

$\varepsilon_2{}^0(\boldsymbol{q}, \omega) = 0$ ist, von Null verschieden. Dem entsprechen unterschiedliche Anregungen der Valenzelektronen. Übertragene Energien und Impulse, die in dem Streifen von Abb. 5.2–1 liegen, werden nur von einem Elektron aufgenommen. Dieses geht in einen (unbesetzten) Zustand außerhalb der Fermi-Kugel über, dabei ein Loch in der Fermi-Kugel hinterlassend: Es bildet sich ein Teilchen-Loch-Paar. Für dessen mögliche Energien und Impulse ergibt sich nach dem Pauli-Prinzip gerade der Streifen der Einpaaranregungen von Abb. 5.2–2.

Weiter hat $P^0(\boldsymbol{q}, \omega)$ längs der Kurve $\omega_{\text{pl}}(\boldsymbol{q})$, die bei $q = 0$ mit der klassischen Plasmafrequenz ω_{pl} beginnt und bei q_c in das Einpaar-Kontinuum eintaucht, einen δ-funktionsartigen Peak. Für solche Energie- und Impulsübertragungen wird das System der Valenzelektronen als Ganzes angeregt. Diese kollektiven Anregungen werden Plasmonen genannt, $\omega_{pl}(\boldsymbol{q})$ ist deren Dispersionsbeziehung.

In der hier zunächst diskutierten Näherung freier Elektronen und RPA sind sie ungedämpft. Tatsächlich jedoch sorgen Abweichungen vom Verhalten freier Elektronen (Bandstruktureffekte) und Mehrpaaranregungen (über RPA hinausgehende Effekte der Elektronenkorrelation, beschrieben durch die Korrelations-LFK $G(\boldsymbol{q})$) für eine endliche Plamonendämpfung: An die Stelle einer δ-Funktion mit verschwindender Breite tritt eine δ_ε-Funktion mit endlicher Breite $2\Gamma(q)$, die noch durch den zusätzlichen Einfluß von Gitterdefekten, Phononen und der endlichen Lebensdauer der Bloch-Zustände vergrößert wird.

Bandstruktureffekte untersucht man zweckmäßig zunächst für einfache Metalle. Dabei zeigt die störungstheoretische Behandlung, daß die Nichtdiagonalelemente der dielektrischen Matrix vernachlässigt werden können, so daß hier $P^{\mathrm{NFE}}(\boldsymbol{q}, \omega)$ aus den Diagonalelementen $\varepsilon_{\mathrm{RPA}}(\boldsymbol{q}, \boldsymbol{q}; \omega)$ wie $P^0(\boldsymbol{q}, \omega)$ aus $\varepsilon^0(\boldsymbol{q}, \omega)$ entsteht. Abb. 5.2–3 gibt die Ergebnisse für Be nach

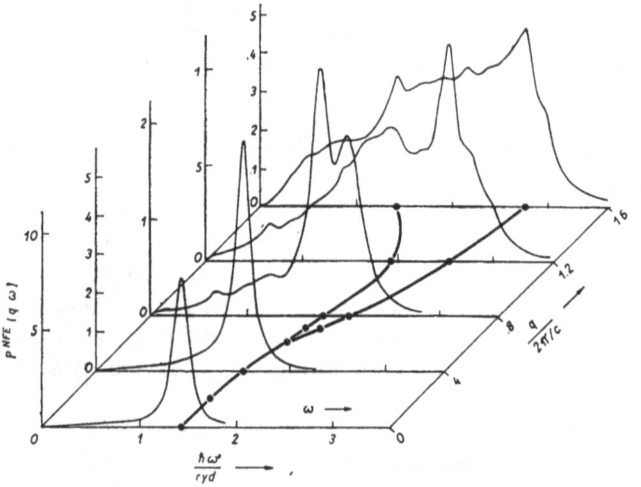

Abb. 5.2–3. Verlustfunktion von Be. Die Doppelpeakstruktur für $q \gtrsim q_c$ wird auch experimentell beobachtet. q_c liegt etwa bei $0{,}7 \cdot 2\pi/c$.

Taut und Hanke (76) wieder. Für die Alkalimetalle ist $\Gamma(0)$ nach Paasch (70) in Tab. 5.2-1 angegeben. Der Einfluß der Bandstruktur kann auch in der speziell für inelastische Photonenstreuung benötigten Hochimpulsnäherung nicht vernachlässigt werden. Dann gilt nämlich $\varepsilon_2(\boldsymbol{q}, \omega) \ll \varepsilon_1(\boldsymbol{q}, \omega) \approx 1$, und (10) vereinfacht sich zu $P(\boldsymbol{q}, \omega) \approx \varepsilon_2(\boldsymbol{q}, \omega)$. Zwar können diejenigen in (17) auftretenden Bloch-Zustände $\psi_{\boldsymbol{k}}, \varepsilon_{\boldsymbol{k}}$, die unbesetzt weit oberhalb der Fermi-Grenze liegen, gut durch Zustände freier Elektronen $\psi_{\boldsymbol{k}}{}^0$, $\varepsilon_{\boldsymbol{k}}{}^0$ angenähert werden, aber das in

$$P(\boldsymbol{q}, \omega) = \frac{v_q}{\hbar^2 q/m} I(a, \boldsymbol{e}), \quad a = \frac{m}{\hbar}\frac{\omega}{q} - \frac{q}{2}, \quad \boldsymbol{e} = \frac{\boldsymbol{q}}{q} \tag{23}$$

auftretende Compton-Profil $I(a, \boldsymbol{e})$ enthält die Bandstruktur. Es entsteht aus der Impulsverteilung der besetzten Bloch-Zustände

$$n(\boldsymbol{k}) = \sum_{\boldsymbol{k}' \in \mathrm{BZ}} \sum_{\nu} f^0_{\boldsymbol{k}',\nu} \, |(\psi_{\boldsymbol{k}',\nu}, \psi_{\boldsymbol{k}}{}^0)|^2 \tag{24}$$

gemäß

$$I(a, \boldsymbol{e}) = \int \mathrm{d}^3k\, n(\boldsymbol{k})\, \delta(\boldsymbol{e}\boldsymbol{k} - a), \tag{25}$$

Tab. 5.2-1. Halbwertsbreite des Plasmonpeaks der Alkalimetalle für $q = 0$

Metall	$\Gamma(0)$/eV	
	theor.	exper.
Li	2,55	2,5
Na	0,1	0,4
K	0,25	0,26
Rb	0,64	0,6
Cs	0,96	1,2

also durch ein Flächenintegral über die Ebene $\boldsymbol{e}\boldsymbol{k} = a$: $I(a, \boldsymbol{e})$ und damit $P(\boldsymbol{q}, \omega)$ werden durch die Zahl der Elektronen bestimmt, deren Impulse auf einer Ebene im $\boldsymbol{k}$-Raum liegen. Für freie Elektronen (Fermi-Kugel) ergibt sich $I^0(a, \boldsymbol{e})$

$= \pi(k_F^2 - a^2)\,\theta(k_F - a)$, das ist für $a < k_F$ eine nach unten offene Parabel, wie bereits in [4.2.8] anschaulich diskutiert. Durch Bandstruktureffekte (Änderung des Fermi-Körpers) ergeben sich Abweichungen.

Nachdem die Verlustfunktion einfacher Metalle ausgehend von $\varepsilon^0(\boldsymbol{q}, \omega)$ diskutiert wurde, sollen nun deren optische Eigenschaften anhand von $\varepsilon^0(\omega)$ betrachtet werden. Nach (20), (15) und (16) ergibt sich

$$n_1^0(\omega) = \begin{cases} 0 \\ \sqrt{1 - \left(\dfrac{\omega_{pl}}{\omega}\right)^2} \end{cases}, \quad n_2^0(\omega) = \begin{cases} \sqrt{\left(\dfrac{\omega_{pl}}{\omega}\right)^2 - 1} & 0 \leqq \omega \leqq \omega_{pl} \\ 0 & \omega \geqq \omega_{pl} \end{cases}, \tag{26}$$

$$R^0(\omega) = \begin{cases} 1 & 0 \leqq \omega \leqq \omega_{pl} \\ \left(\dfrac{1 - \sqrt{1 - (\omega_{pl}/\omega)^2}}{1 + \sqrt{1 - (\omega_{pl}/\omega)^2}}\right)^2 & \omega \geqq \omega_{pl} \end{cases} \tag{27}$$

(s. Abb. 5.2–4). In einem homogenen Elektronengas tritt (in RPA) für $\omega < \omega_{pl}$ wegen $n_1^0 = 0$ schon bei senkrechtem Einfall Totalreflexion ein: Die gesamte eingestrahlte Energie wird reflektiert (Metallglanz als typisch metallische Eigenschaft). Für $\omega \geqq \omega_{pl}$ zeigt $R^0(\omega)$ einen scharfen Abfall (Plasmakante)) Für solche Frequenzen verhält sich ein Elektronengas in optischer Hinsicht wie ein idealer Isolator: Der größere Teil der auftreffenden Strahlung durchläuft das Medium wegen $n_2^0 = 0$ ohne Absorption, ein kleinerer Rest wird reflektiert. Dieses Bild modifiziert sich durch den Einfluß der Bandstruktur, der Dämpfung (Gitterdefekte und Phononen) und der (in RPA nicht berücksichtigten) Mehrpaaranregungen. Abb. 5.2–5 zeigt wiederum am Beispiel von Be den Einfluß von Bandstruktur und Dämpfung. Erstere wurde bis zur zweiten Störungsordnung des Pseudopotentials W_G, letztere pauschal mit einer Relaxationszeit τ berücksichtigt, die die endliche Lebensdauer der Bloch-Zustände beschreibt. Diese Dämpfung verschmiert die scharfe Kante von $R^0(\omega)$ bei $\omega = \omega_{pl}$ um so mehr, je kleiner τ ist. τ ist eigentlich im Sinne

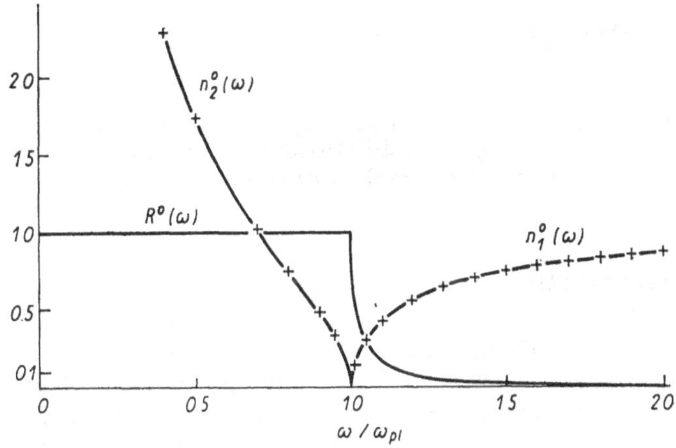

Abb. 5.2-4. Optische Eigenschaften freier Elektronen

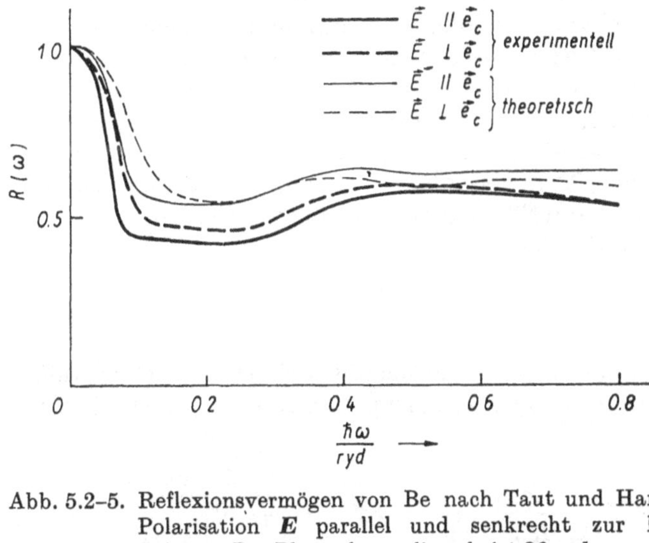

Abb. 5.2-5. Reflexionsvermögen von Be nach Taut und Hanke (76) für Polarisation ***E*** parallel und senkrecht zur hexagonalen Achse **c**. Die Plasmakante liegt bei 1,36 *ryd.*

der Boltzmann-Gleichung aus entsprechenden Übergangswahrscheinlichkeiten zu berechnen, wird aber oft als Anpaßparameter benutzt.

5.3. Gittereigenschaften

Gitterstruktur, Gitterkonstante, elastische Eigenschaften und Phononenspektren werden (bei $T = 0$) durch die Gesamtenergie als Funktion der Ionenorte bestimmt (s. auch Rennert 83, Eschrig 83b).

5.3.1. Gitterstruktur

Betrachten wir zunächst die Aufgabe, bei (experimentell) gegebener mittlerer Dichte die energetisch günstigste Gitterstruktur zu bestimmen. Bildet man zum Vergleich zweier Gitterstrukturen die Differenz der zugehörigen Gesamtenergien, so heben sich – bei gleicher Dichte – diejenigen Terme gegeneinander weg, die nur von der mittleren Elektronendichte abhängen (Volumenterm), und es bleibt nur die Differenz der Terme übrig, die durch die jeweilige Anordnung der Atome bestimmt werden (Strukturterm). Für die genannte Aufgabe genügt es, den letzteren zu betrachten. Bei Beschränkung auf einfache Metalle können deren schwache Pseudopotentiale (s. [2.2]) verwendet werden, so daß die Gesamtenergie bzw. deren Strukturterm E_s mittels Störungsrechnung bestimmt werden kann:

$$E_s = E_{es} + E_{bs}. \tag{1}$$

Dabei ist E_{es} die elektrostatische (auch Madelung- oder Ewald-) Energie punktförmiger Ionen im homogenen (Valenz-) Elektronengas:

$$E_{es} = -MN \frac{\alpha}{2} \frac{(Ze)^2}{R_{at}}, \quad \frac{\mathcal{V}}{MN} = \mathcal{V}_{at} = \frac{4\pi}{3} R_{at}^3, \tag{2}$$

mit M gleichen Atomen pro Elementarzelle und N Elementarzellen, α ist die Madelung-Konstante (s. Tab. 5.3–1); (2) gilt nur für reine Metalle. Weiter bedeutet E_{bs} in (1) die Band-

Tab. 5.3-1. Madelung-Konstante einiger Gitterstrukturen

Struktur	α
krz	1,791 861
kfz	1,791 747 23
hdp	1,791 676 24

Der α-Wert für *hdp* bezieht sich auf das ideale c/a-Verhältnis $\left(=\sqrt{8/3} \approx 1{,}633\right)$.

strukturenergie (bis zur zweiten Ordnung im Pseudopotential)

$$E_{\text{bs}} = MN\mathscr{V}_{at} \sum_{\boldsymbol{q} \neq 0} |S(\boldsymbol{q})|^2 F(\boldsymbol{q}) \tag{3}$$

(Harrison 66). Sie enthält den bei Fourier-Transformation des nackten Kristallpotentials $W^0(\boldsymbol{r})$ und des nackten Ionenpotentials $w^0(\boldsymbol{r})$ gemäß $W^0(\boldsymbol{q}) = S(\boldsymbol{q})\, w^0(\boldsymbol{q})$ entstehenden Strukturfaktor

$$S(\boldsymbol{q}) = \sum_{\boldsymbol{G}} \delta_{\boldsymbol{q},\boldsymbol{G}} \frac{1}{M} \sum_{\boldsymbol{s}} \mathrm{e}^{-i\boldsymbol{q}\boldsymbol{s}} \tag{4}$$

(die $\boldsymbol{s}$ kennzeichnen die Ionenorte in der Elementarzelle) und die sogenannte Energie-Wellenzahl-Charakteristik $F(\boldsymbol{q})$. Während $S(\boldsymbol{q})$ nur durch die räumliche Anordnung der Atome bestimmt ist, enthält $F(\boldsymbol{q})$ das nackte Ionenpotential $w^0(\boldsymbol{q})$ und zwar quadratisch (zweite Ordnung der Störungsrechnung) sowie die Abschirmung dieser nackten Ionenpotentiale durch das Valenzelektronengas und damit die Abweichungen der Valenzbandstruktur von der freier Elektronen. $F(\boldsymbol{q})$ hat die Form

$$\begin{gathered} F(\boldsymbol{q}) = \frac{1}{2} w^0(-\boldsymbol{q}) \frac{\chi(\boldsymbol{q})}{\varepsilon(\boldsymbol{q})} w^0(\boldsymbol{q}), \\ \varepsilon(\boldsymbol{q}) = 1 - v_q \chi(\boldsymbol{q}), \quad \chi(\boldsymbol{q}) = \frac{\chi^0(\boldsymbol{q})}{1 + G(\boldsymbol{q})\, v_q \chi^0(\boldsymbol{q})} \end{gathered} \tag{5}$$

mit $\varepsilon(\boldsymbol{q}) = \varepsilon(\boldsymbol{q}, 0)$ und $\chi(\boldsymbol{q}) = \chi(\boldsymbol{q}, 0)$ als statische Abschirmfunktion gemäß (5.2–21). Dabei ist

$$\chi^0(\boldsymbol{q}) = -\frac{q_T^2}{4\pi e^2}\, l\left(\frac{q}{2k_F}\right) \tag{6}$$

die statische Lindhard-Funktion (5.2–20a). Beim Ausbau der Theorie zeigte es sich, daß die Annahme lokaler Pseudopotentiale zu einfach ist. Nichtlokale Pseudopotentiale $w^0(\boldsymbol{k}, \boldsymbol{q}) = w^0(\boldsymbol{q}) + f(\boldsymbol{k}, \boldsymbol{q})$ führten zu Verbesserungen. Durch den über den lokalen Anteil $w^0(\boldsymbol{q})$ hinausgehenden nichtlokalen Zusatz $f(\boldsymbol{k}, \boldsymbol{q})$ tritt an die Stelle von (5) ein komplizierterer Ausdruck.

Sind Struktur und Pseudopotential gegeben, so entsteht die Strukturenergie E_s gemäß (1) und (2) und (3). Als Zwischengrößen werden die Madelung-Konstante α, der Strukturfaktor (4) und der Formfaktor (5) benötigt. Unsicherheiten oder Fehler bei dieser Bestimmung von E_s ergeben sich aus evtl. nicht genügend genau bekannten Pseudopotentialen $w^0(\boldsymbol{k}, \boldsymbol{q})$ und Korrelations-LFK $G(\boldsymbol{q})$ sowie aus der Beschränkung auf die zweite Störungsordnung im Pseudopotential. Hinzu kommt die praktisch notwendige Begrenzung der Summation über $\boldsymbol{q}$ bzw. $\boldsymbol{G}$ in (3). Unabhängige Rechnungen verschiedener Autoren zeigen jedoch, daß mit dem beschriebenen Vorgehen für alle einfachen Metalle tatsächlich die jeweilige (bei $T = 0$) experimentell beobachtete Gitterstruktur theoretisch erklärt werden kann (Heine 69, Lehmann 74 u. darin zitierte Arbeiten.) Die Theorie läßt also verstehen, welche von den normalerweise miteinander konkurrierenden Gitterstrukturen *kfz*, *krz*, *hdp* (s. Abb. 3.1–1) energetisch bevorzugt ist (dabei spielen die Unterschiede in der elektrostatischen Energie E_{es} praktisch keine Rolle, entscheidend sind die Differenzen der Bandstrukturenergie E_{bs}), warum bei Be, Zn und Cd relativ große Abweichungen vom idealen c/a-Verhältnis auftreten und warum Hg, In und Ga relativ komplizierte Strukturen haben.

Mg ist eines der Metalle, die sich sehr gut durch die Pseudopotentialmethode beschreiben lassen. Vergleicht man die

Strukturenergien für verschiedene Stapelungen von Netzebenen, so erweist sich *hdp* als stabilste Struktur in Übereinstimmung mit der Beobachtung. Variiert man schließlich noch das c/a-Verhältnis, so liegt das Minimum von $E_s(c/a)$ bei $c/a = 1{,}63$, also nahe dem beobachteten Wert 1,624 (Radwan 76).

Zn ist ein Beispiel, bei dem die d-Elektronen Schwierigkeiten bereiten: Einerseits müssen sie bei der Berechnung des Pseudopotentials mit zum Rumpf gezählt werden, andererseits liegen ihre Energien in der Nähe des Bodens des s-Bandes. Durch Hybridisierung von s- und d-Zuständen (s. [3.2]) werden Bandstruktur und Strukturenergien merklich beeinflußt. Bei der Berechnung der Parameter des Pseudopotentials aus den spektroskopischen Daten des Zn-Ions macht sich das in einer unsicheren Extrapolation bemerkbar. Die gleichzeitige Berechnung von Gitterstruktur und Phononen deutet darauf hin, daß hier die dritte Störungsordnung nicht mehr vernachlässigt werden kann.

Ein Beispiel für eine rein theoretische Vorhersage der Gitterstruktur auf der Grundlage der hier dargestellten Theorie (unter Berücksichtigung weiterer Korrekturterme) ist die Untersuchung des metallischen Wasserstoffs (er sollte unter einem Druck von ca. $3 \cdot 10^{11}$ Pa existieren), s. Kagan u. a. (77).

Zu beachten ist, daß hier nur die Gitterstruktur bei $T = 0$ betrachtet wurde (sie folgt aus dem Minimum der Gesamtenergie). Bei höheren Temperaturen (hier ist das Minimum der Freien Energie zu untersuchen) können strukturelle Phasenumwandlungen auftreten. Beispiele dafür sind Li und Na, die beim Erwärmen Umwandlungen *hdp* → *krz* zeigen.

Bei den Übergangsmetallen zeigt sich, daß in allen drei Reihen (3*d*, 4*d*, 5*d*) in Abhängigkeit von der Zahl der Valenzelektronen pro Atom, Z, die Strukturfolge *hdp* ($Z = 3, 4$), *krz* ($Z = 5, 6$), *hdp* ($Z = 7, 8$), *kfz* ($Z = 9, 10, 11$) beobachtet wird (s. Abb. 3.1-1); nur die Elemente mit besonderen magnetischen Eigenschaften (Mn, Fe und Co) zeigen hiervon Abweichungen. Auch hier gelingt es, die erwähnte Strukturfolge theoretisch zu erklären. Wiederum spielen Unterschiede in der elektrostatischen Energie E_{es} keine Rolle, es genügt, die Differenzen der Bandstrukturenergie E_{bs} zu betrachten. Deren genäherte Berechnung weist tatsächlich die beobachteten Strukturen als stabilste aus (Pettifor 70). Für die Auswahl der stabilsten Struktur ist – ebenfalls in Übereinstimmung mit der Beobachtung – die Valenzelektronenkonzentration maßgebend, da bei der Auffüllung der d-Bänder durch die typische Form der Zustandsdichte dieser drei Strukturen Unterschiede in der Bandstrukturenergie E_{bs} entstehen. Diese erklären gerade die beobachtete Tendenz in der Bandstrukturenergie (Abb. 5.3–1, s. auch Mackintosh u. Andersen (80)). In ähnlicher Weise konnte für die Lanthaniden die beobachtete Strukturfolge *kfz* → doppel-*hdp* → *Sm*-Struktur → *hdp* elektronentheoretisch gedeutet werden (Duthie u. Pettifor 77). Die aufgeführten Diskussionen der stabilen Gitterstruktur beruhen vereinfachend auf modellmäßig beschriebenen Bandstrukturen. Darüber hinaus gehen gegenwärtige Bemühungen, solche Diskussionen sowohl für Übergangsmetalle wie auch für einfache Metalle auf der Grundlage selbstkonsistenter Bandberechnungen zu führen (Moruzzi u. a. 77, 78).

Bei intermetallischen Verbindungen tritt eine sehr große Vielfalt von Strukturen auf. Es gibt jedoch einige Strukturen, die durch ihre Anzahl von Vertretern auffallen: An der Spitze stehen die Laves-Phasen, auch die Strukturen mit NaCl-(B1-)Struktur, CsCl-(B2-)Struktur und β-W-(A15-)Struktur haben eine große Anzahl von Vertretern. Zum Teil sind sie von technischem Interesse: Hartmetalle (Übergangsmetallkarbide und -nitride) und eine Reihe von Übergangsmetalloxiden mit Metall-Isolator-Übergängen haben B1-Struktur, Hochtemperatursupraleiter ($T_c \gtrsim 20$ K) haben A15-Struktur, manche Laves-Phasen zeichnen sich durch große Härte oder besondere magnetische Eigenschaften aus. Laves-Phasen sind sog. elektronische Phasen: Dabei wird die stabile Gitterstruktur durch die mittlere Zahl der Valenzelektronen bestimmt (Hume-Rothery-Regel, s. z. B. Rennert u. Lehmann 77). Für Verbindungen aus einfachen Metallen kann die Gitterstruktur unter Verwendung von Pseudopotentialen diskutiert werden. So gelingt es z. B. für Laves-Phasen aus

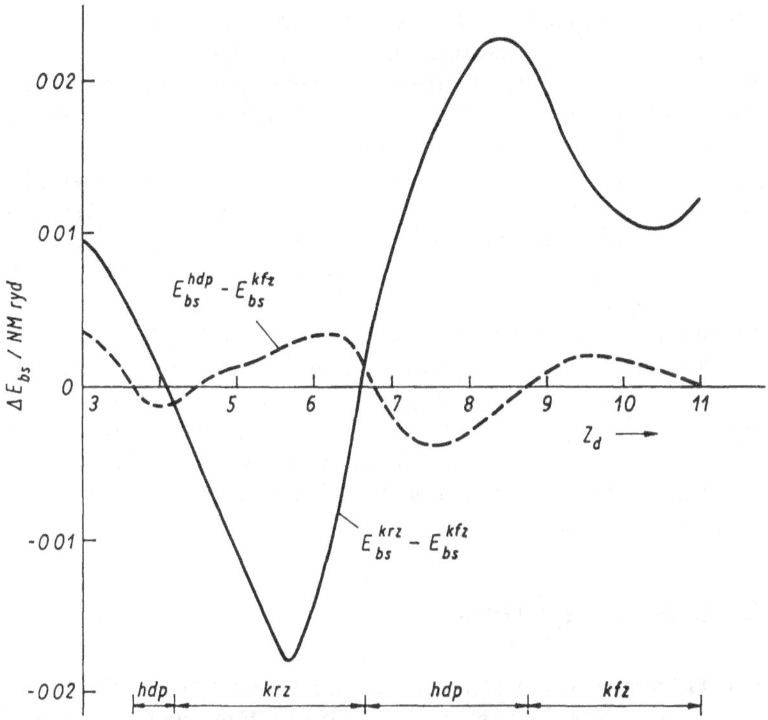

Abb. 5.3-1. Differenzen von Bandstrukturenergien für verschiedene Gitterstrukturen von Übergangsmetallen in Abhängigkeit von der Auffüllung der d-Bänder. Dabei wird vereinfachend die gesamte d-Reihe mit einheitlichen Parametern der Bandstruktur (Lage und Breite der d-Resonanz) beschrieben. Unten ist die jeweils stabile Gitterstruktur angegeben.

Alkalimetallen, die Gitterstruktur richtig zu bestimmen (Hafner 77 u. 79); bei $MgZn_2$ ist für die Diskussion der stabilen Struktur (C14, C15, C36) die lineare Abschirmung nicht ausreichend, vielmehr müssen hierbei Umladungseffekte beachtet werden. Für Laves-Phasen aus Übergangsmetallen gibt es erfolgreiche Abschätzungen analog zu denen für reine Übergangsmetalle (Haydock u. Johannes 75).

Nicht nur die Gitterstruktur wurde theoretisch erklärt, es gelang auch, die beobachteten Zahlenwerte für Bindungsenergien, Wigner-Seitz-Radien und Kompressibilitäten aus ersten Prinzipien erstaunlich gut zu reproduzieren: Von Moruzzi u. a. (77, 78) wurden die genannten Größen für die ersten 32 Metalle des Periodischen Systems, vom hypothetischen *kfz*-H bis In (also sowohl für einfache wie für Übergangsmetalle) auf der Grundlage selbstkonsistenter KKR-Bandberechnungen bestimmt; Ordnungszahl und Kristallstruktur sind dabei die einzigen Eingangsparameter. Analoge Untersuchungen zu den Aktiniden auf der Grundlage vollrelativistischer Bandberechnungen (LMTO) gibt es von Brooks (82, 83) und Skriver u. a. (82). Für Fe, Co, Ni führt die ferromagnetische Ordnung zu einer niedrigeren Gesamtenergie (s, Moruzzi u. a. 78), sie wird durch spinpolorisierte Bandberechnungen erfaßt (s. [3.2.] und auch Mackintosh u. Andersen (80)). Einen Überblick über die Berechnung von Gitterstrukturen mittels der Pseudopotentialmethode geben Hafner und Heine (83).

5.3.2. Gitterdynamik

Die Gitterbausteine (Massen M_ν an Gitterplätzen $\boldsymbol{R}_{n\nu} = \boldsymbol{R}_n + \boldsymbol{s}_\nu$, $n = 1, \ldots, N$, $\nu = 1, \ldots, M$) ruhen nicht, sondern führen kleine Schwingungen um ihre Mittellagen $\boldsymbol{R}_{n\nu}$ mit Auslenkungen $\boldsymbol{u}_{n\nu}$ aus. In harmonischer Näherung lautet der zugehörige Hamilton-Operator

$$H = \sum_{n,\nu} \frac{\hbar^2}{2M_\nu} \left(-\frac{\partial^2}{\partial \boldsymbol{u}_{n\nu}^2} \right) + \frac{1}{2} \sum_{\substack{m,\mu \\ n,\nu}} \boldsymbol{u}_{m\mu} \Phi_{m\mu,n\nu} \boldsymbol{u}_{n\nu} \tag{7}$$

mit $\Phi_{m\mu,n\nu}$ als Kraftkonstantenmatrix (zweiter Ordnung). (7) beschreibt ein System gekoppelter harmonischer Oszillatoren, das unter Ausnutzung der Translationssymmetrie durch Übergang zu Normalkoordinaten $Q_\lambda(\boldsymbol{q})$ gemäß

$$\boldsymbol{u}_{n\nu} = \frac{1}{\sqrt{2NM_\nu}} \sum_{\boldsymbol{q},\lambda} [\boldsymbol{e}_{\nu,\lambda}(\boldsymbol{q})\, e^{i\boldsymbol{q}\boldsymbol{R}_{n\nu}} + \text{konj. kompl.}]\, Q_\lambda(\boldsymbol{q}) \tag{8}$$

entkoppelt werden kann (s. z. B. Brauer 72, S. 103):

$$H = \sum_{q\lambda} \left[-\frac{\hbar^2}{2} \frac{\partial^2}{\partial Q_\lambda^2(\boldsymbol{q})} + \frac{1}{2}\, \omega_\lambda^2(\boldsymbol{q})\, Q_\lambda^2(\boldsymbol{q}) \right]. \tag{9}$$

Dabei folgen $\omega_\lambda(\boldsymbol{q})$ und $\boldsymbol{e}_{\lambda,\nu}(\boldsymbol{q})$ als Eigenwerte und Eigenvektoren der dynamischen Matrix

$$\mathbf{D}_{\mu\nu}(\boldsymbol{q}) = \frac{\mathrm{e}^{-i\boldsymbol{q}(\boldsymbol{s}_\mu - \boldsymbol{s}_\nu)}}{\sqrt{M_\mu M_\nu}} \sum_n \mathrm{e}^{i\boldsymbol{q}\boldsymbol{R}_n} \Phi_{0\mu,n\nu} \tag{10}$$

aus

$$\sum_\nu \mathbf{D}_{\mu\nu}(\boldsymbol{q})\, \boldsymbol{e}_{\nu,\lambda}(\boldsymbol{q}) = \omega_\lambda^2(\boldsymbol{q})\, \boldsymbol{e}_{\mu,\lambda}(\boldsymbol{q}). \tag{11}$$

$\boldsymbol{q}$ ist der Wellenvektor (er liegt in der ersten BZ) und λ der Polarisations- (oder Zweig-)index einer Eigenschwingungsmode des Gitters mit der Frequenz $\omega_\lambda(\boldsymbol{q})$. Der Polarisationsvektor $\boldsymbol{e}_{\nu,\lambda}(\boldsymbol{q})$ beschreibt die Amplitudenvektoren und die Relativphasen gegenüber der ebenen Welle $\exp(i\boldsymbol{q}\boldsymbol{R}_{n\nu})$ der Ionen in dieser Eigenschwingungsmode. Es gibt soviel Zweige wie in der Elementarzelle Freiheitsgrade sind ($\lambda = 1, \ldots, 3M$).

Die Polarisationsvektoren sind orthogonal und vollständig, die $\omega_\lambda^2(\boldsymbol{q})$ sind reell und positiv, und es gilt $\omega_\lambda(-\boldsymbol{q}) = \omega_\lambda(\boldsymbol{q})$. Wegen $\sum_\nu \sqrt{M_\nu}\, \mathbf{D}_{\mu\nu}(0) = \left(\sqrt{M_\mu}\right)^{-1} \sum_{n\nu} \Phi_{0\mu,n\nu} = 0$ gibt es für $\boldsymbol{q} = 0$ stets drei Zweige mit $\omega_\lambda(\boldsymbol{q}) = c_\lambda\, |\boldsymbol{q}|$ für $|\boldsymbol{q}| \to 0$ (akustische Zweige), für die übrigen $3M - 3$ Zweige gilt $\omega_\lambda(0) \neq 0$ (optische Zweige). $Q_\lambda(\boldsymbol{q})$ gibt die Amplitude der Schwingungsmode $q \triangleq (\boldsymbol{q}, \lambda)$ an.

Da (9) ein System nichtgekoppelter harmonischer Oszillatoren beschreibt, lassen sich die Eigenwerte von H sofort als

$$E_{\{n_q\}} = \sum_q \hbar\omega_q \left(n_q + \frac{1}{2}\right) \tag{12}$$

angeben. Dabei gibt $n_q(=0, 1, 2, \ldots)$ an, wievielfach die Schwingungsmode q mit der Frequenz $\omega_q = \omega_\lambda(\boldsymbol{q})$ angeregt oder besetzt ist. Eine Gesamtheit der Besetzungszahlen n_q für alle q charakterisiert einen Eigenzustand von H: $\Phi_{\{n_q\}}$. Der – z. B. durch inelastische Elektron-Phonon-Wechselwirkung oder durch inelastische Neutronenstreuung induzierte – Übergang von einer Besetzungszahl n_q zu einer benachbarten Besetzungszahl, also $n_q \to n_q \pm 1$, wird auch als Erzeugen oder Vernichten eines Phonons mit dem Wellenvektor (Quasiimpuls) $\boldsymbol{q}$ im Zweig λ bezeichnet, die Energie ändert sich dabei gemäß (12) um $\pm\hbar\omega_q$. Die Phononen sind für Kristalle typische Elementaranregungen oder Quasiteilchen.

Für endliche Temperaturen ergibt sich für den thermodynamischen Mittelwert der Besetzungszahl n_q die Bose-Einstein-Verteilung

$$\bar{n}_q = \frac{1}{e^{\hbar\omega_q/k_B T} - 1} = \bar{n}(\hbar\omega_q) \tag{13}$$

und damit für den Phononenanteil der inneren Energie

$$\begin{aligned} U_{\mathrm{Ph}}(T) &= \bar{E}_{\{n_q\}} = \sum_q \hbar\omega_q \left(\bar{n}_q + \frac{1}{2}\right) \\ &= 3MN \int_0^\infty \mathrm{d}\omega g(\omega)\, \hbar\omega \left[\bar{n}(\hbar\omega) + \frac{1}{2}\right]. \end{aligned} \tag{14}$$

Dabei beziehen sich die Summationen über q auf die erste BZ, und $g(\omega)$ bezeichnet die in Analogie zu (5.1-1) normierte Phononenzustandsdichte

$$\begin{aligned} g(\omega) &= \frac{1}{3MN} \sum_q \delta(\omega - \omega_q) = \frac{1}{3M} \sum_\lambda \int \frac{\mathscr{V}_0\, \mathrm{d}^3q}{(2\pi)^3}\, \delta(\omega - \omega_q), \\ &\int_0^\infty \mathrm{d}\omega g(\omega) = 1. \end{aligned} \tag{15}$$

Aus der für kleine $\boldsymbol{q}$ linearen Dispersion $\omega_\lambda(\boldsymbol{q}) = c_\lambda |\boldsymbol{q}|$ der akustischen Zweige ergibt sich, daß sich $g(\omega)$ für kleine ω wie ω^2 und daher $U_{\mathrm{Ph}}(T)$ für kleine T wie T^4 verhält (s. auch 5.1–3 u. 4). Mit $g(\omega) = 3\omega^2/\omega_\mathrm{D}^3$ für $\omega \ll \omega_\mathrm{D}$ wird die zu $g(\omega)$ gehörige Debye-Frequenz $\omega_\mathrm{D} = 2\pi\bar{c}\sqrt[3]{3MN/4\pi\mathscr{V}}$ bzw. Debye-Temperatur $\theta_\mathrm{D} = \hbar\omega_\mathrm{D}/k_\mathrm{B}$ eingeführt. Dabei ist $\bar{c}$ die nach $1/\bar{c}^3 = (1/3) \sum_\lambda 1/c_\lambda{}^3$ definierte mittlere Schallgeschwindigkeit.

Im Debye-Modell wird die BZ durch eine volumengleiche Kugel ersetzt und darin die lineare Dispersion der akustischen Zweige bis zum Kugelrand extrapoliert, so daß $g_\mathrm{D}(\omega) = (3\omega^2/\omega_\mathrm{D}^3)\, \theta(\omega_\mathrm{D} - \omega)$ gilt. Natürlich weicht die über (5.1–3) und (14) berechnete Wärmekapazität des Debye-Modells von der des betrachteten Metalls ab: $C_\mathrm{D}(T) \neq C_{\mathrm{Ph}}(T)$. Läßt man aber zu, daß ω_D, der Parameter des Debye-Modells, von T abhängt, so können durch $C_\mathrm{D}(T) \stackrel{!}{=} C_{\mathrm{Ph}}(T)$ T-abhängige (kalorische) Größen $\omega_\mathrm{D}(T)$ und $\theta_\mathrm{D}(T) = \hbar\omega_\mathrm{D}(T)/k_\mathrm{B}$ definiert werden. Auf diese Weise kann man das experimentelle Material durch $\theta_\mathrm{D}(T)$ parametrisieren. Die in Abhängigkeit von T verschieden starken Abweichungen der kalorischen Debye-Temperatur $\theta_\mathrm{D}(T)$ von $\theta_\mathrm{D} = \theta_\mathrm{D}(0)$ berücksichtigen dabei indirekt, daß das Debye-Modell die wirkliche Zustandsdichte $g(\omega)$ für höhere Frequenzen nicht korrekt beschreibt.

Es erhebt sich nun die Frage, wie – ausgehend vom Gesamtsystem der Elektronen, Phononen und deren Wechselwirkung – die dynamische Matrix und daraus folgend das Phononenspektrum elektronentheoretisch zu bestimmen ist. Daß dies prinzipiell möglich ist, wurde in [1.3] im Zusammenhang mit der adiabatischen Näherung besprochen. Im Kristallgitter wechselwirken die Ionen (mit den Ladungen $Z_\nu |e|$ an den Gitterplätzen $\boldsymbol{R}_n + \boldsymbol{s}_\nu$) untereinander und mit den Elektronen über Coulomb-Kräfte. Daher läßt sich die dynamische Matrix des Kristalls, $\mathbf{D}_{\mu\nu}(\boldsymbol{q})$, durch eine Doppelsumme über $\boldsymbol{G}, \boldsymbol{G}'$ ausdrücken, die

$$\varepsilon_{\boldsymbol{G}\boldsymbol{G}'}^{-1}(\boldsymbol{q})\, (\boldsymbol{q} + \boldsymbol{G})\, v_{\mu,\boldsymbol{q}+\boldsymbol{G}} \circ (\boldsymbol{q} + \boldsymbol{G}')\, v_{\nu,\boldsymbol{q}+\boldsymbol{G}'}$$

enthält. Dabei ist $v_{\mu,\boldsymbol{q}+\boldsymbol{G}}$ die Fourier-Transformierte des nicht-abgeschirmten Elektron-Ion-Potentials und $\varepsilon_{\boldsymbol{G},\boldsymbol{G}'}(\boldsymbol{q})$

$= \varepsilon(\boldsymbol{q} + \boldsymbol{G}, \boldsymbol{q} + \boldsymbol{G}')$ die dielektrische Matrix des Systems der Valenzelektronen im ungestörten Kristall. Die angedeutete Berechnung von $\mathbf{D}_{\mu\nu}(\boldsymbol{q})$ ist im Rahmen der linearen Abschirmung streng. Daß das Ionenpotential quadratisch auftritt, ist eine Folge der harmonischen Näherung, die ja eine Entwicklung bis zu zweiten Potenzen der aus ihren Ruhelagen ausgelenkten Ionen jeweils mit der Störung $\partial v_\mu(\boldsymbol{r})/\partial \boldsymbol{r}$ (oder nach Fourier-Transformation $i(\boldsymbol{q} + \boldsymbol{G})\, v_{\mu,\boldsymbol{q}+\boldsymbol{G}}$) darstellt. $\varepsilon^{-1}_{\boldsymbol{G},\boldsymbol{G}'}(\boldsymbol{q})$ beschreibt die Abschirmung der Wechselwirkung der ausgelenkten Ionen durch die Elektronen. Daß die statische (d. h. frequenzunabhängige) dielektrische Matrix verwendet wird, bringt die adiabatische Näherung zum Ausdruck. Daß die reziproke dielektrische Matrix berechnet werden muß, widerspiegelt die Kompliziertheit des quantenmechanischen Vielteilchenproblems.

In einfachen Metallen kann für $v_{\mu,\boldsymbol{q}+\boldsymbol{G}}$ ein schwaches Pseudopotential $w_\mu{}^0(\boldsymbol{q} + \boldsymbol{G})$ verwendet und eine Störungsentwicklung nach Potenzen des Pseudopotentials durchgeführt werden. Das bedeutet die Entwicklung von $\varepsilon^{-1}_{\boldsymbol{G},\boldsymbol{G}'}(\boldsymbol{q})$ nach Potenzen des Pseudopotentials, so daß in niedrigster Ordnung die dielektrische Funktion des homogenen Elektronengases

$$\varepsilon^{-1}_{\boldsymbol{G},\boldsymbol{G}'}(\boldsymbol{q}) = \delta_{\boldsymbol{G},\boldsymbol{G}'}\varepsilon^{-1}(\boldsymbol{q}), \quad \varepsilon^{-1}(\boldsymbol{q}) = 1 + v_q\chi(\boldsymbol{q})\,\varepsilon^{-1}(\boldsymbol{q}) \tag{16}$$

verwendet werden kann. Damit kann bei gegebener Gitterstruktur, bekannten Massen M_μ, bekannten Pseudopotentialen $w_\mu{}^0(\boldsymbol{q})$ und bekannter Polarisation des homogenen Elektronengases, $\chi(\boldsymbol{q})$, gemäß (11) das Phononenspektrum eines einfachen Metalls berechnet werden. Abb. 5.3–2 möge als Beispiel einer erfolgreichen Berechnung des Phononenspektrums aus ersten Prinzipien dienen. Auch für intermetallische Verbindungen aus einfachen Metallen lassen sich die Phononenspektren aus ersten Prinzipien berechnen (für $CaMg_2$ s. Eschrig u. a. 77).

Bei solchen Berechnungen von $\omega_\lambda(\boldsymbol{q})$ und $\boldsymbol{e}_{\mu,\lambda}(\boldsymbol{q})$ muß $\chi(\boldsymbol{q}) = \chi^0(\boldsymbol{q})\,[1 + G(\boldsymbol{q})\, v_q\chi^0(\boldsymbol{q})]^{-1}$, d. h. also die Korrelations-LFK $G(\boldsymbol{q})$, möglichst genau bekannt sein. Vor allem die Phononenfrequenzen der mehrwertigen einfachen Metalle

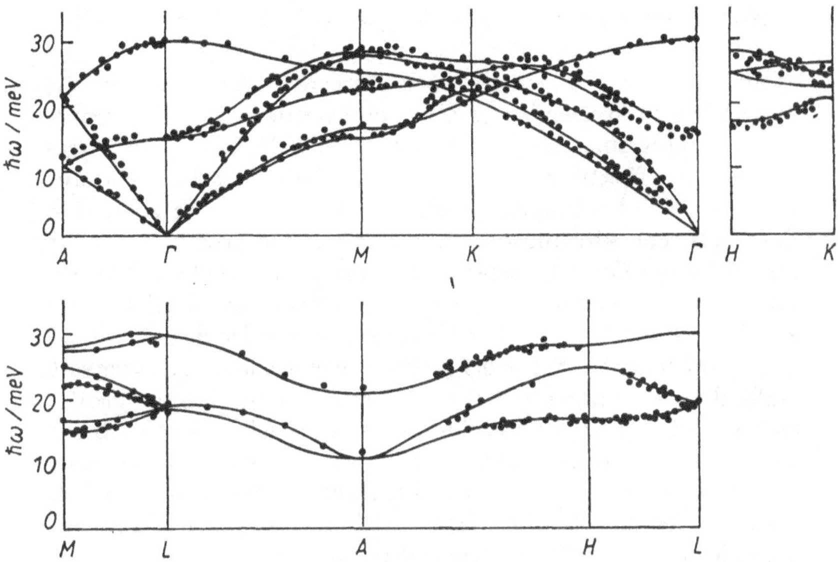

Abb. 5.3–2. Phononendispersionskurven in Mg (Eschrig u. a. 74). Nichtlokales Pseudopotential nach Shaw, Abschirmfunktion nach Singwi u. a. (70). Die Punkte sind experimentelle Werte.

reagieren empfindlich auf Effekte der durch $\chi(\boldsymbol{q})$ bzw. $G(\boldsymbol{q})$ beschriebenen Elektronenkorrelation. Demgegenüber spielt die Nichtlokalität des Pseudopotentials eine untergeordnete Rolle. Da in den Ausdrücken, in denen es in die dynamische Matrix eingeht, stets über die Nichtlokalität integriert wird, läßt sich zu jedem nichtlokalen Pseudopotential eine lokale Version angeben, die für die Gitterstruktur und -dynamik dieselben Ergebnisse liefert. In manchen Fällen (Be, Zn, weißes Sn) muß man in der Störungsentwicklung nach dem Pseudopotential höhere Terme mitnehmen; während der beschriebene Ausdruck der dynamischen Matrix einer zentralen Paarwechselwirkung zwischen den Ionen entspricht, beschreiben diese höheren Störungsordnungen durch das inhomogene Elektronengas vermittelte Mehrkörperkräfte (s. Brovman u. Kagan 74).

Noch weitgehend ungelöst ist die Aufgabe, Phononenspektren von Übergangsmetallen aus ersten Prinzipien zu berechnen (einen Überblick über Berechnungen mit der TB-Methode gibt Weber (84)). Einerseits werden die d-Elektronen der Übergangsmetalle bereits merklich polarisiert und tragen daher zur effektiven Ion-Ion-Wechselwirkung bei, andererseits sind sie aber noch so stark an das jeweilige Ion gebunden, daß sich eine störungstheoretische Behandlung von ε^{-1} wie im Falle einfacher Metalle mit ihren schwachen Pseudopotentialen verbietet. $\varepsilon_{G,G'}(\boldsymbol{q})$ wird durch die d-Elektronen zu einer Matrix sehr hoher Ordnung, daher ist ihre Inversion mit praktischen Schwierigkeiten verbunden. Andererseits stellt die Gesamtenergie in der Form (1) eine Summe großer, sich nahezu kompensierender Terme dar. Eine Beschreibung, die von nackten Ionen statt von abgeschirmten fast neutralen Ionen ausgeht, wird daher in ihrer numerischen Durchführung kaum Erfolg haben. Eine Umformulierung der Theorie unter Berücksichtigung dieser beiden Probleme (Inversion und Kompensation) einschließlich näherungsweiser Lösung wurde von Eschrig (76) vorgeschlagen.

5.3.3. Inelastische Neutronenstreuung

Die wichtigste Methode zur experimentellen Bestimmung von Phononenspektren in Metallen ist die inelastische Neutronenstreuung (INS). Die Übergangswahrscheinlichkeit für einen inelastischen Streuprozeß von $\hbar\boldsymbol{k}$, $\varepsilon_{\boldsymbol{k}} = (\hbar\boldsymbol{k})^2/2M$ nach $\hbar\boldsymbol{k}'$, $\varepsilon_{\boldsymbol{k}'} = (\hbar\boldsymbol{k}')^2/2M$ mit einer Impulsänderung $\hbar\boldsymbol{\varkappa} = \hbar(\boldsymbol{k}' - \boldsymbol{k})$ und einer Energieänderung $\varepsilon = \varepsilon_{\boldsymbol{k}'} - \varepsilon_{\boldsymbol{k}}$ der streuenden Neutronen bei gleichzeitiger Erzeugung $(n_q \to n_q + 1)$ oder Vernichtung $(n_q \to n_q - 1)$ eines Phonons mit dem Quasiimpuls $\hbar\boldsymbol{q}$ und der Energie $\hbar\omega_q$ ergibt sich aus der ‚goldenen Regel'

$$\gamma^q_{\boldsymbol{k}'\leftarrow\boldsymbol{k}} = \frac{2\pi}{\hbar} |\langle\boldsymbol{k}', n_q \pm 1 \,|W|\, \boldsymbol{k}, n_q\rangle|^2 \,\delta(\varepsilon_{\boldsymbol{k}'} - \varepsilon_{\boldsymbol{k}} \pm \hbar\omega_q). \tag{17}$$

Die gesamte Streuwahrscheinlichkeit von $\boldsymbol{k}$ nach $\boldsymbol{k}'$ an einem harmonischen Kristall der Temperatur T ergibt sich durch Summation über alle Phononenmoden q und thermische Mittelung

$$\gamma_{k'\leftarrow k}(T) = \sum_{q,\lambda} \overline{\gamma_{k'\leftarrow k}^{q,\lambda}} = \sum_{\lambda} \int_{\mathrm{BZ}} \frac{\mathscr{V}\,\mathrm{d}^3q}{(2\pi)^3}\, \overline{\gamma_{k'\leftarrow k}^{q,\lambda}}. \tag{18}$$

In (17) beschreibt $W(\boldsymbol{r}) = \sum_{n,\nu} w_{n\nu}(\boldsymbol{r} - \boldsymbol{R}_{n\nu} - \boldsymbol{u}_{n\nu})$ die Wechselwirkung der Neutronen mit den Atomkernen. Wegen des Matrixelements in (17) tritt die Fourier-Transformierte $w_{n\nu}(\varkappa)$ auf, von der für thermische Neutronen (Wellenlänge $\gg$ Wechselwirkungsradius) nur der Grenzwert $w_{n\nu}(0) = 2\pi\hbar^2 b_{n\nu}/M\mathscr{V}$ benötigt wird (M = Neutronenmasse, $b_{n\nu}$ = Fermische Streulänge). Mit der Darstellung der Übergangswahrscheinlichkeit $\gamma = \sigma\mathscr{V}^{-1}v$ (v ist die Geschwindigkeit des einfallenden Teilchens und $\mathscr{V}^{-1}$ seine Wahrscheinlichkeitsdichte) ergibt sich für den differentiellen Wirkungsquerschnitt

$$\mathrm{d}\sigma = \mathscr{V}\,\frac{M}{\hbar k}\,\gamma_{k'\leftarrow k}(T) = \mathscr{V}\,\frac{M}{\hbar k}\,\frac{\mathscr{V}\,\mathrm{d}^3k'}{(2\pi)^3}\,\gamma_{k'\leftarrow k}(T). \tag{19}$$

Mit $\mathrm{d}^3k' = k'^2\,\mathrm{d}\Omega\,\mathrm{d}k' = (M/\hbar^2)\,k'\,\mathrm{d}\Omega\,\mathrm{d}\varepsilon$ (dabei ist $\mathrm{d}\Omega$ das Raumwinkelelement für den Endzustand) und $\varepsilon = \varepsilon_{k'} - \varepsilon_k$ ergibt sich schließlich

$$\frac{\mathrm{d}^2\sigma}{\mathrm{d}\Omega\,\mathrm{d}\varepsilon} = \frac{\hbar}{4}\,\frac{k'}{k} \sum_{\lambda} \int_{\mathrm{BZ}} \frac{\mathscr{V}_0\,\mathrm{d}^3q}{(2\pi)^3}\,\delta(\varepsilon \pm \hbar\omega_q)\,\frac{\bar{n}_q + \frac{1}{2} \pm \frac{1}{2}}{\omega_q}\,F_q(\varkappa, T). \tag{20}$$

Dabei ist (mit M_ν als Masse des ν-ten Atoms und $\boldsymbol{e}_{\nu q}$ als Polarisationsvektor der Mode $q \triangleq (\boldsymbol{q}, \lambda)$)

$$F_q(\varkappa, T) = \left| \sum_{n,\nu} \frac{b_{n\nu}}{\sqrt{M_\nu}}\,\mathrm{e}^{-W_\nu(\kappa,T)}\left[\varkappa\boldsymbol{e}_{\nu q}\,\mathrm{e}^{i(-\kappa+q)\boldsymbol{R}_{n\nu}} + \varkappa\boldsymbol{e}^*_{\nu q}\,\mathrm{e}^{-i(\kappa+q)\boldsymbol{R}_{n\nu}}\right]\right|^2, \tag{21}$$

$$W_\nu(\varkappa, T) = \frac{\hbar}{2NM_\nu} \sum_q \frac{|\varkappa\boldsymbol{e}_{\nu q}|^2}{\omega_q}\left(\bar{n}_q + \frac{1}{2}\right). \tag{22}$$

Zum Vergleich mit dem Experiment ist noch eine Mittelung über die Streulängen $b_{n\nu}$ erforderlich. Ursache dafür ist, daß viele Elemente in der Natur als Isotopengemisch auftreten oder/und daß viele Elemente einen von Null verschiedenen Kernspin haben, und diese Kernspins (für $T >$ einige mK) nicht ausgerichtet, sondern statistisch verteilt sind. Die Mittelung des in (21) enthaltenen Faktors $b_{n\nu}b_{n'\nu'}$ zerlegt (21) und (20) in einen kohärenten und einen inkohärenten Anteil. Der kohärente Anteil der Streuung erfolgt in allen Elementarzellen in gleicher Weise, er wird durch den von n unabhängigen Mittelwert von $b_{n\nu}$ bestimmt. Der inkohärente Anteil entsteht durch die Schwankungen um diesen Mittelwert.

Die kohärente Streuung – bei den meisten Elementen dominiert dieser Anteil – gestattet wegen der Impulserhaltung die Ausmessung der Phononendispersionskurven $\omega_q = \omega_\lambda(\boldsymbol{q})$. Auf Symmetrielinien ist dies praktisch für alle Metalle und darüber hinaus für eine Vielzahl intermetallischer Verbindungen geschehen. Die für viele Zwecke wichtigere Phononenzustandsdichte $g(\omega)$ bekommt man daraus durch Interpolation von $\omega_\lambda(\boldsymbol{q})$ innerhalb der gesamten BZ (durch Anpassung eines Kraftkonstantenmodells an die auf den Symmetrielinien gemessenen $\omega_\lambda(\boldsymbol{q})$-Kurven) oder durch Ausmessung von $\omega_\lambda(\boldsymbol{q})$ in der gesamten BZ; nachdem so oder so $\omega_\lambda(\boldsymbol{q})$ bekannt ist, folgt daraus $g(\omega)$ gemäß (15). Im Falle eines kubischen Kristalls mit nur einem Atom in der Elementarzelle (bzw. eines beliebigen Kristalls mit nur einer Atomsorte, wenn man über alle Kristallorientierungen mittelt, d. h. polykristalline Proben benutzt) erhält man aus der inkohärenten Streuung direkt die Phononenzustandsdichte $g(\omega)$. Auch im Falle nur schwacher inkohärenter Streuung läßt sich für kubische Kristalle mit einem Atom pro Elementarzelle $g(\omega)$ direkt bestimmen (Kagan 62). Existieren in der Natur Isotope eines Elements mit unterschiedlichem Vorzeichen der Streulänge b (wie z. B. Ni), so kann man ein Isotopengemisch mit verschwindender kohärenter Streuung herstellen. Schließlich besteht noch eine Methode zur Bestimmung von $g(\omega$- für reine Metalle aus der kohärenten Neutronenstreuung in der gleichzeitigen Messung in einem großen Streuwinkelbereich und in der Verwendung polykristalliner Proben (Bredow u. a. 67).

5.4. Elektron-Phonon-Wechselwirkung

Der in [5.1.2] und [5.1.3] eingeführte und diskutierte Elektron-Phonon-Kopplungsparameter λ kann aus ersten Prinzipien berechnet werden (s. auch Grimvall 81, Butler 81, John 83).

5.4.1. Elektron-Phonon-Spektralfunktion

In der Vielteilchentheorie gekoppelter Elektron-Phonon-Systeme (Maximow u. Chomski 77 u. darin zitierte Literatur) wird gezeigt, daß die Elektron-Phonon-Wechselwirkung durch den in [1.3] eingeführten kleinen Parameter der adiabatischen Näherung

$$\frac{\hbar\omega_{\rm Ph}}{\varepsilon_{\rm F}} \sim \frac{v_{\rm Ph}}{v_{\rm F}} \sim \sqrt{\frac{m}{M}} \ll 1 \tag{1}$$

gekennzeichnet ist. $\varepsilon_{\rm F}$ und $v_{\rm F}$ sind charakteristische Größen (Energien, Geschwindigkeiten) der Elektronen, $\hbar\omega_{\rm Ph}$ ($\approx \hbar\omega_{\rm D}$) und $v_{\rm Ph}$($\approx \bar{c}$, s. [5.3.2]) sind die entsprechenden Größen der Phononen, m und M sind die Elektronen- bzw. Ionenmasse. Die Kleinheit von m/M hat vereinfachend zur Folge,

- daß die in adiabatischer Näherung berechneten Phononenfrequenzen (s. [5.3.2]) durch die Elektron-Phonon-Wechselwirkung nicht beeinflußt werden (s. [1.3]),
- daß für tiefe Temperaturen nahe der Fermi-Energie $\varepsilon_{\rm F}$ langlebige Elektronenzustände existieren, deren Energien ε_k gemäß $\varepsilon_k/(1 + \lambda_k)$ mit einem k-abhängigen Elektron-Phonon-Kopplungsparameter λ_k renormiert werden (s. [5.1.2]).

Sämtliche Informationen über die Elektron-Phonon-Wechselwirkung sind in der Elektron-Phonon-Spektralfunktion

$$\alpha_k^2(\omega)\, F(\omega) = \frac{1}{\mathcal{V}} \sum_{k',\lambda} \left| \frac{\mathcal{V}}{\sqrt{2\mathcal{V}_0 M \omega_\lambda(\boldsymbol{k}' - \boldsymbol{k})}} \int \mathrm{d}^3 r \psi_k^*(\boldsymbol{r}) \right.$$

$$\times \left. \int \mathrm{d}^3 r' \varepsilon^{-1}(\boldsymbol{r}, \boldsymbol{r}') \frac{\partial v(\boldsymbol{r}')}{\partial \boldsymbol{r}'} \boldsymbol{e}_\lambda(\boldsymbol{k}' - \boldsymbol{k})\, \psi_{k'}(\boldsymbol{r}') \right|^2$$

$$\times\, \delta\big(\omega - \omega_\lambda(\boldsymbol{k}' - \boldsymbol{k})\big)\, \delta(\varepsilon_{k'} - \varepsilon_{\mathrm{F}}) \tag{2}$$

enthalten. In ihr sind die durch $\psi_k(\boldsymbol{r})$, ε_k charakterisierten Elektronenzustände $k \triangleq (\boldsymbol{k}, \nu)$ und die durch $\omega_q = \omega_\lambda(\boldsymbol{q})$, $\boldsymbol{e}_q = \boldsymbol{e}_\lambda(\boldsymbol{q})$ charakterisierten Phononenzustände $q \triangleq (\boldsymbol{q}, \lambda)$ zu einer k- und ω-abhängigen Funktion verdichtet. Einfachheitshalber werden im folgenden nur reine Metalle mit nur einem Atom pro Elementarzelle betrachtet, $v(\boldsymbol{r})$ ist das auf die Valenzelektronen wirkende nichtabgeschirmte Ionenpotential und $\varepsilon^{-1}(\boldsymbol{r}, \boldsymbol{r}')$ beschreibt die (wegen (1) ausreichende) statische Abschirmung. Der Formel (2) liegt die Vorstellung zugrunde, daß die Ionen beim Schwingen um ihre Mittellagen $\boldsymbol{R}_n \to \boldsymbol{R}_n + \boldsymbol{u}_n$ ihr Potential $v(\boldsymbol{r} - \boldsymbol{R}_n - \boldsymbol{u}_n)$ unverändert mitführen (Rumpfzustände werden nicht deformiert, polarisiert: Rigid Ion Approximation). $\alpha_k^2(\omega)$ $F(\omega)$ stellt eine (durch Matrixelemente der möglichen Phononenübergänge) modifizierte Phononenzustandsdichte dar. Im Zusammenhang mit der Elektron-Phonon-Wechselwirkung hat sich eingebürgert, die Phononenzustandsdichte mit $F(\omega)$ zu bezeichnen (sie ist mit $g(\omega)$ aus (5.3–15) identisch). Die Spektralfunktion (2) ist für $\omega \to 0$ proportional zu ω^2 und verschwindet oberhalb der Phononengrenzfrequenz. Bei Kenntnis von $\alpha_k^2(\omega)$ $F(\omega)$ kann man neben dem Elektron-Phonon-Kopplungsparameter λ (s. das Folgende) weiterhin berechnen

- den (temperaturabhängigen) Phononenbeitrag zum elektrischen Widerstand (s. [5.1.5]),
- den Elektronenbeitrag zur thermischen Leitfähigkeit,

- die u. a. durch die Elektron-Phonon-Wechselwirkung begrenzte Lebensdauer der Phononen (s. Ende von [5.4.3]),
- die Energielücke und die Sprungtemperatur der Supraleitung, $\Delta(\omega)$ und T_c, durch numerische Lösung der Eliashberg-Gleichung (s. [5.1.3] u. [5.4.3]).

Aus (2) gewinnt man den k-abhängigen Elektron-Phonon-Kopplungsparameter

$$\lambda_k = 2 \int_0^\infty \frac{\mathrm{d}\omega}{\omega} \alpha_k^2(\omega)\, F(\omega) . \tag{3}$$

Für Al zeigt λ_k eine Anisotropie um den Wert 0,43 zwischen den Werten 0,34 und 0,58. Für verschiedene Größen (C_{El} s. [5.1.2], T_c s. [5.1.3]) genügen Mittelwerte von (2) und (3) über die Fermi-Fläche:

$$\alpha^2(\omega)\, F(\omega) = \frac{\sum_k \alpha_k^2(\omega)\, F(\omega)\, \delta(\varepsilon_k - \varepsilon_\mathrm{F})}{\sum_k \delta(\varepsilon_k - \varepsilon_\mathrm{F})}, \tag{4}$$

$$\lambda = \frac{\sum_k \lambda_k\, \delta(\varepsilon_k - \varepsilon_\mathrm{F})}{\sum_k \delta(\varepsilon_k - \varepsilon_\mathrm{F})} = 2 \int_0^\infty \frac{\mathrm{d}\omega}{\omega} \alpha^2(\omega)\, F(\omega) . \tag{5}$$

Eine Berechnung der Größen (2) bis (5) erfordert neben der Kenntnis der Bandstruktur und des Phononenspektrums die Berechnung der reziproken dielektrischen Matrix ε^{-1}. Letzteres ist das Hauptproblem, das bereits in [5.3.2] diskutiert wurde.

5.4.2. Einfache Metalle

Bei einfachen Metallen können schwache Pseudopotentiale und die (statische) dielektrische Funktion des homogenen

Elektronengases verwendet werden. Für λ ergibt sich

$$\lambda = \frac{1}{D_F} \frac{\mathscr{V}_0^2}{(2\pi)^6} \oint\!\!\!\oint \frac{dS_k}{v_k} \oint\!\!\!\oint \frac{dS_{k'}}{v_{k'}} \times \sum_\lambda \frac{|w(\boldsymbol{k}'-\boldsymbol{k})\, \boldsymbol{e}_\lambda(\boldsymbol{k}'-\boldsymbol{k})\,(\boldsymbol{k}'-\boldsymbol{k})|^2}{M\hbar^2\omega_\lambda^2(\boldsymbol{k}'-\boldsymbol{k})}. \tag{6}$$

Die $\boldsymbol{k}$-Integrationen sind über die Fermi-Fläche auszuführen. Das Pseudopotential wird lokal angenommen. $w(\boldsymbol{q})$ ist die Fourier-Transformierte des nach (2.2–15) abgeschirmten Pseudopotentials. Die Pseudowellenfunktionen werden durch ebene Wellen angenähert.

Tab. 5.1–1 enthält Mittelwerte über Ergebnisse verschiedener Autoren. Durch Verwendung verschiedener Pseudopotentiale und auch durch unterschiedliche Näherungsannahmen über die Pseudowellenfunktionen und das Phononenspektrum streuen die λ-Werte (um maximal $\pm 0{,}3$).

5.4.3. Übergangsmetalle

Für Übergangsmetalle erweist sich nach Hopfield (69) die Einführung eines Parameters

$$\eta = 2M \int d\omega\, \omega \alpha^2(\omega)\, F(\omega) \tag{7}$$

als zweckmäßig. Dessen Auswertung über (2) und (4) ergibt im Gegensatz zu λ einen vom Phononenspektrum unabhängigen Ausdruck

$$\eta = \frac{2}{D_F} \int d^3r\, \frac{\partial v(\boldsymbol{r})}{\partial \boldsymbol{r}} \int d^3r'\, \frac{\partial v(\boldsymbol{r}')}{\partial \boldsymbol{r}'} \sum_k \psi_k^*(\boldsymbol{r})\, \psi_k(\boldsymbol{r}')\, \delta(\varepsilon_k - \varepsilon_F) \times \sum_{k'} \psi_{k'}^*(\boldsymbol{r}')\, \psi_{k'}(\boldsymbol{r})\, \delta(\varepsilon_{k'} - \varepsilon_F). \tag{8}$$

Dabei wird angenommen, daß die Potentialänderungen beim Schwingen um die Mittellagen durch Verschieben starrer MT-Potentiale (Rigid Muffin Tin Approximation: RMTA) beschrieben werden können. Dem liegt die Vorstellung zugrunde, daß die Valenzelektronen der Auslenkung des Ions starr folgen; für die d-Elektronen erscheint diese Annahme vernünftig.

Schreibt man nun

$$\lambda = \frac{\eta}{M\langle\omega^2\rangle}, \tag{9}$$

so zeigt der Vergleich mit (5) und (7), daß

$$\langle\omega^2\rangle = \frac{\int \mathrm{d}\omega\,\omega\alpha^2(\omega)\,F(\omega)}{\int \mathrm{d}\omega\,\omega^{-1}\alpha^2(\omega)\,F(\omega)} \tag{10}$$

eine geeignet gemittelte Phononenfrequenz bedeutet. Ein Vergleich der mit Hilfe von Tunnelmessungen bestimmten Spektralfunktion $\alpha^2(\omega)\,F(\omega)$ mit der aus inelastischer Neutronenstreuung gewonnenen Phononenzustandsdichte $F(\omega)$ zeigt nun aber, daß $\alpha^2(\omega)$ nur schwach von ω abhängt (McMillan 68). In der Näherung $\alpha^2(\omega) \approx \text{const}$ wird $\langle\omega^2\rangle$ allein durch die Phononenzustandsdichte bestimmt, und λ zerfällt in (9) in den nur von der Elektronenstruktur abhängigen Hopfield-Parameter η und einen nur durch das Phononenspektrum bestimmten Mittelwert $\langle\omega^2\rangle$.

Dabei konzentriert sich die theoretische Untersuchung von λ auf die Berechnung von η. Da in (8) die Integranden nur innerhalb der MT-Kugel von Null verschieden sind, kann η durch die Streuphasen $\delta_l = \eta_l(\varepsilon_\mathrm{F})$ und die Entwicklungskoeffizienten der Bloch-Funktionen nach den Gitterharmonischen $K^\alpha_{l\mu}(\boldsymbol{r})$ dargestellt werden (s. auch (2.5–11)):

$$\psi_k(\boldsymbol{r}) = \sum_{l,\alpha,\mu} i^l C^\alpha_{l\mu}(k)\,R_l(r,\varkappa)\,K^\alpha_{l\mu}(\boldsymbol{r}). \tag{11}$$

Die $K^\alpha_{l\mu}(\boldsymbol{r})$ sind solche reellen Linearkombinationen der Kugelflächenfunktionen, die sich wie die irreduziblen Darstellungen der Punktgruppe des betrachteten Gitterplatzes transformieren. α charakterisiert dabei die irreduzible Darstellung (z. B. Γ_1, Γ_2, Γ_{15}, Γ_{12} für kubische Symmetrie) und μ numeriert die verschiedenen Funktionen zu einer Darstellung. Die $C^{\alpha}_{l\mu}(k)$ – für Gitterstrukturen mit Inversionssymmetrie können sie reell gewählt werden – werden in der Kombination

$$\operatorname{Im} A^{\alpha}_{ll'}(\varepsilon) = \frac{\hbar^2}{2m} \frac{\pi}{\varkappa} \sum_k i^{l-l'} C^{\alpha}_{l\mu}(k)\, C^{\alpha}_{l'\mu}(k)\, \delta(\varepsilon - \varepsilon_k) \tag{12}$$

benötigt[1]). Für $l' = l$ bestimmen diese Koeffizienten die partielle Zustandsdichte innerhalb der MT-Kugel zum Drehimpuls l und zur irreduziblen Darstellung α (mit der Dimension g^{α}):

$$D_l^{\alpha}(\varepsilon) = [\operatorname{Im} A^{\alpha}_{ll}(\varepsilon)]\, g^{\alpha} D_l^0(\varepsilon),\; D_l^0(\varepsilon) = \frac{2m}{\hbar^2} \frac{\varkappa}{\pi} \int\limits_0^{R_{\mathrm{MT}}} \mathrm{d}r r^2 R_l^2(r,\varkappa) \tag{13}$$

(man beachte, daß $R_l(r, \varkappa)$ über $\varkappa = \sqrt{2m\varepsilon/\hbar^2}$ von ε abhängt. $D_l^0(\varepsilon)$ ist die partielle Zustandsdichte eines isolierten MT-Potentials, daher ist $\operatorname{Im} A^{\alpha}_{ll}$ ein direktes Maß für den Einfluß der Gitterstruktur und der Vielfachstreueffekte auf die partielle Zustandsdichte. Für kubische Strukturen (*krz*, *kfz*) ergibt sich $\eta = \eta_0 + \eta_1$ (um Verwechslungen des Hopfield-Parameters und seiner Anteile mit den Streuphasen zu vermeiden, werden letztere hier mit δ_l bezeichnet) mit

$$\eta_0 = \frac{2}{D_{\mathrm{F}}} \frac{\varkappa_{\mathrm{F}}^2}{\pi^2} \sum_l 2(l+1) \sin^2(\delta_l - \delta_{l+1})\, \bar{A}_l \bar{A}_{l+1}. \tag{14}$$

Dabei ist $\bar{A}_l = \sum_{\alpha} g^{\alpha} \operatorname{Im} A^{\alpha}_{ll}/(2l+1)$. η_0 wird – da nur die Mittelwerte $\bar{A}_l$ enthaltend – als sphärischer Anteil bezeichnet,

---

1) In der Elektronentheorie der Punktdefekte (s. [5.5]) wird auch noch

$$\operatorname{Re} A^{\alpha}_{ll}(\varepsilon) = \frac{P}{\pi} \int \mathrm{d}\varepsilon' \frac{1}{\varepsilon' - \varepsilon} [\operatorname{Im} A^{\alpha}_{ll}(\varepsilon') - 1] \frac{D_l^0(\varepsilon')}{D_l^0(\varepsilon)} \tag{12'}$$

benötigt. Dabei bedeutet P den Cauchyschen Hauptwert.

ist nicht explizit von der Gitterstruktur abhängig und liefert den Hauptbeitrag zu η. η_1 beschreibt nichtsphärische Korrekturen und hängt explizit von der Gitterstruktur ab (John u. a. 78 u. darin zitierte Literatur). Für Vanadium ergibt sich z. B. $\eta_0 = 6{,}07$ eV/Å^2, $\eta_1 = 0{,}17$ eV/Å^2, also $\eta = 6{,}24$ eV/Å^2, wobei zu η_0 der Term mit $l = 1$ in (14) den Hauptbeitrag (4,0 eV/Å^2) liefert. Letzterer kann sich durch Berücksichtigung der Abschirmung um etwa die Hälfte verringern (Pettifor 77). Das verbessert die Übereinstimmung des theoretischen λ-Wertes (1,05) mit dem experimentellen λ-Wert (0,60). Weitere Ergebnisse für λ s. Tab. 5.1-1. Für schwere Elemente ab Ordnungszahl 50 müssen bei Bandberechnungen relativistische Effekte berücksichtigt werden. η_0 wird dadurch z. B. für Ta, Ir, Pt nur um $+2\cdots6\%$ korrigiert (John u. a. 82).

$\alpha^2(\omega)\,F(\omega)$ wurde im Rahmen der RMTA von Butler u. a. (79) und Pinski u. a. (81) für Nb und Pd berechnet. Diese neueren Ergebnisse zeigen, daß $\alpha^2(\omega)$ nur in grober Näherung frequenzunabhängig ist (s. auch Butler 81). Mit Hilfe von $\alpha^2(\omega)\,F(\omega)$ wurde von Glötzel u. a. (79) λ und T_c durch numerische Lösungen der Eliashberg-Gleichung (s. auch [5.1.3]) für alle $4d$- und $5d$-Metalle bestimmt. Berechnungen von Phononenlebensdauern im Rahmen der RMTA ergaben eine gute Übereinstimmung mit experimentellen Daten für Nb (Butler u. a. 79, Butler 81). Obwohl die RMTA eine Reihe von Trends in der Elektron-Phonon-Wechselwirkung für Übergangsmetalle richtig beschreibt, bleibt die Berechnung des Elektron-Phonon-Matrixelements von ersten Prinzipien her ein aktuelles Problem.

5.5. Elektronische Eigenschaften lokalisierter Defekte

Elektronische Eigenschaften (z. B. Restwiderstand) von Punktdefekten (z. B. $3d$-Übergangsmetalle in Al oder Cu) können aus ersten Prinzipien berechnet werden (s. auch Mrosan u. Lehmann 83).

5.5.1. Defekte, Meßgrößen, modellmäßige Vereinfachungen

Störungen der idealen Gitterstruktur bewirken eine endliche Lebensdauer der durch den Quasiimpuls $\hbar \boldsymbol{k}$ gekennzeichneten Elektronenzustände und verursachen somit physikalische Effekte wie den elektrischen Widerstand. Solche Störungen sind neben den Phononen die in Realkristallen vorhandenen Defekte (Leerstellen einschl. Poren (voids), Zwischengitteratome, substitutionelle und interstitielle Fremdatome, Versetzungen, Korngrenzen, auch Domänenwände). Besonders einfache Verhältnisse liegen bei Punktdefekten vor. Sie wurden am intensivsten untersucht (s. z. B. Jena 81). Insbesondere lokalisierte Punktdefekte sind theoretisch relativ leicht beschreibbar. Vereinfachend wird angenommen, daß die mit dem Fremdatom verbundene Störung nur auf die WS-Zelle beschränkt ist, in der es sich befindet. Im folgenden werden nur substitutionelle Fremdatome (verdünnte Legierungen, daher lineare Konzentrationsabhängigkeit der Defekteigenschaften) betrachtet. Die Störung soll nichtmagnetisch sein, und es wird nur der Grenzfall $T = 0$ behandelt.

Der theoretischen Beschreibung legen wir das Modell nichtüberlappender kugelsymmetrischer MT-Potentiale zugrunde. Das Potential der Störung (impurity) wird durch Streuphasen $\eta_l^i(\varepsilon)$ charakterisiert, das der Wirtsgitterbausteine (host) durch $\eta_l^h(\varepsilon)$. Zur Anwendung kommt die Theorie der Vielfachstreuung. Zur Beschreibung lokalisierter Defekte im Modell starker Bindung (TB-Modell) sei auf Mrosan u. Lehmann (83), Kapitel [11.4], verwiesen.

Betrachtet werden folgende Meßgrößen: Zustandsdichte, elektronische Wärmekapazität, Ladungsdichte, Dingle-Temperatur sowie Restwiderstand, Thermokraft, Magnetwiderstand und Hall-Koeffizient.

5.5.2. Vernachlässigung der Wirtsbandstruktur

Vernachlässigen wir zunächst mit $\eta_l^h(\varepsilon) = 0$ die Bandstruktur des Wirtskristalls und sehen, welchen Einfluß das Störpotential auf ein Gas freier, nichtwechselwirkender Valenzelektronen hat (Friedel 52).

Die integrierte Zustandsdichte $N(\varepsilon)$ ändert sich um[1])

$$\Delta N(\varepsilon) = \frac{2}{\pi} \sum_l (2l + 1)\, \eta_l^i(\varepsilon). \tag{1}$$

Ist ΔZ die mit dem Störpotential verbundene Valenzdifferenz, so kommt die Neutralität des Systems, d. h. die Abschirmung des Störpotentials durch das Elektronengas, in der Friedelschen Summenregel $\Delta Z = \Delta N(\varepsilon_F)$ zum Ausdruck. Aus (1) ergibt sich durch Ableitung nach der Energie die Änderung der Zustandsdichte $\Delta D(\varepsilon)$. Diese wiederum bestimmt gemäß (5.1–6) die Änderung des Koeffizienten der elektronischen Wärmekapazität.

Weiter verursacht das Störpotential im Elektronengas eine Änderung der Elektronendichte; asymptotisch ergeben sich die Friedel-Oszillationen $\Delta n(r) \approx (A/r^3) \cos(2k_F r + \Phi)$, deren Amplitude A und Phase Φ durch die Streuphasen an der Fermi-Energie, $\eta_l^i(\varepsilon_F)$, bestimmt sind.

Wie in [5.1.5] diskutiert, ergibt sich der Restwiderstand bei Kenntnis der Übergangswahrscheinlichkeit $P_{k,k'}$ aus der Boltzmann-Gleichung. Die goldene Regel liefert für N_i Fremdatome

$$P_{k,k'} = N_i \frac{2\pi}{\hbar} |T_{k,k'}|^2 \,\delta(\varepsilon_k - \varepsilon_{k'}) \tag{2}$$

mit

$$T_{k,k'} = -\frac{4\pi}{\mathcal{V}} \frac{\hbar^2}{2m} \frac{1}{k_F} \sum_l (2l + 1) \sin \eta_l^i(\varepsilon_F)\, e^{i\eta_l^i(\varepsilon_F)} P_l(\cos\vartheta) \tag{3}$$

---

[1]) Eine Änderung der Streuphase $\eta_l^i(\varepsilon)$ um π bedeutet, daß die Wellenfunktion einen zusätzlichen Knoten erhält, daß also bei der Energie ε zum Drehimpuls l genau ein zusätzlicher Zustand gegenüber dem ungestörten System vorliegt. Natürlich verteilt sich das Elektron auf alle Drehimpulszustände. Die Summe über alle Drehimpuls- und Spinanteile liefert gerade (1).

als T-Matrix des Störpotentials $V^i(r)$ im freien Elektronengas. An (3) ist bemerkenswert, daß die in $T_{k,k'}$ auftretenden Integrale vom Typ (2.5–12) gemäß (2.5–14) in Ausdrücke, die nur die Streuphasen enthalten, überführt werden können. Die Auswertung von (5.1–22) mit (2) und (3) ergibt für den Restwiderstand (5.1–20)

$$\varrho = \varrho(\varepsilon_F) = \frac{N_i}{ZN_a} \frac{\hbar}{e^2} \frac{4\pi}{k_F} \sum_l (l+1) \sin^2 [\eta_l^i(\varepsilon_F) - \eta_{l+1}^i(\varepsilon_F)] \tag{4}$$

mit ZN_a als Zahl der Valenzelektronen (Z = Valenz eines Atoms, N_a = Zahl aller Atome). Die Kopplung benachbarter Drehimpulse (l und $l+1$) entsteht durch den Transportfaktor $(1 - \cos\vartheta)$ in (5.1–23). Aus $\varrho(\varepsilon)$ ergibt sich noch die Thermokraft gemäß

$$Q = Q(\varepsilon_F) = \frac{\pi^2}{3} \frac{k_B}{e} k_B T \left. \frac{\mathrm{d} \ln \varrho(\varepsilon)}{\mathrm{d}\varepsilon} \right|_{\varepsilon_F} \tag{5}$$

(Mott-Formel, s. Ziman 76).

Die Oszillationen des dHvA-Effekts erfahren Dämpfungen durch endliche Temperaturen oder durch endliche Konzentrationen von Fremdatomen. Der Einfluß der Fremdatome wird durch die sogenannte Dingle-Temperatur T_D beschrieben (diese Temperatur müßte ein reiner, ungestörter Kristall haben, um dieselbe Dämpfung hervorzurufen wie der betrachtete gestörte Kristall bei $T = 0$). Es ergibt sich

$$k_B T_D = -N_i \frac{1}{\pi} \oint \frac{\mathrm{d}k}{v_{k,\perp}} \operatorname{Im} T_{k,k} \Big/ \oint \frac{\mathrm{d}k}{v_{k,\perp}}. \tag{6}$$

Dabei laufen die Integrationen über den Rand der jeweils betrachteten extremalen Querschnittsfläche des Fermi-Körpers, und $v_{k,\perp}$ ist die Komponente der Fermi-Geschwindigkeit in der Ebene der extremalen Querschnittsfläche, senkrecht zum angelegten Magnetfeld. Im $T_{k,k}$ ist nach dem optischen Theorem proportional zum Streuquerschnitt und daher ein Maß dafür, daß das Elektron auf diesem Weg gestreut wird.

Mit (3) entsteht

$$k_B T_D = \frac{N_i}{Z N_a} \frac{4}{3\pi^2} \varepsilon_F \sum_l (2l + 1) \sin^2 \eta_l^i(\varepsilon_F). \tag{7}$$

Alle aufgeführten Meßgrößen werden also durch die Streuphasen oder deren Energieableitung an der Fermi-Energie bestimmt.

5.5.3. Berücksichtigung der Wirtsbandstruktur

Alle elektronischen Meßgrößen ändern sich, berücksichtigt man mit $\eta_l^h(\varepsilon) \neq 0$ die (oben zunächst vernachlässigte) Bandstruktur des Wirtskristalls.

An die Stelle von (1) tritt

$$\Delta N(\varepsilon) = \frac{2}{\pi} \sum_{\alpha,\mu} \Phi_\alpha(\varepsilon), \tag{8}$$

$$\tan \Phi_\alpha(\varepsilon) = \frac{\operatorname{Im} A_{ll}^\alpha(\varepsilon)}{\cot \Delta\eta_l(\varepsilon) - \operatorname{Re} A_{ll}^\alpha(\varepsilon)} \tag{9}$$

mit $\Phi_\alpha(\varepsilon)$ als effektive Streuphase, $\Delta\eta_l(\varepsilon) = \eta_l^i(\varepsilon) - \eta_l^h(\varepsilon)$ und Im, Re $A_{ll}^\alpha(\varepsilon)$ gemäß (5.4–12 u. 12′), dort ist auch die Bedeutung von α und μ erklärt. Hier werden nur Drehimpulse $l \leq 2$ berücksichtigt, so daß die Kennzeichnung durch $\alpha = \Gamma_1\,(l = 0)$, $\Gamma_{15}\,(l = 1)$, $\Gamma_{25'}\,(l = 2)$ und $\Gamma_{12}\,(l = 2)$ ausreicht. An die Stelle von (3) tritt

$$T_{\boldsymbol{k},\boldsymbol{k}'} = -\frac{\hbar^2}{2m} \frac{1}{\varkappa_F} \sum_{\alpha,\mu} C_{l\mu}^\alpha(\boldsymbol{k})\, S_\alpha C_{l\mu}^\alpha(\boldsymbol{k}') \tag{10}$$

mit $C_{l\mu}^\alpha(\boldsymbol{k})$ aus (5.4–11) und

$$S_\alpha = \frac{\sin \Phi_\alpha(\varepsilon_F)\, e^{i\Phi_\alpha(\varepsilon_F)}}{\operatorname{Im} A_{ll}^\alpha(\varepsilon_F)} = \frac{1}{\dfrac{1}{\sin \Delta\eta_l(\varepsilon_F)\, e^{i\Delta\eta_l(\varepsilon_F)}} - A_{ll}^\alpha(\varepsilon_F) + i}. \tag{11}$$

An die Stelle von (7) tritt

$$k_B T = N_i \frac{1}{\pi} \frac{\hbar^2}{2m} \frac{1}{\varkappa_F} \sum_\alpha \frac{\sin^2 \Phi_\alpha(\varepsilon_F)}{\operatorname{Im} A_{ll}^\alpha(\varepsilon_F)} \oint \frac{dk}{v_{k,\perp}} \sum_\mu |C_{l\mu}^\alpha(\boldsymbol{k})|^2 \Big/ \oint \frac{dk}{v_{k,\perp}}. \tag{12}$$

Für $\eta_l^h(\varepsilon) \to 0$ gilt $C_{l\mu}^\alpha(\boldsymbol{k}) \to 4\pi Y_{lm}(\boldsymbol{k})/\sqrt{\mathscr{V}}$. Nach (5.4.12 u. 12′) ergibt sich daraus $A_{ll'}^\alpha(\varepsilon) \to i\delta_{ll'}$, und (8) bis (12) gehen in die entsprechenden Ausdrücke von [5.5.2] über. Bei (12) beachte man $\mathscr{V} k_F^3/ZN_a = 1/3\pi^2$. Weiter nimmt die Übergangswahrscheinlichkeit (2) mit (10) statt (3) die Form (Lehmann 73a)

$$P_{\boldsymbol{k},\boldsymbol{k}'} = \sum_m \alpha_m(\boldsymbol{k})\, \beta_m(\boldsymbol{k}')\, \delta(\varepsilon_{\boldsymbol{k}} - \varepsilon_{\boldsymbol{k}'}) \tag{13}$$

an. m steht als Abkürzung für $l, \alpha, \mu, l', \alpha', \mu'$. Wichtig ist, daß $\boldsymbol{k}$ und $\boldsymbol{k}'$ in (13) in getrennten Faktoren auftreten. Weil die Summe über m nur eine endliche Anzahl von Summanden aufweist, wird (5.1–16) zu einer Integralgleichung mit einem ausgearteten Integralkern, was deren Zurückführung auf ein lineares Gleichungssystem erlaubt. Mit dem Ansatz

$$\Lambda_{\boldsymbol{k}} = \tau_{\boldsymbol{k}}\Big[v_{\boldsymbol{k}} + \sum_m \alpha_m(\boldsymbol{k})\, \boldsymbol{X}_m\Big] \tag{14}$$

geht nämlich (5.1–16) über in ein lineares Gleichungssystem, dessen Auflösung nach $\boldsymbol{X}_m$ und Einsetzen in (14) $\Lambda_{\boldsymbol{k}}$ liefert. Daraus ergibt sich schließlich der Restwiderstand gemäß (5.1–19 und 20). Bei nur teilweiser Berücksichtigung der Wirtsbandstruktur (Näherung sphärischer Bänder mit $A_{22}^{\Gamma_{25'}} = A_{22}^{\Gamma_{12}}$) durch effektive Streuphasen $\Phi_\alpha(\varepsilon) = \Phi_l(\varepsilon)$ ergibt sich als Näherungsausdruck analog zu (4)

$$\varrho \approx \varrho_0 \sum_l (l+1) \sin^2 [\Phi_l(\varepsilon_F) - \Phi_{l+1}(\varepsilon_F)]. \tag{15}$$

Mit dem ausgearteten Integralkern (13) können unter Verwendung von Fermi-Flächen-Harmonischen auch Magnetwiderstand (longitudinal, transversal) und Hall-Koeffizient in Abhängigkeit von der Stärke des Magnetfeldes (Kohler-Diagramm) berechnet werden (Mertig 82).

5.5.4. Ergebnisse für den Restwiderstand

Für konkrete Rechnungen werden die Defektstreuphasen $\eta_l^i(\varepsilon)$ benötigt. Diese ergeben sich aus dem Defektpotential $V^i(r)$. Dieses wiederum kann auf der Grundlage der Vielfachstreutheorie selbstkonsistent konstruiert werden (Zeller u. Dederichs 79). Weniger aufwendig ist eine modellmäßige Beschreibung mit einem zunächst offenen Parameter, der geeignet bestimmt wird.

So hat es sich bewährt, das Potential am Gitterplatz des Defekts nach der Mattheiss-Konstruktion aus den atomaren Ladungsdichten neutraler Atome (Defektatom und umgebende Atome des Wirtskristalls) durch Überlagerung zu gewinnen und dieses Potential in der MT-Kugel des Defektatoms um einen konstanten Betrag Δ (das ist der erwähnte Parameter) so zu verschieben, daß die Friedel-Summenregel erfüllt wird (Mrosan u. Lehmann 76). Damit werden Abschirmungs- und Umladungseffekte in pauschaler Weise beschrieben.

Mit diesem Verfahren wurden für $3d$-Übergangsmetallpunktdefekte (Sc, ..., Cu) in Aluminium die Streuphasen $\eta_l^i(\varepsilon)$ für $l = 0, 1, 2$ berechnet (Mrosan u. Lehmann 78). Von besonderem Interesse ist jeweils die d-Streuphase $\eta_2^i(\varepsilon)$, ist sie doch nach (2.3–8) durch eine Resonanz ($\pi/2$-Durchgang bei ε_d mit einer Breite Γ) gekennzeichnet, der ein virtuell gebundener Zustand bei ε_d mit einer Lebensdauer $\hbar/\Gamma$ entspricht. Tab. 5.5–1 zeigt das Absinken und gleichzeitige Schmalerwerden

Tab. 5.5–1. Lage (ε_d-ε_F) und Breite Γ der Resonanz in $\eta_2^i(\varepsilon)$ von 3d-Übergangsmetallpunktdefekten in Al

Punktdefekt	$(\varepsilon_d$-$\varepsilon_F)$/eV	2Γ/eV
V	0,17	3,26
Cr	−0,25	2,56
Mn	−0,60	2,05
Fe	−1,03	1,63
Co	−1,84	1,25
Ni	−3,34	0,80
Cu	−6,57	0,30

des virtuell gebundenen Zustandes beim Durchlaufen der 3*d*-Reihe (beide Resultate werden durch Photoelektronenspektroskopie bestätigt). Wo ε_d nahe der Fermi-Energie des Wirtskristalls ε_F liegt (Nulldurchgang von $\varepsilon_d - \varepsilon_F$, etwa in

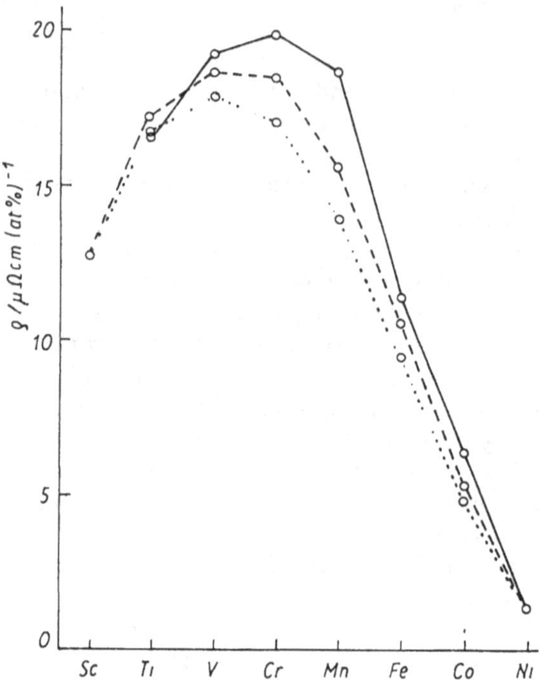

Abb. 5.5–1. Restwiderstand von 3*d*-Übergangsmetallpunktdefekten in Cu (··· berechnet nach (14), --- berechnet nach (15), —— experimentelle Werte) nach Mertig u. a. (82)

der Mitte der 3*d*-Reihe), werden dessen Leitungselektronen stark gestreut (Resonanzstreuung). Umgekehrt ist die Streuung um so geringer, je weiter ε_d von ε_F entfernt ist. Das macht den Verlauf des Restwiderstandes mit einem Maximum etwa in der Mitte der 3*d*-Reihe verständlich. Abb. 5.5–1 gibt die analoge Situation für 3*d*-Übergangsmetallpunktdefekte in Cu wieder. Die theoretischen Werte wurden berechnet sowohl durch Lösung von (14) als auch in der Näherung (15). Dafür, daß die gemessenen Restwiderstände auch bei Berücksichtigung der Wirtsbandstruktur meist größer sind, gibt es zwei Ursachen:

1. Die (elektronische) Störung des Kristallpotentials an den benachbarten Wirtsatomen wurde vernachlässigt.
2. Die mit dem Defekteinbau verbundene (atomare) Gitterrelaxation wurde nicht berücksichtigt.

Beide Effekte tragen aber natürlich zum Restwiderstand bei.

Den Hauptbeitrag zu ϱ liefert $\eta_2^i(\varepsilon_F)$. Vernachlässigt man im Sinne einer Abschätzung die Drehimpulsbeiträge $l = 0$ und $l = 1$, so lautet die Friedel-Summenregel einfach $\Delta Z = (2/\pi) \times 5\eta_2^i(\varepsilon_F)$ oder $\eta_2^i(\varepsilon_F) = (\Delta Z/10)\,\pi$, woraus nach (4) $\varrho \sim \sin^2(\Delta Z/10)\,\pi$ folgt. Danach hat ϱ für $\Delta Z = 5$ (also etwa in der Mitte der 3*d*-Reihe) ein Maximum und verschwindet für $\Delta Z = 0$ und 10).

Die anderen Meßgrößen (elektronische Wärmekapazität, Thermokraft, Dingle-Temperatur, Magnetwiderstand, Hall-Koeffizient) zeigen ein ähnliches Trendverhalten beim Durchlaufen der 3*d*-Reihe (Mrosan u. Lehmann 76, Mertig 82). Ursache ist wiederum die Resonanzstreuung der Leitungselektronen an dem von den 3*d*-Elektronen der Fremdatome hervorgerufenen virtuell gebundenen Zustand. Das Konzept der Resonanzstreuung läßt auch den Restwiderstand und andere Meßgrößen von 4*d*- und 5*d*-Übergangsmetallpunktdefekten in Al oder anderen Wirtskristallen (Cu, Ag, Au) verstehen.

Die Erweiterung der vorgestellten Theorie auf spinpolarisierte Rechnungen ermöglicht es, magnetische Momente der Punktdefekte zu berechnen. Für 3*d*-Übergangsmetallpunktdefekte in Ag stimmen die theoretischen Ergebnisse qualitativ gut mit den experimentellen Werten überein (Zeller u. a. 80).

6. Oberflächen, Schichten, quasi-ein- und -zweidimensionale Leiter

Die Physik der Ober- und Grenzflächen erlangt zunehmend praktische Bedeutung. Grenz- und Oberflächen zeigen nur zweidimensionale Symmetrie und führen zu einer Reihe neuartiger Effekte wie Oberflächenzustände. An Hand der reinen Oberflächen einfacher Metalle werden typische Größen wie Elektronendichte, Dipolbarriere, Austrittsarbeit, Gitterrelaxation und Oberflächenenergie qualitativ und quantitativ diskutiert.

In niederdimensional strukturierten Systemen überwiegt die Stärke der Bindung in einer Richtung bzw. einer Ebene. Mit der verringerten Dimension eines physikalischen Systems treten neuartige Erscheinungen auf. Ausführlich werden der physikalische Inhalt der Peierls-Instabilität, der verstärkten Elektron-Phonon-Wechselwirkung sowie die sich daraus ergebenden z. T. ungewöhnlichen Konsequenzen für das Anregungsspektrum dieser Systeme behandelt.

Systeme mit geringerer Symmetrie als der dreidimensionale Festkörper erlangen zunehmendes Interesse. Das liegt daran, daß man mit dem wachsenden Verständnis unendlich ausgedehnter Systeme bessere Voraussetzungen für das Studium der Störungen erhält, die durch deren Begrenzung in Form von Ober- oder auch Grenzflächen bestehen. Detaillierte theoretische Untersuchungen begannen erst Ende der 60er Jahre. Sie sind numerisch sehr aufwendig und erfordern eine enge Kopplung zum Experiment. Die Entwicklung moderner Methoden der Oberflächenuntersuchung wie die Photoelektronen- und Auger-Elektronenspektroskopie, ESCA, die Beugung niederenergetischer bzw. die Reflexion hochenergetischer Elektronen (LEED bzw. RHEED), Tunnelspektroskopie oder Feldemission von Ionen und Elektronen sowie die Verfügbarkeit der Synchrotronstrahlung übten dabei eine starke, stimulierende Wirkung aus.

Im allgemeinen werden bereits nach 5 bis 10 Atomlagen von der Grenzfläche die Eigenschaften der kompakten Substanz erreicht. Bedeutende Effekte sind daher zu erwarten, wenn die Dicke dünner Schichten oder der Durchmesser kleiner Teilchen in diese Größenordnung kommt. Da außerdem viele technisch wichtigen Prozesse durch die Existenz, das Entstehen und die Veränderung von Ober- und Grenzflächen maßgeblich beeinflußt werden, wird die systematische Untersuchung damit zusammenhängender Effekte auf mikroskopischer Basis sowohl hinsichtlich der Grundlagen- als auch der Applikationsforschung eine stürmische Entwicklung nehmen. Für diese Erscheinungen seien einige Beispiele genannt: Heterogene Katalyse, Korrosion, Verschleiß, interkristalliner Bruch, spanende Formgebung, Eigenschaften von Oberflächenbeschichtungen, Effekte der hochintegrierten Mikroelektronik, Epitaxie, Darstellung und Stabilisierung heterogener Strukturen u. a. mehr. Alle diese Erscheinungen erfordern ein besseres Verständnis der Eigenschaften von Ober- und Grenzflächen. Zwischen diesen Bedürfnissen der Werkstofforschung und den experimentellen und theoretischen Grundlagenuntersuchungen gibt es gegenwärtig noch eine große Lücke.

In der nächsten Zeit werden jedoch entscheidende experimentelle und theoretische Fortschritte zur Herstellung und Charakterisierung definierter Grenz- und Oberflächen, zur selbstkonsistenten Behandlung der Elektron-Elektron-Wechselwirkung in ihnen, zum Verständnis physikalischer und chemischer Absorptionsprozesse und der Grundvorgänge an und in Ober- und Grenzflächen im Hinblick auf die Veredelung von Oberflächen erwartet.

Bei ein- bzw. zweidimensional strukturierten Systemen sind außerdem infolge der geringeren Dimension eine Reihe neuer physikalischer Effekte zu erwarten.

6.1. Besonderheiten bei Oberflächen und dünnen Schichten

6.1.1. Charakterisierung der Struktur

Die Charakterisierung realer Oberflächen ist ein außerordentlich kompliziertes Problem, denn selbst unter nahezu idealen Bedingungen bei ihrer Herstellung treten gegenüber dem kompakten Kristall Änderungen sowohl in der physikalischen Struktur (Anordnung der Atome) als auch in der chemischen Struktur wie Anlagerung von Fremdatomen auf – ganz abgesehen von der makroskopischen Abweichung von einer mathematisch strengen Oberflächengestalt z. B. in Form von Rauhigkeiten. Deshalb sollen zunächst an Hand von Abb. 6.1-1 einige der möglichen mikroskopischen Abweichungen bei ebenen Oberflächen diskutiert werden.

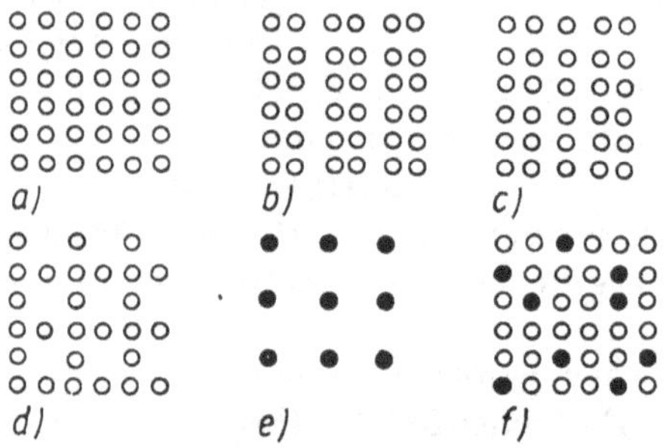

Abb. 6.1-1. Schematische Darstellung verschiedener Oberflächenstrukturen

a) Der für eine theoretische Behandlung günstigste Fall liegt vor, wenn die reine Oberfläche genau dieselbe Periodizität wie der kompakte Kristall zeigt. Praktisch treten dabei immer Änderungen des Abstandes der obersten Schichten gegenüber dem Schichtabstand im Kristall auf. Auch eine parallele Verschiebung aller Atome in der Oberflächenschicht ist denkbar.

b) Es können in der Oberflächenschicht (und den benachbarten Schichten) *Überstrukturen* auftreten, die – wie in Abb. b) schematisch angedeutet – durch unterschiedlich große Verschiebung der Atome in der Schicht entstehen, wenn die neue Konfiguration thermodynamisch stabil ist. In den (111)-Oberflächen von Germaniumkristallen sind solche Überstrukturen mit einer achtfach größeren Elementarzelle als im kompakten Material beobachtet worden.

c) Bei diesen geordneten Überstrukturen kann eine Reihe von Baufehlern auftreten; den in Abb. c) skizzierten könnte man als Zwillings- oder Domänengrenze bezeichnen.

d) In Abb. d) ist eine unvollständige Überstruktur der Schicht gezeichnet. Die Oberflächenschicht ist weiterhin periodisch, ihre Besetzungsdichte ist jedoch gegenüber dem Kristallinneren geändert.

Die nächsten Strukturen beziehen sich auf chemische Abweichungen. Hierbei sind nur die allereinfachsten Fälle angedeutet:

e) Bei der periodischen Anordnung von *Adatomen* wie in Abb. e) (wir wollen darunter hauptsächlich adsorbierte Fremdatome verstehen) gelten für die möglichen Anordnungen prinzipiell die unter a bis d gemachten Bemerkungen. Auf Grund ihrer relativ schwachen Bindung besteht für sie eine relativ große Wahrscheinlichkeit, infolge thermischer Anregung ihren Platz zu wechseln.

f) Bei geringer Bedeckung bzw. bei schwacher Wechselwirkung der Adatome untereinander im Vergleich zur thermischen Anregungsenergie können diese statistisch auf die an der Oberfläche vorhandenen stabilen Plätze verteilt sein (Abb. f)).

g) Die ideale Struktur der Oberfläche kann auch durch Stufen und Ecken in ihr gestört sein.

6.1.2. Oberflächenzustände

Die große Vielfalt der möglichen Oberflächenformen ist bedeutsam, da die elektronische Struktur der Oberfläche mehr oder weniger stark davon abhängt. Da aber die experimentelle Charakterisierung der Oberflächenstruktur gegenwärtig noch in den Anfängen steckt und da außerdem selbst bei bekannter Oberflächenstruktur die Berechnung des genauen Potentialverlaufs an der Oberfläche ein sehr diffiziles Problem darstellt, erscheint es nicht sinnvoll, allzu spezielle theoretische Voraussagen über die elektronische Struktur ohne Kopplung an genaue experimentelle Daten zu machen. Die theoretischen Arbeiten zu Oberflächen beschränken sich daher meist auf allgemeine Aussagen, die relativ unabhängig von der speziellen Struktur sind, wie das Auftreten von *Oberflächenzuständen.*

Man versteht darunter Zustände, die in der Richtung normal zur Oberfläche in der Nähe der Oberfläche lokalisiert sind. In das kompakte Metall hinein fallen sie exponentiell ab. Innerhalb der Oberfläche können sie – je nach der konkreten Oberflächenstruktur – ausgedehnt bzw. lokalisiert sein. Zu ihrer Berechnung nimmt man die Elektronenstruktur des kompakten Materials als bekannt an. Die Ursache für das Auftreten der Oberflächenzustände besteht in der geänderten Randbedingung an der Oberfläche. Während – wie wir bei der Diskussion der Bloch-Bedingung (1.2–5) festgestellt haben – sich die Wellenfunktion für Energien innerhalb des Bandes von Zelle zu Zelle mit einem Faktor vom Betrage Eins multipliziert, kann sie für Energien im verbotenen Energiebereich exponentiell ansteigen. Diese zur Oberfläche hin ansteigende Lösung ist physikalisch sinnvoll, wenn sie sich stetig und mit stetiger Tangente an die in den Außenraum exponentiell abfallende Lösung anpassen läßt (die Energie des Oberflächenzustandes muß natürlich kleiner sein als das Potential im Außenraum, denn sonst würde das Elektron das Metall ja verlassen). Die Verhältnisse für einen eindimensionalen Fall sind in Abb. 6.1–2 dargestellt. Die untere Hälfte zeigt schematisch den Verlauf des Potentials im Inneren des Kristalls und an der Oberfläche mit einem modellmäßig angenommenen plötzlichen Sprung auf den Wert des Außenraumes. Die im verbotenen Bereich liegende Energie des Zustandes bewirkt den exponentiellen Anstieg der Wellenfunktion. An der Oberfläche werden die Lösungen im Innen-

und Außenraum mit gleicher logarithmischer Ableitung ψ'/ψ aneinandergestückt (die Gleichheit der logarithmischen Ableitungen liegt natürlich nur bei der Energie des Oberflächenzustandes vor!). Ist die Lage der Oberfläche wie in Abb. 6.1-2 um etwa eine halbe Gitterkonstante verschoben, haben die

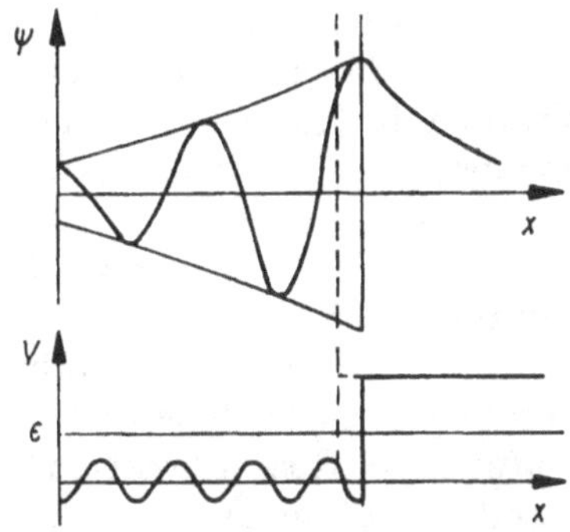

Abb. 6.1-2. Potentialverlauf $V(x)$ und Wellenfunktion $\psi(x)$ für Oberflächenzustände (schematisch). Für den gestrichelten Potentialverlauf ist die logarithmische Ableitung ψ'/ψ an der Oberfläche positiv, und es kann kein Oberflächenzustand existieren.

logarithmischen Ableitungen im Innen- und Außenraum unterschiedliche Vorzeichen, und es kann dann im gesamten verbotenen Gebiet keinen Oberflächenzustand geben, da auch für allgemeinste eindimensionale Potentiale ψ'/ψ innerhalb einer Energielücke das Vorzeichen nicht wechseln kann (Lehmann 73).

Das exponentielle Ansteigen der Wellenfunktion ergibt sich formal in (1.2–5), wenn $\boldsymbol{k}$ komplex wird. In diesem Sinne spricht man bei der Behandlung von Oberflächenzuständen auch von der „*komplexen Bandstruktur*", d. h. von der Berechnung der Dispersionsrelation $\varepsilon(\boldsymbol{k})$ und der Wellenfunktion für komplexe Werte von $\boldsymbol{k}$.

Im dreidimensionalen Fall bleiben wegen der Periodizität in der Oberflächenebene (hier die xy-Ebene) k_x und k_y weiterhin Translationseigenwerte. Die möglichen Energien $\varepsilon(k_x, k_y)$

hängen also von ihnen ab und bilden somit ein (zweidimensionales) Band von Oberflächenzuständen. Diese liegen bei festen k_x und k_y in einem im kompakten Material bezüglich k_z verbotenen Energiebereich. Bei Überstrukturen in der Oberfläche können entsprechend mehrere Oberflächenbänder auftreten.

In Substanzen mit stark variierendem Kristallpotential (z. B. Übergangsmetalle) bringt die Anpassung an der Oberfläche größere Schwierigkeiten mit sich, da wegen der auch nicht annähernd konstanten Funktion u in (1.2–5′) die innere Wellenfunktion mit mehreren ebenen, in den Außenraum hinein exponentiell abklingenden Wellen koppelt, die sich alle bezüglich ihrer k_x- und k_y-Werte um Vektoren des zweidimensionalen reziproken Gitters unterscheiden.

Die Bedeutung der Oberflächenzustände liegt bei Halbleitern in den mit ihnen verbundenen Oberflächenraumladungen, in der Erzeugung von Haftstellen, Rekombinationszentren, Kurzschlußkanälen und anderen oft unerwünschten Effekten. Bei Metallen sind sie wichtig für chemische Erscheinungen an Oberflächen wie Korrosion und Katalyse sowie auch für die Oberflächenenergie.

Der Einfluß der geänderten Randbedingungen auf die Zustände innerhalb eines Bandes ist gering, er macht sich aber bei der Energieverteilung (lokale Zustandsdichte) der Bandelektronen in der Nähe der Oberfläche bemerkbar.

6.1.3. Dünne Schichten

Bei der elektronischen Struktur *dünner Schichten* sind einige Aspekte zu diskutieren:

a) Der Einfluß der Oberflächenzustände nimmt mit sinkender Schichtdicke zu, da die Zahl dieser Zustände im Verhältnis zu den Zuständen im kompakten Material immer bedeutsamer wird.
b) Der *Dimensionseffekt* bewirkt, daß für die Bewegung der Elektronen normal zur Schicht nur diskrete Energiewerte

auftreten. Abb. 6.1-3 gibt den Verlauf der Zustandsdichte an für ein einfaches Schichtmodell mit unendlich hohen Wänden und einem konstanten Innenpotential. Die konstanten Beiträge zur Zustandsdichte entsprechen der zweidimensionalen Bewegung längs der

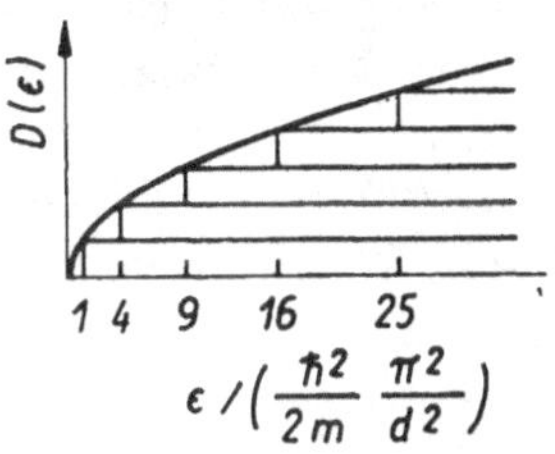

Abb. 6.1-3. Zustandsdichte $D(\varepsilon)$ für ein Schichtmodell mit unendlich hohen Wänden (d Schichtdicke). Die ausgezogene glatte Kurve stellt die Zustandsdichte für freie Elektronen dar.

Wände. Ein Sprung tritt immer dann auf, wenn bei der entsprechenden Energie für die Bewegung normal zur Wand der nächste, höher angeregte Zustand auftritt. Bei sehr dünnen Schichten können sich die Sprünge in der Zustandsdichte in einer Reihe von Meßgrößen bemerkbar machen, wenn man ihre Dickenabhängigkeit untersucht.[1])

c) Bei dünnen Schichten können aus thermodynamischen Gründen Symmetrieänderungen gegenüber der kompakten Substanz auftreten. Es sind in jedem Falle Änderungen des Gitterabstandes, der Austrittsarbeit, der Oberflächenenergie und ähnlicher Größen zu erwarten.

d) Die makroskopischen Abweichungen von der idealen Oberflächenstruktur machen sich bei dünnen Schichten ebenfalls in verstärktem Maße bemerkbar. Sie sind besonders für die Berechnung von Transportkoeffizienten bedeutsam und werden meist in halbmikroskopischer empirischer

---

[1]) So z. B. zeigen die Messungen des Einelektronentunnelstroms in sehr dünnen Schichten starke periodische Schwankungen mit der Schichtdicke.

Weise durch den Koeffizienten p der spiegelnden Reflexion für ein auf die Oberfläche fallendes Elektron beschrieben ($p = 0$ diffuse Reflexion; $p = 1$ spiegelnde Reflexion).

Lineare Bandstrukturmethoden wie die LAPW (s. [2.6.3]) werden mit zunehmenden Erfolg für die Berechnung von Schichtsystemen (bis zu etwa 20 Schichten) verwendet. Es sind damit auch Aussagen über Meßgrößen wie Austrittsarbeit, Relaxationserscheinungen und die Wechselwirkung von Adatomen auf Oberflächen möglich (z. B. (001)-Oberflächen von W: Posternak u. a. 82; (001)-Oberfläche von ferromagnetischem Ni: Jepsen u. a. 82).

6.2. Reine Oberflächen einfacher Metalle

In diesem Kapitel sollen der Potentialverlauf an Metalloberflächen und die damit verbundenen physikalischen Fragestellungen am einfachsten Beispiel – den einfachen Metallen diskutiert werden (s. auch Paasch u. Hietschold 83).

6.2.1. Problemstellung

Wie bei den Bandberechnungen für kompakte Metalle ist auch hier die Kohn-Sham-Gleichung des Dichte-Funktional-Formalismus (1.2–1) und (1.3–7, 11 und 13) der Ausgangspunkt:

$$\left(-\frac{\hbar^2}{2m}\frac{\partial^2}{\partial \boldsymbol{r}^2} + v(\boldsymbol{r})\right)\psi_n(\boldsymbol{r}) = \psi_n(\boldsymbol{r})\varepsilon_n,$$

$$v(\boldsymbol{r}) = V_{\mathrm{a}}(\boldsymbol{r}) + \int \mathrm{d}^3r' \, \frac{\epsilon^2 n(\boldsymbol{r}')}{|\boldsymbol{r} - \boldsymbol{r}'|} + V_{\mathrm{xc}}(n(\boldsymbol{r}));\tag{1}$$

$$n(\boldsymbol{r}) = \sum_n^{\mathrm{bes}} |\psi_n(\boldsymbol{r})|^2.$$

$V_{\mathrm{a}}(\boldsymbol{r})$ ist das Potential der Ionen, der zweite Anteil das Coulomb-Potential der Leitungselektronen und der letzte das Austausch- und Korrelationspotential. Gegenüber Bandberechnungen ist die Anwendung von (1) auf Metalloberflächen neben den bereits diskutierten Problemen mit folgenden Schwierigkeiten verknüpft: Senkrecht zur Oberfläche ist die dreidimensionale Translationssymmetrie nicht mehr vorhanden, und das Elektronengas im Oberflächenbereich ist stark inhomogen. Daher wurden zunächst bevorzugt einfache Modellsysteme untersucht. Dabei kann man in einfachster Näherung von der diskreten Gitterstruktur absehen. Übrig bleibt ein inhomogenes, halbunendliches Elektronengas. Für höhere Elektronendichten ergibt sich jedoch die Notwendigkeit, die Gitterionen genauer zu berücksichtigen.

6.2.2. Halbunendliches Elektronengas

Zunächst denkt man sich in diesem Modell die Ionenladung (im Halbraum $z < 0$) gleichmäßig verschmiert $n_i(z) = \bar{n}\theta(-z)$. Diese Untergrundverteilung erzeugt nach (1) eine Elektronendichte $n(z)$ mit $n(-\infty) = \bar{n}$ und $n(\infty) = 0$ (s. Abb. 6.2–1). Es entsteht die Gesamtladungsdichte

$$en_{\mathrm{D}}(z) = e\big(n(z) - \bar{n}\theta(-z)\big), \qquad (2)$$

die über die Poisson-Gleichung $-\varepsilon_0 \Delta U_{\mathrm{D}}(z) = en_{\mathrm{D}}(z)$ das Potential $V_{\mathrm{D}}(z) = eU_{\mathrm{D}}(z)$ hervorruft. Dieses tritt in (1) an die Stelle der beiden ersten Terme in $v(\boldsymbol{r})$, also

$$v(z) = V_{\mathrm{D}}(z) + V_{\mathrm{xc}}\big(n(z)\big) \qquad (3)$$

mit $v(\infty) = V_{\mathrm{D}}(\infty)$ und $v(-\infty) = V_{\mathrm{D}}(-\infty) + V_{\mathrm{xc}}(\bar{n})$.

Durch das Herausfließen von Elektronen aus dem Halbraum $z < 0$ entsteht an der Oberfläche in der Nähe $z = 0$ eine Dipolschicht. Sie ist durch eine Potentialdifferenz (Dipolbarriere)

$$D = V_{\mathrm{D}}(\infty) - V_{\mathrm{D}}(-\infty) = 4\pi e^2 \int_{-\infty}^{\infty} \mathrm{d}z\, z n_{\mathrm{D}}(z) \qquad (4)$$

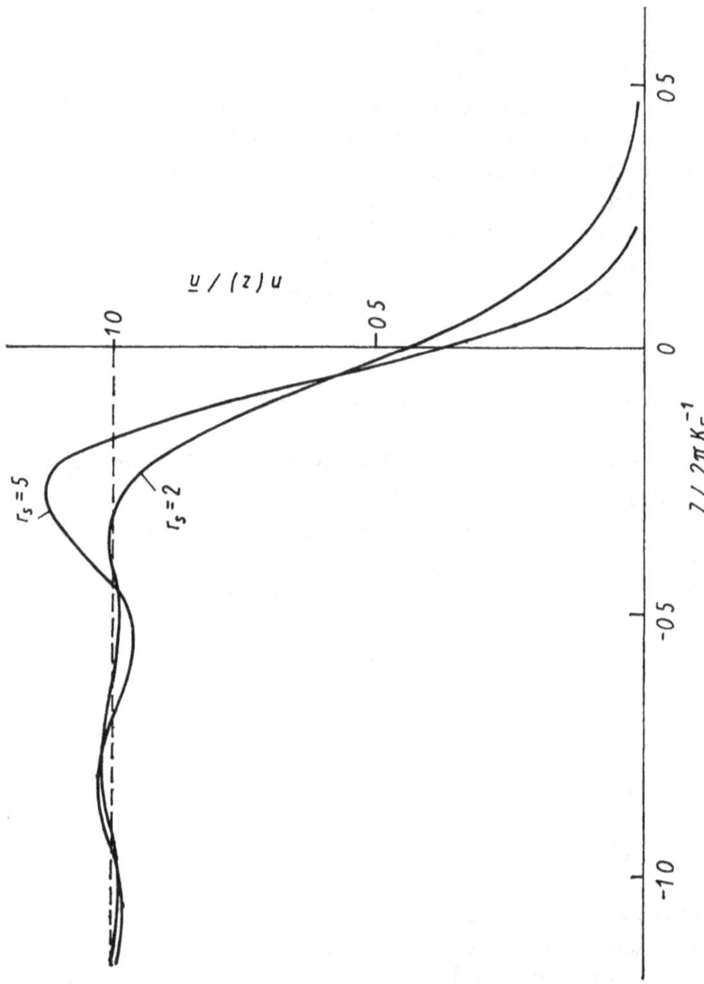

Abb. 6.2–1. Elektronendichte $n(z)$ beim halbunendlichen Elektronengas mit r_s als dimensionslosem Dichteparameter

gekennzeichnet. Die Austrittsarbeit Φ ist als Energie, die zur Entfernung eines Elektrons aus dem Festkörper bei $T = 0$ mindestens aufzuwenden ist, durch

$$\Phi = v(\infty) - \mu \tag{5}$$

gegeben. Dabei ist das elektrochemische Potential μ die höchste Energie der gemäß (1) besetzten Einteilchenzustände. Mit (3) und (4) läßt sich auch

$$\Phi = D - \zeta, \quad \zeta = \mu - V_D(-\infty) \tag{6}$$

schreiben mit ζ als chemischem Potential relativ zum elektrostatischen Potential $V_D(-\infty)$ im Metallinnern. Mit (1) ergibt sich $\mu = \hbar^2 k_F^2/2m + v(-\infty)$, also $\zeta = \hbar^2 k_F^2/2m + V_{xc}(\bar{n})$ mit $\bar{n} = k_F^3/3\pi^2$ gemäß (1.1–5).

Bei gegebener Untergrunddichte $\bar{n} = 3/4\pi a_0^3 r_s^3$ und (im Rahmen der LDA) gegebenem Austausch- und Korrelationspotential $V_{xc}(\bar{n})$ liefert die selbstkonsistente Lösung von (1) mit $n(z)$ auch V_D, $v(z)$, D, μ und Φ sowie die Oberflächenenergie σ. Letztere bestimmt in der Form $E_s = A\sigma$ die Energie, die zur Schaffung einer neuen freien Oberfläche der Größe A aufgewendet werden muß (etwa über Erzeugung von zwei freien Oberflächen durch Spalten eines kompakten Metalls). Mit der Wigner-Näherung für V_{xc}, die gerade zwischen den für eine Oberfläche interessanten Grenzfällen metallischer und verschwindender Elektronendichte interpoliert, erhielten Lang und Kohn (70) die in Abb. 6.2–2 wiedergegebenen Ergebnisse. Für kleine Dichteparameter r_s wird $\zeta > 0$ und $\sigma < 0$; das ist unvernünftig und zeigt die Grenzen des Modells (oder der Näherungen für die Austausch- und Korrelationspotentiale). Auch die Werte von D sind für kleine r_s im Vergleich mit halbempirisch bestimmten Werten zu groß. Daß Φ mit den experimentellen Werten der meisten einfachen Metalle bis auf nur 0,5 eV übereinstimmt, ergibt sich aus der („zufälligen") Kompensation von Fehlern seiner Bestandteile D und ζ.

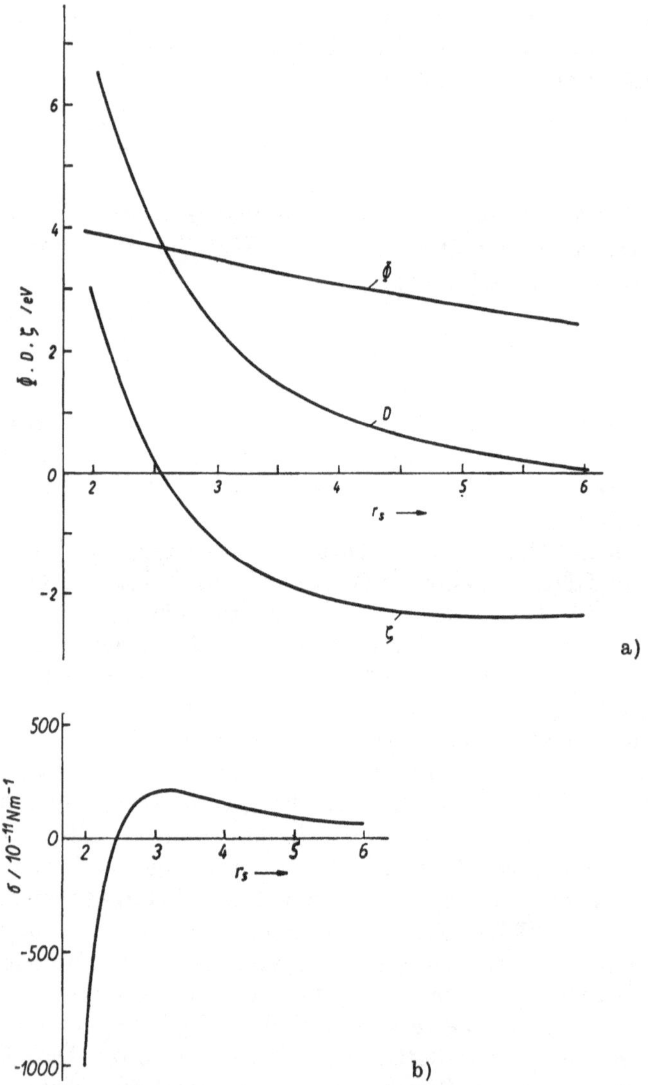

Abb. 6.2–2. a) Austrittsarbeit Φ, Dipolbarriere D und chemisches Potential ζ des halbunendlichen Elektronengases als Funktion von r_s
b) Oberflächenenergie σ des halbunendlichen Elektronengases (An der Ordinate muß es richtig heißen: $\sigma/10^{-3}$ Nm^{-1}.)

6.2.3. Variationslösung

Eine vereinfachte, aber dafür erweiterungsfähige Beschreibung im Rahmen des Dichte-Funktional-Formalismus (1.3–10) wird durch den Variationsansatz für die Dichte

$$n(z) = \bar{n}\left(\left(1 - \frac{1}{2}e^{\beta z}\right)\theta(-z) + \frac{1}{2}e^{-\beta z}\theta(z)\right) \qquad (8)$$

mit β als noch zu bestimmendem Parameter ermöglicht (Smith 69). Für die Dichte wird eine der physikalischen Situation entsprechende, jedoch nur eine Variationsmöglichkeit enthaltende Form angenommen. Die Einfachheit des Ansatzes (8) ermöglicht aber dafür, über die LDA hinauszugehen, indem die aus der Vielteilchentheorie des inhomogenen Elektronengases bekannte Gradientenentwicklung verwendet wird und auch Lokalfeldkorrekturen (LFK) der dielektrischen Funktion (vgl. [5.2.3]) einbezogen werden.

Aus der zu (8) gehörigen Oberflächenenergie σ wird durch Minimalisierung der offene Parameter β als Funktion von r_s bestimmt. Die mit verschiedenen aus der Literatur bekannten LFK berechneten Kurven $\beta(r_s)$ hängen nicht stark von r_s ab und liegen bei $\beta \approx 1/a_0$. Die Kurven $\sigma(r_s)$ und $D(r_s)$ stimmen qualitativ gut mit denen von Lang und Kohn (70) überein. Der Nachteil des Variationsverfahrens ist, daß die Elektronendichte nicht selbstkonsistent bestimmt wird und daß der Ansatz (8) die besonders für größere r_s stärker ausgeprägten Friedel-Oszillationen (s. [5.5.2]) nicht enthält.

Der Vorteil besteht in der schon erwähnten Möglichkeit, über die LDA hinauszugehen und die Ionenpotentiale zu berücksichtigen, wie das im folgenden beschrieben wird.

6.2.4. Ionengittermodell

Hier werden die Ionen durch ein Modellpotential der Form (2.2–10) beschrieben. In der Form nach Ashcroft wird dabei $A_l = 0$ gesetzt, außerdem sind alle R_l gleich r_c, dem einzigen Modellparameter. Läßt man zu, daß die letzte Ionenlage als

Ganzes gegenüber ihrer Gleichgewichtslage im kompakten Material um die Größe δ verschoben wird, hängt σ nunmehr von β und δ als Variationsparameter ab. Ihre Werte ergeben sich aus der Minimalisierung von σ. Die Dipolbarriere $D = 4\pi\epsilon^2\bar{n}(\beta^{-2} - d\delta)$ enthält neben dem oben erwähnten Elektronenbeitrag (erster Summand) nun noch einen Ionenanteil (d ist der Netzebenenabstand im kompakten Material), der bei Verschiebung der Ionen nach außen ($\delta > 0$) das Dipolmoment der Oberflächenschicht und damit auch deren Dipolbarriere D plausiblerweise verringert.

Tab. 6.2–1. Charakteristische Parameter von Al-(*111*)-*kfz-und* Na-(*110*)-*krz-Oberflächen*

	r_c/a_0	r_s	δ/a_0	β/a_0^{-1}	$\sigma/10^{-3}\mathrm{Nm}^{-1}$	D/eV
Al	1,109	2,073	0,053	1,29	862 (860)	3,36 (3,4)
Na	1,711	3,931	0,119	0,90	221 (220)	0,76 (0,7)

In Klammern stehen experimentelle bzw. halbempirische Werte.

Tab. 6.2–1 enthält die mit der LFK von Singwi u. a. (70) berechneten Werte von β, δ, σ und D für Al und Na. Insgesamt konnte für eine große Zahl einfacher Metalle mit dem Variationsverfahren eine gute Übereinstimmung von σ, D, Φ und der Anisotropie dieser Größen mit den experimentellen Werten erzielt werden (Paasch u. Hietschold 77 und die dort zitierte Literatur). Dabei zeigt sich in Übereinstimmung mit den experimentellen Daten für ein- und zweiwertige Metalle, daß σ mit abnehmendem r_s und zunehmender Wertigkeit zunimmt (Ausnahmen sind Be, Zn, Hg, für die das Ashcroft-Potential eine zu einfache Näherung ist). Für drei- und vierwertige Metalle ergeben sich oft zu große σ, Ursachen dürften sein: ein zu einfaches Modellpotential (Sn, Ga), Abstoßung der d-Elektronen in abgeschlossenen Schalen, Inhomogenität des Elektronengases senkrecht zur z-Achse (besonders für Metalle mit kleinem r_s).

6.3. Niederdimensional strukturierte Systeme

Man versteht unter niederdimensional strukturierten Systemen Festkörper, in denen die Stärke der Bindungen in einer Richtung bzw. einer Ebene überwiegt und spricht dann von quasi-eindimensionalen bzw. quasi-zweidimensionalen Verbindungen. Besonders interessant ist die Tatsache, daß dabei elektrische Leitfähigkeiten von der Größenordnung der Leitfähigkeit in Metallen erreicht werden können, obwohl die Verbindungen keine der typischen Metalle enthalten. Deshalb findet man für diese Verbindungen auch die Bezeichnung synthetische Metalle.

6.3.1. Quasi-zweidimensionale Leiter

Von den quasi-zweidimensionalen Verbindungen interessieren besonders

- die Dichalkogenide der Übergangsmetalle (z. B. MoS_2),
- schichtförmige Halogenide wie PbJ_2, $CuCl_2$ oder auch Ag_2F,
- halbleitende Chalkogenide wie GaS, GaSe, As_2Se_3 und
- die Interkalationsverbindungen des Graphits.

Als Beispiel für Schichtstrukturen sei Graphit näher erläutert. Typisch für diese Verbindungen ist die in Abb. 6.3–1 dargestellte dreifach Koordinierung der Kohlenstoffatome, die zu der offenen Ringstruktur führt. Verantwortlich dafür sind die in Abb. 6.3–1b) schematisch dargestellten, durch die Hybridisierung von einem atomaren $2s$- und zwei $2p$-Niveaus entstehenden Zustände mit einer keulenförmigen Elektronenverteilung, die mit dem jeweiligen benachbarten Kohlenstoffatom eine starke, homöopolare σ-Bindung eingeht, zu der jedes beteiligte Atom ein Elektron beiträgt. Das restliche der vier Valenzelektronen des Kohlenstoffatoms befindet sich in einem atomaren p-Zustand mit einer bevorzugten Ausdehnung senkrecht zur Schichtebene. Die Überlappung der

Wellenfunktionen senkrecht zur Schichtebene und damit die Bindung in dieser Richtung sind schwach, so daß die Graphitschichten leicht aufeinander abgleiten können (genau genommen handelt es sich in dieser Richtung um eine van-der-Waals-Bindung). In der dreidimensionalen (metastabilen)

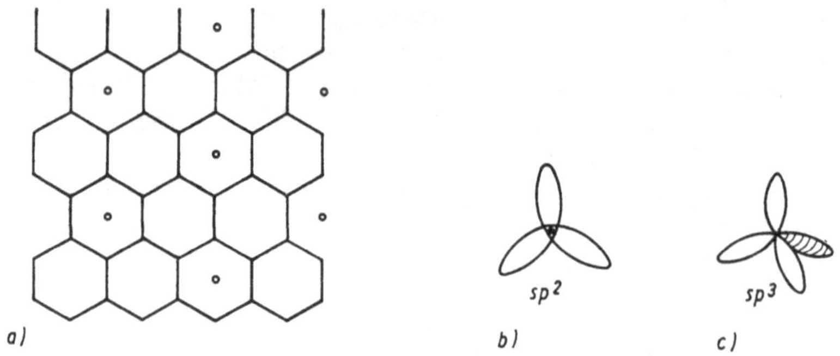

Abb. 6.3–1. a) Schichtgitter des Graphits; durch die Kreise ist die Lage der Li-Atome in der Interkalationsverbindung LiC_6 angedeutet. b) Elektronenverteilung im C-Atom in der Konfiguration sp^2 (Graphit). Die Bindungen liegen in der Papierebene. c) Dreidimensionale Konfiguration sp^3 (Diamant)

Modifikation des Kohlenstoffs, dem Diamant, hybridisiert das $2s$-Elektron mit allen drei $2p$-Elektronen. Dabei entsteht die in Abb. 6.3–1 c) dargestellte vierfache, tetraedrische (räumliche) Koordinierung, die zum kubischen Diamantgittter führt. Im Gegensatz zum Graphit nehmen hier alle vier Valenzelektronen an der Bindung teil, was die außerordentliche Härte des Diamant hervorruft.

Wegen der geringen Überlappung der p-Wellenfunktionen im Graphit (die im Zusammenhang mit der Hybridisierung auch als π-Zustände bezeichnet werden) spalten diese Niveaus wesentlich schwächer als die σ-Bänder auf, dabei überlappen sich das bindende und das antibindende π-Band etwas, so daß die beiden in einer Elementarzelle vorhandenen π-Elektronen (ein Elektron pro Kohlenstoffatom) das bindende

Band nicht ganz auffüllen. Es fließen etwa 10^{-4} Elektronen pro Kohlenstoffatom in das antibindende Band ab und hinterlassen dabei ebenso viele Löcher im bindenden Band. Reiner Graphit ist daher als Halbmetall mit einer Leitfähigkeit bei Zimmertemperatur von $\sigma = 2{,}5 \,.\, 10^4\,(\Omega\,\text{cm})^{-1}$ zu bezeichnen. Bei der Berechnung der Leitfähigkeit kann (5.1–20) nicht direkt verwendet werden; denn in der Nähe der Fermi-Energie zeigen die Energiebänder in Graphit eine lineare Dispersionsrelation $\varepsilon = \hbar v_F k$. Für die Leitfähigkeit ergibt sich daher im zweidimensionalen Fall (c Gitterkonstante normal zur Schichtebene)

$$\sigma = \frac{e^2 v_F \tau}{\hbar\sqrt{2\pi c}} \sqrt{n}. \tag{1}$$

Wenn trotz der geringen Ladungsträgerkonzentration des Graphits gegenüber den Metallen (dort tragen alle z Valenzelektronen eines Atoms zur Leitfähigkeit bei) die Leitfähigkeit nur etwa einen Faktor 20 unter der von Kupfer liegt ($5{,}9 \cdot 10^5$ $(\Omega\,\text{cm})^{-1}$, wird das von der hohen Beweglichkeit der Ladungsträger im Graphit hervorgerufen. Die Ursache dafür liegt in der durch die homöopolare Bindung recht hohen Härte einer Graphitschicht, die zu einer geringen mittleren Auslenkung der Atome infolge der Gitterschwingungen (d. h. zu einer hohen Debye-Temperatur) und damit zu einer geringen Streuwahrscheinlichkeit τ^{-1} der Elektronen an den Gitterschwingungen führt. Wenn es also gelingt, n beträchtlich zu erhöhen, ohne τ zu verringern, so lassen sich Werte für eine metallische Leitfähigkeit erreichen. Das ist möglich durch das Einfügen atomarer oder molekularer Schichten zwischen die Graphitschichten, die Elektronen abgeben (Donatoren) bzw. aufnehmen (Akzeptoren). Diesen Prozeß nennt man Interkalation. Durch die regelmäßige Anordnung der Zwischenschichten wird dabei die Graphitstruktur innerhalb einer Schicht nur wenig gestört und im Gegensatz zur Dotierung von Halbleitern die Relaxionszeit τ nur unwesentlich verringert. Als Donatoren dienen Alkalimetalle (die regelmäßige Anordnung der Lithiumatome in LiC_6 ist in Abb. 6.3–1a) angedeutet), als Akzeptoren stark oxydierende Verbindungen, wie z. B. die Lewisschen Säuren AsF_5 oder SbF_5. Bei Interkalation von SbF_5 erreicht man mit $4{,}4 \cdot 10^5\ (\Omega\,\mathrm{cm})^{-1}$ etwa 70% der Leitfähigkeit von Kupfer[1]).

6.3.2. Quasi-eindimensionale Leiter

Von typischen quasi-eindimensionalen Strukturen und bei diesen erreichbaren Leitfähigkeiten gibt Tab. 6.3–1 eine Aus-

Tab. 6.3–1. Quasi-eindimensionale Substanzen (SL: *Supraleiter*)

Verbindung	Besonderheit	$\frac{\sigma(T_{zi})}{(\Omega\,\mathrm{cm})^{-1}}$	$\frac{\sigma_{max}}{(\Omega\,\mathrm{cm})^{-1}}$
1) TTF-TCNQ	Peierls-Übergang	900	10^5 (bei 54 K)
$(TMTSF)_2-ClO_4$	$T_c = 1{,}3$ K SL		
$(TMTSF)_2-PF_6$	$T_c = 0{,}9$ K SL (unter Druck)		10^5 (bei 15 K)
2) KCP $K_2Pt(CN)_4Br_{0,2}\cdot H_2O$	Peierls-Übergang	300	
3) $Hg_{2,86}AsF_6$	supraleitend		
4) $(SN)_x$	$T_c = 0{,}33$ K	2000	
$(SNBr_{0,4})_x$	$T_c = 0{,}35$ K 3D-Supraleiter	40000	
5) $(CH)_x\cdot SbF_5$	Peierls-Übergang	3000 (gereckt)	
6) $(=C=)_x$	α-Karbin	$10^{-6}\ldots10^{-3}$	
$(-C\equiv C-)_x$	β-Karbin		
7) TaS_3 $NbSe_3$	Peierls-Übergang	≈ 1000	
8) Graphit	Halbmetall	$2{,}5\cdot10^4$	
GIC (SbF_5)		$4{,}4\cdot10^5$	
GIC (AsF_5)		$4{,}1\cdot10^5$	
GIC (C_8K)	Supraleiter $T_c = 0{,}2$ K		
9) Kupfer	Metall	$5{,}9\cdot10^5$	
Aluminium	Metall	$3{,}9\cdot10^5$	

[1]) Bereits 1977 von Vogel publizierte Werte von $6\cdot10^5\ (\Omega\,\mathrm{cm})^{-1}$ und darüber konnten nicht bestätigt werden (s. Wu u. a. 81).

wahl an. Es können dabei verschiedene Gruppen unterschieden werden:

1. Für die Gruppe der Ladungstransferkomplexe sei als Vertreter Tetrathiofulvalen-Tetracyanoquinodimethan (TTF-TCNQ)[1]) genannt. Der Festkörper besteht aus jeweils geordneten Stapeln, die aus ebenen Molekülen des TTF bzw. des TCNQ gebildet werden. Die Leitfähigkeit entsteht durch einen Ladungsübergang zwischen diesen beiden Stapelarten. Sie steigt mit sinkender Temperatur bis auf Werte von etwa $10^5\ (\Omega\,\mathrm{cm})^{-1}$ an, wobei die Verbindung unterhalb 54 K in einen isolierenden Zustand übergeht. TMTSF (Tetramethylselenofulvalen) bildet ebenfalls Stapel aus ebenen Molekülen. Interessant ist hier der Übergang der Verbindung mit ClO_4-Ionen in den supraleitenden Zustand mit einer kritischen Temperatur T_c von 1,3 K bereits bei Normaldruck (Bechgaard u. a. 81).

2. Kaliumcyanoplatinat (KCP) ist als Verbindung schon seit 1842 bekannt. Seine Leitfähigkeit wird durch die kettenförmige Anordnung der Platinatome und die Dotierung mit Brom erreicht.

3. $Hg_{2,86}AsF_6$ zeigt ebenfalls eine kettenförmige Struktur und wird bei tiefen Temperaturen supraleitend.

---

[1]) TCNQ-Molekül

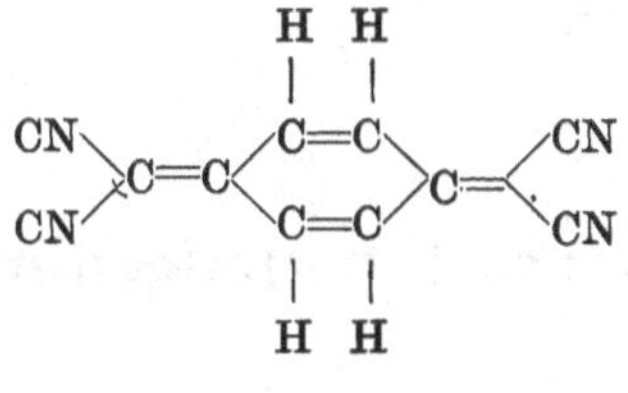

TTF

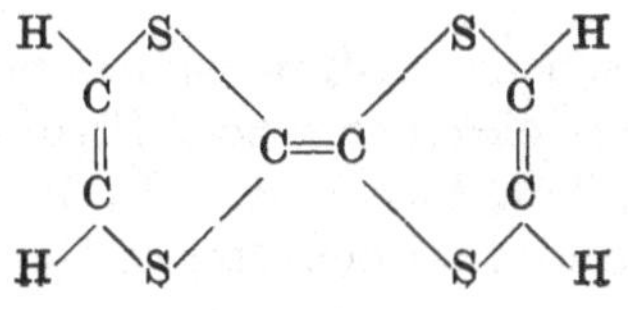

4. Das Polymer $(SN)_x$ ist schon seit 1910 bekannt. Seine supraleitenden Eigenschaften wurden jedoch erst anfangs der 70er Jahre entdeckt und überraschten damals sehr, da bisher keine polymeren Supraleiter bekannt waren. Es ist jedoch jetzt klar, daß in dieser Verbindung ebenfalls wie bei metallischen Systemen die Elektron-Phonon-Wechselwirkung für die Supraleitung verantwortlich ist. Die Kopplung zwischen den Ketten ist recht stark, so daß nur Anisotropien der Leitfähigkeit von der Größenordnung 5 auftreten.

5. Die Leitfähigkeit des gut isolierenden Polyacetylens $(CH)_x$ kann durch Dotieren um etwa 10 Größenordnungen bis auf einen Wert von 3000 $(\Omega\,cm)^{-1}$ erhöht werden.

6. Beachtenswert sind auch die eindimensionalen Modifikationen des Kohlenstoffs, das α- bzw. β-Karbin, in denen nur Doppelbindungen bzw. alternierend Einfach- und Doppelbindungen auftreten. Karbin ist bisher nur wenig untersucht worden, da sich Proben nur unter extremen Bedingungen mit Abmessungen unter 1 μm herstellen lassen.

7. Trichalcogenide von Übergangsmetallen bilden ebenfalls kettenförmige Strukturen (z. B. $NbSe_3$).

8. Weitere Beispiele sind Bleiphthalocyanin, das ebenfalls aus Molekülstapeln besteht und bistabile Leitfähigkeitszustände zeigt (Hamann u. a. 78) und die sogenannte blaue Bronze $(K_{0,3}MoO_3)$.

6.4. Besonderheiten niederdimensionaler Systeme

Die Besonderheiten niederdimensionaler Systeme zeigen sich deutlich in ihrer elektronischen Struktur sowie in ihrer Reaktion auf äußere Störungen. In Abb. 6.4–1 sind daher für drei-, zwei- und eindimensionale Systeme Fermi-Körper,

Zustandsdichte und dielektrische Suszeptibilität χ dargestellt. Es wird dabei jeweils eine einfache quadratische Dispersionsrelation $\varepsilon \sim k^2$ angenommen. Der Fermi-Körper ist im dreidimensionalen Fall eine Kugel, im zweidimensionalen wegen

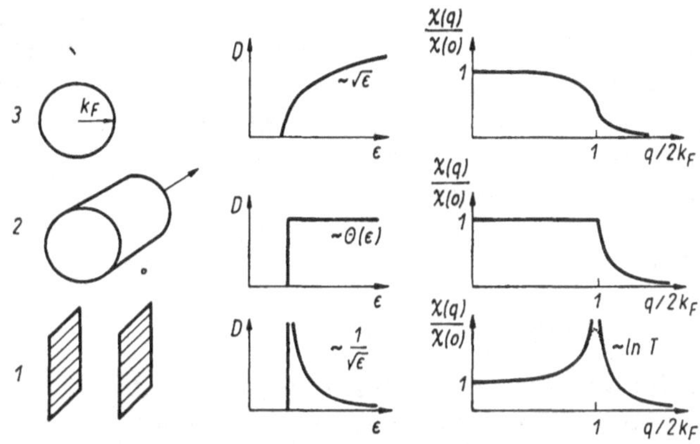

Abb. 6.4–1. Fermi-Körper, Zustandsdichte und Suszeptibilität $\chi(q)$ für drei-, zwei- und eindimensionale Systeme

der fehlenden Kopplung der Schichten und der daher fehlenden Dispersion in dieser Richtung ein Zylinder[1]). Im eindimensionalen Fall hängt die Energie nur vom Impuls in Kettenrichtung ab. Die Fermi-Fläche wird daher durch ein Ebenenpaar beschrieben. Die Zustandsdichte (1.2–24) ergibt sich aus der Größe der Flächen konstanter Energie und liefert als Funktion der Energie die in Abb. 6.1–4 eingezeichneten Singularitäten unterschiedlicher Stärke an den Bandkanten.

Die Suszeptibilität $\chi(\boldsymbol{q})$ nach (5.2–6′ bzw. 5.2–20) charakterisiert die Reaktion des Systems auf eine zeitunabhängige

---

[1]) Eine in realen Situationen vorhandene schwache Kopplung führt zu einer geringfügigen Dispersion in Zylinderrichtung. Das bewirkt, daß diese Zylinder im Querschnitt schwanken (gewellte Zylinder). Im quasieindimensionalen System sind die Flächen konstanter Energie entsprechend leicht gewellt.

räumlich periodische Störung $\delta V_q \sim \mathrm{Re}\,(e^{iqx})$ mit der Wellenlänge $\lambda = 2\pi/q$ in Form einer Dichteänderung δn_{ind}:

$$\chi(\boldsymbol{q}) = \frac{\delta n_{\text{ind}}}{\delta V_{\boldsymbol{q}}} \sim \sum_{\boldsymbol{k}} \frac{f\big(\varepsilon(\boldsymbol{k})/k_{\mathrm{B}}T\big)}{\varepsilon(\boldsymbol{k}) - \varepsilon(\boldsymbol{k} - \boldsymbol{q})}. \tag{1}$$

Der Energienenner zeigt, daß die Anregung eines Elektrons aus dem Zustand $\varepsilon(\boldsymbol{k})$ um so leichter erfolgt, je geringer sich die Energie des mit dem Impuls $\boldsymbol{q}$ des äußeren Feldes angeregten Zustandes $\varepsilon(\boldsymbol{k} - \boldsymbol{q})$ davon unterscheidet. Die Fermi-Verteilungsfunktion f garantiert, daß nur besetzte Zustände angeregt werden können. Die Summanden in (1) divergieren für alle Endzustände mit gleicher Energie

$$\varepsilon(\boldsymbol{k}) - \varepsilon(\boldsymbol{k} - \boldsymbol{q}) \sim -\boldsymbol{q}(\boldsymbol{q} - 2\boldsymbol{k}) = 0. \tag{2}$$

Das ist nur für Zustände unmittelbar an der Fermi-Fläche möglich. Ihre Anzahl ist bei gegebenem $\boldsymbol{q}$ proportional zu $\boldsymbol{q}(\boldsymbol{q} - 2\boldsymbol{k})$ und kompensiert gerade die Nullstelle im Nenner. Eine Ausnahme entsteht, wenn q gleich dem Durchmesser des Fermi-Körpers ist. Dann erfüllen wesentlich mehr Elektronen die Bedingung (2). Im dreidimensionalen Fall bilden diese Zustände kleine Kugelkalotten und führen zu der in Abb. 6.4–1 gekennzeichneten Singularität vom Typ $(q - 2k_{\mathrm{F}}) \times \ln\,(q - 2k_{\mathrm{F}})$.

Im zweidimensionalen Fall erfüllen wesentlich mehr Elektronen die Bedingung und führen zu der stufenförmigen Singularität von χ.

Im eindimensionalen Fall erfüllen alle Elektronen auf der Fermi-Fläche die Bedingung. Daher entsteht die eingezeichnete logarithmische Singularität, die bei endlichen Temperaturen infolge der Verschmierung der Fermi-Verteilung in ein scharfes Maximum mit der Höhe $\ln T$ übergeht.

Man kann für niederdimensionale Systeme feststellen:

- Mit verringerter Dimension des Systems verstärken sich die Singularitäten.
- Die Reaktion des Systems auf eine äußere Störung mit dem doppelten Fermi-Impuls verstärkt sich ebenfalls (alle

Elektronen befinden sich dabei in geometrischer Resonanz), das hat eine starke Elektron-Gitter-Wechselwirkung im eindimensionalen Fall zur Folge.

- Die Anregungsspektren sind z. T. völlig geändert.
- Die Anisotropien physikalischer Eigenschaften können extreme Werte annehmen, z. B. erreicht die Anisotropie der Leitfähigkeit in mit AsF_5 interkaliertem Graphit Werte von 10^6.
- In ungeordneten eindimensionalen Strukturen sind alle Zustände schon bei geringen Störungsgraden lokalisiert (s. [5.1.5]).
- Mit sinkender Dimension werden die thermischen und quantenmechanischen Fluktuationen stärker. Bei kurz reichenden Kräften (wie sie z. B. für das Auftreten von Phononen erforderlich sind) gibt es für endliche Temperaturen in streng eindimensionalen Systemen keine Phasenübergänge (Landau, Lifschitz 79).

Singularitäten, die durch die Wechselwirkung mit Elektronen an der Fermi-Energie hervorgerufen werden, sind im dreidimensionalen Fall als Migdal-Kohn-Anomalien in Phononenspektren im allgemeinen nur schwach erkennbar. Im Falle des quasi-eindimensionalen KCP spricht man von Riesen-Kohn-Anomalien. Infolge der Wechselwirkung zwischen den Schichten und Ketten werden fließende Übergänge zwischen den hier diskutierten Idealfällen beobachtet. Man spricht deshalb auch von quasi-niederdimensionalen Strukturen. Eine schwache Kopplung zwischen benachbarten Ketten oder Schichten rechtfertigt überhaupt erst die Vernachlässigung von Fluktuationen in diesen Systemen.

Wesentlich für die Eigenschaften niederdimensionaler Systeme kann neben der Elektron-Phonon-Wechselwirkung auch die Coulomb-Wechselwirkung, für die in der Literatur eine Größe U als Maß angegeben wird (Hubbard-Modell, s. Eschrig **83**, Kap. [**5.2.3**]), sein. Erstere dominiert, falls die Bandbreite W größer U ist.

Eindimensionale Strukturen sind auch aus rein theoretischer Sicht besonders interessant, da in diesem Fall Modellsysteme oft strenge Lösungen zu lassen.

6.5. Peierls-Instabilität

Die starke Elektron-Phonon-Wechselwirkung in quasi-eindimensionalen Systemen bei $q = 2k_F$ führt zu einer Erweichung der Phononenmode für diese Wellenzahl sowie unterhalb der Peierls-Temperatur T_p zu einer Gitterinstabilität in Form einer periodischen Überstruktur mit den Verschiebungen $u(x)$ der Atome aus ihren vorherigen Ruhelagen:

$$u(x) = u_0 \cos(qx + \Phi). \tag{1}$$

Für die Elektronen erzeugt das die Störung

$$V(x) = 2\Delta \cos(qx + \Phi)\,; \quad \Delta = gu_0 \tag{2}$$

mit g als Konstante der Elektron-Phonon-Wechselwirkung. Das periodische Potential (2) führt zum Auftreten der in Abb. 6.5–1 dargestellten verbotenen Zone der Breite 2Δ für

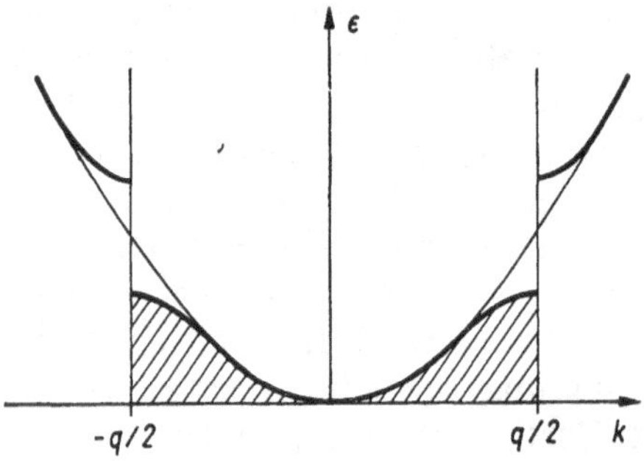

Abb. 6.5–1. Einteilchenenergien im periodischen Potential $V = 2\Delta \cos(qx)$

$k = q/2$. An den übrigen k-Werten tritt nur eine Absenkung in zweiter Ordnung in Δ auf. Ein maximaler Energiegewinn wird dann erzeugt, wenn alle energetisch abgesenkten Zustände besetzt sind (schraffierter Bereich in Abb. 6.5–1). Das ist der Fall, wenn die schon bekannte Bedingung

$$q = 2k_F \tag{3}$$

erfüllt ist. Die Summation des Energiegewinns über alle Elektronen liefert E_e

$$E_e = \frac{1}{2}\,\tilde{a}\Delta^2(\ln(|\Delta|/\Delta_0) - 1/2) \tag{4}$$

mit den Konstanten $\tilde{a}$ und Δ_0. Der Deformation entgegen wirkt die elastische Energie E_g des Gitters

$$E_g = \frac{\varkappa}{2}\,u_0^2 \tag{5}$$

(Elastizitätsmodul $\varkappa$). Der Gleichgewichtswert Δ^m der Energielücke folgt aus der Forderung minimaler Gesamtenergie in Analogie zur BCS-Formel (5.1–8):

$$\Delta^m = \pm\Delta_0\,\mathrm{e}^{-1/\lambda}. \tag{6}$$

Die Konstante Δ_0 ist in Abhängigkeit von dem verwendeten Modell etwa gleich der doppelten Bandbreite, λ ist der bekannte Parameter der Elektron-Phonon-Wechselwirkung (s. [5.4.1]).

$$\lambda = g^2\tilde{a}/\varkappa \quad \text{mit} \quad \tilde{a}^{-1} = \pi v_F \tag{6'}$$

gilt im Rahmen der Molekularfeldnäherung, bei der die Dynamik des Gitters nicht berücksichtigt wurde. Weitergehende Näherungen haben z. T. beachtliche Effekte (z. B. Änderung der im folgenden Absatz besprochenen Peierls-Temperatur T_p um einen Faktor 2).

Interessant an (6) ist die singuläre Abhängigkeit vom Wechselwirkungsparameter in völliger Analogie zur BCS-Theorie der Supraleitung. Sie impliziert die Tatsache, daß selbst bei beliebig kleinem g infolge der logarithmischen Abhängigkeit (4) immer ein solches Minimum vorliegt. Der Temperatureinfluß äußert sich in einer Verwaschung der Singularität in Abb. 6.4–1, $\ln \Delta^m \to \ln T$, die $\Delta^m(T)$ reduziert (Abb. 6.5–2). Die Peierls-Temperatur T_p, bei der Δ^m verschwindet, und die Energielücke bei $T = 0$ hängen dabei über die aus der BCS-Theorie bekannte Beziehung (5.1–7)

$$2\Delta^m(0) = 3{,}52\, k_B T_p \tag{7}$$

zusammen.

Das Störpotential (2) ruft eine als Ladungsdichtewelle bezeichnete statische räumliche Modulation der Elektronendichte hervor, die natürlich mit der Verschiebung (1) der

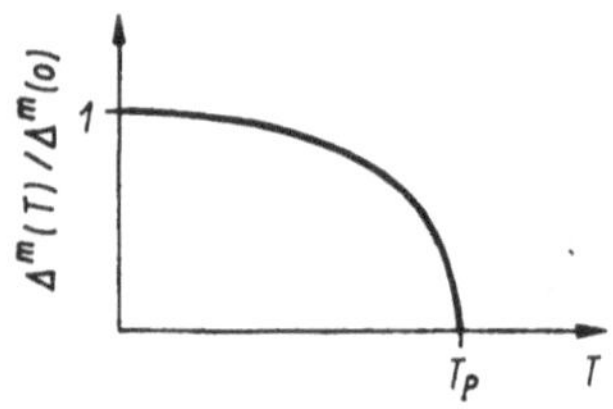

Abb. 6.5–2. Abhängigkeit der Breite der verbotenen Zone als Funktion der Temperatur. Oberhalb T_p tritt keine verbotene Zone auf.

Atome verkoppelt ist. Ist die Periode dieser Überstruktur ein ganzzahliges (bzw. rationales) Vielfaches der Gitterperiode, so bezeichnet man das System als kommensurabel, andernfalls als inkommensurabel. Die Verhältnisse sind in Abb. 6.5–3 anschaulich dargestellt.

Der in Polyacetylen $(CH)_x$ (Abb. 6.5–4a, b) realisierbare Fall $n = 2$ der Überstruktur ist in der Chemie als Dimerisation bekannt und wird dort mit Hilfe von Einfach- und Doppelbindungen beschrieben. Der Abstand der Doppelbindung ist dabei verringert, die Elektronendichte erhöht, allerdings sind nicht zwei Elektronen in der Doppelbindung lokalisiert. Das trans-Polyacetylen mit gleichen Bindungslängen (Abb. 6.5–4a) liefert die in Abb. 6.5–4b gestrichelt gezeichnete („ungestörte") Dispersionsrelation mit den sich bei $ka = \pi/2$ überkreuzenden Bändern. Die dimerisierte Form mit abwechselnden Einfach- und Doppelbindungen liefert die glatt gezeichnete Dispersionsrelation, in der die Entartung bei $ka \doteq \pi/2$ aufgehoben ist. Aus physikalischer Sicht entsteht die Dimersation infolge des Energiegewinns durch die Ladungsdichtewelle in Form des Peierls-Übergangs. Die Anteile der ver-

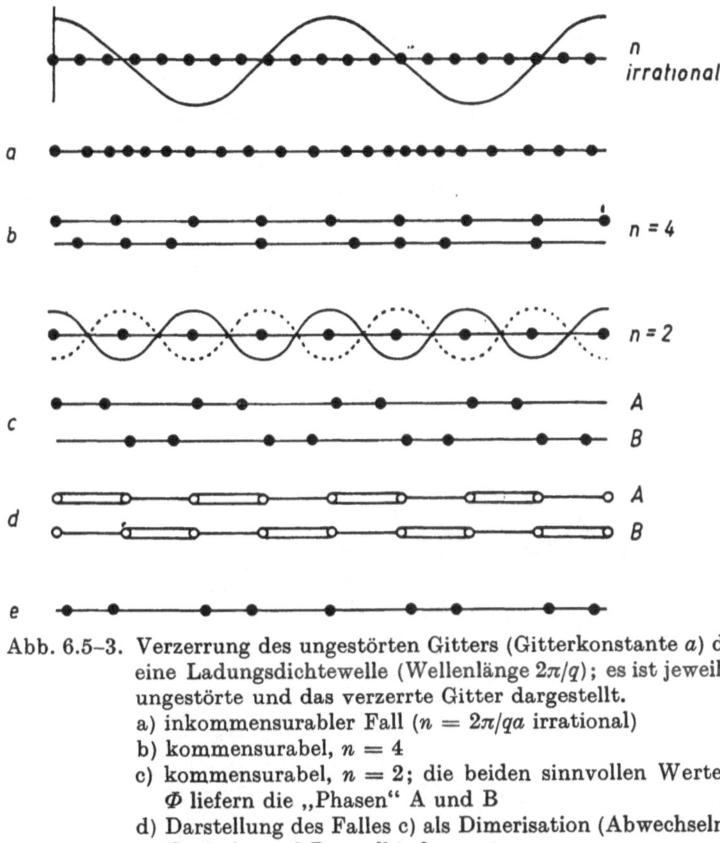

Abb. 6.5-3. Verzerrung des ungestörten Gitters (Gitterkonstante a) durch eine Ladungsdichtewelle (Wellenlänge $2\pi/q$); es ist jeweils das ungestörte und das verzerrte Gitter dargestellt.
a) inkommensurabler Fall ($n = 2\pi/qa$ irrational)
b) kommensurabel, $n = 4$
c) kommensurabel, $n = 2$; die beiden sinnvollen Werte von Φ liefern die „Phasen" A und B
d) Darstellung des Falles c) als Dimerisation (Abwechseln von Einfach- und Doppelbindungen)
e) Grenze der Phasen A und B von Abb. c) als Gitterdefekt

schiedenen Bindungsformen lassen sich wie folgt charakterisieren: Die σ-Elektronen bestimmen die mittleren Abstände der C-Atome (0,14 nm) und die Bindungswinkel, infolge der π-Elektronen unterscheiden sich die Bindungslängen von Einfach- und Doppelbindungen um $\pm 0{,}003$ nm, die π-Elektronen bewirken außerdem die Starrheit des Moleküls in der Ebene normal zur π-Richtung.

In inkommensurablen Systemen (z. B. KCP, $NbSe_3$, TTF-TCNQ) hängt die Energie nicht vom Phasenwinkel Φ ab.

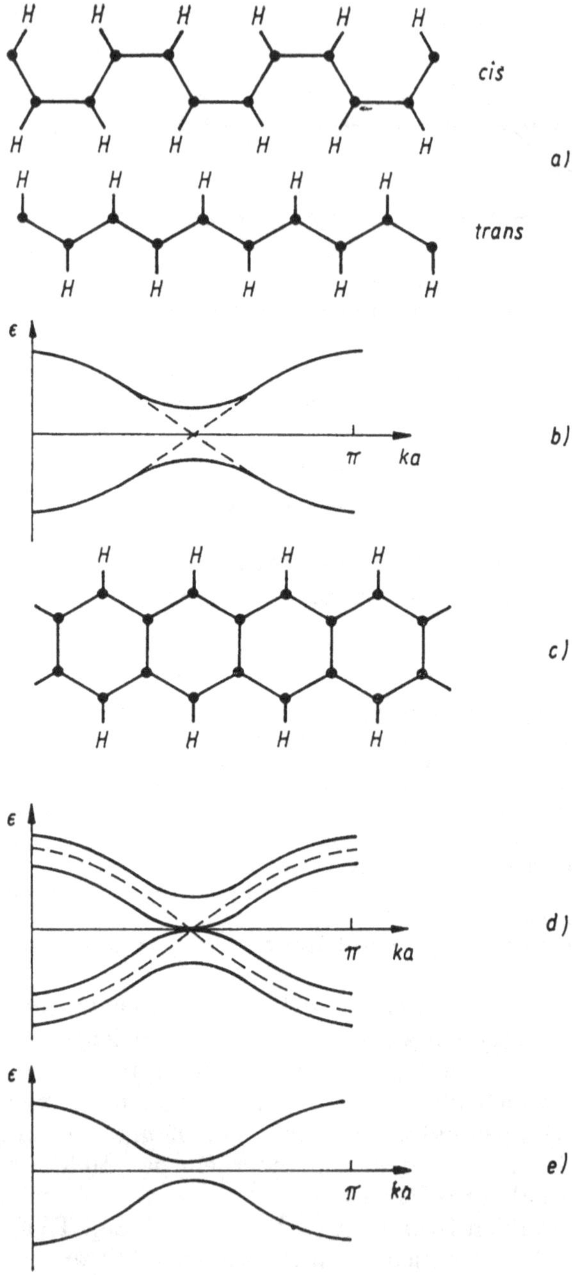
H
cis
trans
a)
ε
π
ka
b)
c)
d)
e)

Interessant ist der Übergang zu zweidimensionalen Systemen. Dafür soll als Beispiel das in Abb. 6.5–4c skizzierte Zweikettensystem Polyacen erläutert werden. Die ungestörte Bandstruktur (Abb. 6.5–4d) ist hier nicht mehr wie bei $(CH)_x$ durch ein Überschneiden der Bänder, sondern durch eine Berührung gekennzeichnet. Eine Dimerisation führt daher nur zu einem Energiegewinn Δ^2. Infolgedessen wird ein Peierls-Übergang mit einer Ladungsdichtewelle nicht mehr energetisch günstig sein. Es ist noch unklar, ob infolge der Coulomb-Wechselwirkung Spindichtewellen auftreten können.

6.6. Elektronische Anregungszustände im Peierls-System

Die Entartung des Grundzustandes (z. B. die völlige Äquivalenz der beiden um eine Gitterkonstante a verschobenen dimerisierten Ketten in Abb. 6.5–3d) führt zu Besonderheiten des Anregungsspektrums in eindimensionalen Systemen und zur Nichtanwendbarkeit des von dreidimensionalen Halbleitern her gewohnten Bildes der Teilchen- und Lochanregungen. Die durch Kombination der beiden Ketten A und B aus Abb. 6.5–3c) bzw. d) entstehende „Phasengrenze" in Abb. 6.5–3e) stellt einen bisher nicht bekannten Anregungszustand dar. Natürlich ändert sich die Verschiebung ψ_m

Abb. 6.5–4. a) Cis- und trans-Konfiguration des Polyacetylens
b) Dispersionsrelation $\varepsilon(k)$ des trans-Polyacetylens (dimerisiert), gestrichelt: nichtdimerisierte Ausgangsform mit gleichen Bindungslängen
c) Polyacen
d) Dispersionsrelation der nicht-dimerisierten Polyacenketten, zum Vergleich ist der Verlauf für zwei nicht wechselwirkende Polyacetylenketten gezeichnet (gestrichelt). Infolge der starken Wechselwirkung zwischen diesen beiden Ketten spalten diese entarteten Zustände in der angegebenen Weise auf.
e) Dispersionsrelation für dimerisiertes Polyacen; die Aufspaltung ist überall $\sim \Delta^2$.

$= (-1)^m \Delta(x_m)$ der Atome nicht sprunghaft. In $(CH)_x$ z. B. ist sie nach

$$\psi_m = \Delta_0 \tanh (m/l) \tag{1}$$

mit $2l \approx 14$ über etwa 14 C-C-Abstände ausgedehnt (Heeger, MacDiarmid 81). Diese Gitterverzerrung wird Soliton genannt. Sie ist mit der in Abb. 6.6–1 schematisch dargestellten

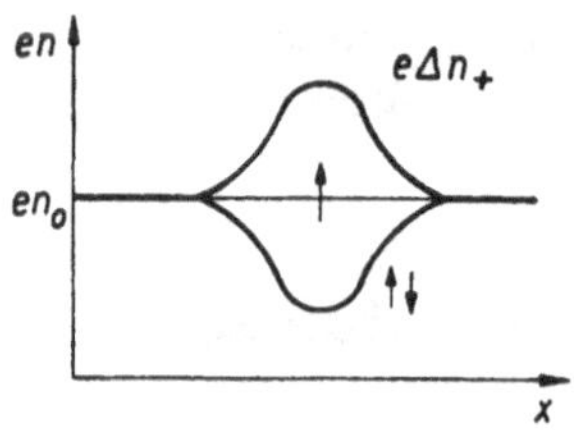

Abb. 6.6–1. Ladungsverteilung in einem Soliton. Die mit ↑ bzw. ↑↓ gekennzeichneten Verteilungen sind durch die Besetzung mit einem bzw. zwei Elektronen verursacht. $\varrho_0 = en_0$ bezeichnet die ursprünglich homogene Ladungsdichte.

Ladungsverschiebung Δen_+ verkoppelt, die durch die verschobenen Ionen und die Deformation der besetzten Elektronenzustände hervorgerufen wird. Diese Potentialveränderung verursacht ebenfalls einen lokalisierten Elektronenzustand in der Energielücke, der sich aus dem Elektronenkontinuum des ungestörten Peierls-Systems ablöst. Die damit verbundene Ladungsverteilung kompensiert im kontinuierlichen Modell exakt Δen_+, so daß der Gesamtzustand mit einem Elektron in dem lokalisierten Zustand neutral ist und einen Gesamtspin 1/2 besitzt. Eine Besetzung des Zustandes mit zwei Elektronen entgegengesetzten Spins führt zu einer negativen Gesamtladung und dem Gesamtspin Null (Su u. a. 79).

Eine genaue Untersuchung der Instabilität der ausgedehnten Elektronen- und Lochanregungszustände infolge der starken Elektron-Phonon-Wechselwirkung wurde von Brasowski (80) gegeben. Er zeigte, daß die stabilen Anregungszustände lokalisiert und vom Soliton- und Polaron-Typ sind.

Bezüglich der lokalisierten Anregungszustände ist es zweckmäßig, die Peierls-Systeme in drei Klassen einzuteilen (Brasowski, Kirowa 81):

A. Inkommensurable Systeme, z. B. KCP, $NbSe_3$, TTF-TNCQ
  – neutrale Solitonen (Ladung 0, Spin 1/2)

B. Kommensurable Systeme mit entartetem Grundzustand, z. B. trans-$(CH)_x$, TaS_3
  – neutrale Solitonen (Ladung 0, Spin 1/2)
  – geladene Solitonen (Ladung $\pm e$, Spin 0)
  – Polaronen (Ladung $\pm e$, Spin 1/2)

C. Kommensurable Systeme mit nicht entartetem Grundzustand z. B. cis-$(CH)_x$
  – Polaronen (Ladung $\pm e$, Spin 1/2)
  – Dipolaronen (Ladung 0, $\pm 2\,e$, Spin 0)

Die Energien der lokalisierten Elektronenzustände liegen innerhalb der Energielücke, das Solitonniveau in der Mitte ($\varepsilon = 0$) und die Polaronniveaus bei $\varepsilon = \pm\Delta/\sqrt{2}$ (für Systeme der Klasse B).

Der Energieaufwand zur Bildung eines Solitons ist $E_s = 2\Delta/\pi \approx 0{,}64\Delta$ und zur Bildung eines Polarons $E_p = \sqrt{2}\Delta/\pi \approx 0{,}90\Delta$, d. h., der Energieaufwand zur Bildung eines Solitons ist kleiner als zur Injektion eines Elektrons ins Leitungsband.

Die Existenz von Solitonen in Polyazetylen kann als experimentell gesichert betrachtet werden (Heeger, MacDiarmid 81).

Ein Hinzufügen weiterer Elektronen (etwa durch Dotierung des Systems mit Donatoren) führt infolge Wechselwirkung der Solitonen zu einem Solitonenband (Mertsching, Fischbeck 81).

Die Ladungstransportmechanismen in inkommensurablen und kommensurablen Peierls-Systemen sind grundsätzlich verschieden.

Inkommensurable Systeme:

Die Verschiebung der Ladungsdichtewellen ist mit einem

Ladungstransport verbunden und erfordert in einem idealen System keine Energie, da die Energie des Ladungsdichtewellenzustandes nicht von der Phase Φ abhängt. Wegen der Energielücke im Anregungsspektrum erfolgt die Verschiebung der Ladungsdichtewelle ohne Energiedissipation (Fröhlich-Mechanismus der Supraleitung). Die in realen Systemen stets vorhandenen Störstellen (Pinning-Zentren) bewirken jedoch, daß die Ladungsdichtewelle am Gleiten gehindert wird und daher die Gleichstromleitfähigkeit bei $T = 0$ gleich Null ist. Es ist zu erwarten, daß entsprechend hohe elektrische Felder die Ladungsdichtewelle von den Pinning-Zentren losreißen, was sich in einer Feldabhängigkeit der Leitfähigkeit äußert. Ein nichtohmsches Verhalten dieser Art wurde an $NbSe_3$ beobachtet. (Ony, Monceau 77).

Kommensurable Systeme:

Die Untersuchung der Ladungstransportmechanismen in diesen Systemen wurde vor allem durch die experimentellen Ergebnisse an $(CH)_x$ stimuliert, welche zeigten, daß die elektrische Leitfähigkeit von Polyazetylen durch Dotieren (z. B. mit Jod oder AsF_5) um mehr als 10 Größenordnungen anwächst (Chiang u. a. 79). Nach Kivelson (81) erfolgt der Ladungstransport in schwach dotiertem $(CH)_x$ durch phononenunterstützte Elektronensprünge zwischen den lokalisierten Soliton-Zuständen. Die Existenz unladbarer Soliton-Zustände ist wesentliche Voraussetzung für diesen Mechanismus. Die Aktivierungsenergie für die betrachteten Sprungprozesse ist klein, daher wird dieser Ladungstransportmechanismus bei tiefen Temperaturen als dominierend angesehen. Nach der Theorie ist der Ladungstransport im wesentlichen dreidimensional, da die Elektronensprünge vorzugsweise zwischen Nachbarketten erfolgen und die Bewegung der geladenen Solitonen längs dieser Ketten wegen der anziehenden Wechselwirkung zu den Ionen behindert ist.

Über die Ladungstransportmechanismen in stark dotiertem Polyazetylen existieren gegenwärtig nur qualitative Vorstellungen.

Literaturverzeichnis

Festkörperphysik allgemein:

ABRIKOSSOW, A. A.: Einführung in die Theorie normaler Metalle, Akademie-Verlag, Berlin 1976

BRAUER, W.: Einführung in die Elektronentheorie der Metalle, Geest & Portig, Leipzig 1972

DAWYDOW, A. C.: Teorija twjordych tel, Nauka, Moskau 1976

HARRISON, W. A.: Electronic Structure and the Properties of Solids. The Physics of the Chemical Bond, W. H. Freeman and Company, San Francisco 1980

KITTEL, Ch.: Quantentheorie der Festkörper, Oldenbourg, München 1970

KITTEL, Ch.: Einführung in die Festkörperphysik, Geest & Portig, Leipzig 1973

KREHER, K.: Festkörperphysik, Akademie-Verlag, Berlin 1973

LIFSCHITZ, I. M., ASBEL, M. J., KAGANOW, M. I.: Elektronentheorie der Metalle, Akademie-Verlag, Berlin 1975

SCHULZE, G. E. R.: Metallphysik, Akademie-Verlag, Berlin 1967

WEISSMANTEL, Chr., HAMANN, C.: Grundlagen der Festkörperphysik, Deutscher Verlag der Wissenschaften, Berlin 1979

ZIMAN, J. M.: Prinzipien der Festkörpertheorie, Akademie-Verlag, Berlin 1974

Spezielle Literatur:

ANDERSEN, O. K.: Phys. Rev. **B 12**, 3060 (1975)

ASHCROFT, N. W., MERMIN, N. D.: Solid State Physics, Holt, Rinehart, and Winston, New York 1976

BARTH, U. von, HEDIN, L.: J. Phys. **C 5**, 1629 (1972)

BARTH, U. von, GROSSMANN, G.: Solid State Commun. **32**, 645 (1979)

BENNEMANN, K. H.: in P. Ziesche (Hrsg.), Proc. 12th Symp. Electronic Structure, TU Dresden 1982, S. 250

Bechgaard, K., Carneiro, K., Olsen, M., Rasmussen, F. B., Jacobsen, C. S.: Phys. Rev. Lett. **46**, 852 (1981)
Born, M., Oppenheimer, R.: Ann. Physik (Leipzig) **84**, 457 (1927)
Brasowski, S. A.: Ž. eksper. teoret. fiz. **78**, 677 (1980)
Brasowski, S. A., Kirowa, N. N.: Pisma Ž. eksper. teoret. fiz. **33**, 6 (1981)
Bredow, M. M., Kotow, B. A., Okunewa, N. M., Oskotski, W. S., Schach-Budagow, A. L.: Fiz. twerd. tela **9**, 289 (1967)
Brooks, M. S. S.: in V. Heine (Hrsg.), Europhysics Conference Abstracts 6 A, 402 (1982); J. Phys. **F13**, 103 (1983); L197 (1983)
Browman, E. G., Kagan, Ju. M.: in G. K. Horton, A. A. Maradudin (Hrsg.), Dynamical Properties of Solids, Bd. 1, North Holland, Amsterdam 1974, S. 191
Butler, W. H.: Phys. Rev. **B 15**, 5267 (1977)
Butler, W. H., Pinski, F. J., Allen, P. B.: Phys. Rev. **B 19**, 3708 (1979)
Butler, W. H.: in F. Y. Fradin (Hrsg.), Treatise on Materials Science and Technology, Vol. 21, Electronic Structure and Properties, Academic Press, New York 1981, S. 165
Chiang, C. K., Heeger, A. J., MacDiarmid, A. G.: Ber. Bunsenges. Phys. Chem. **83**, 407 (1979)
Dimmock, J. O.: Solid State Phys. **26**, 103 (1971)
Duthie, J. C., Pettifor, D. G.: Phys. Rev. Lett. **38**, 564 (1977)
Eastman, D. E., Himpsel, F. J., Knapp, J. A.: Phys. Rev. Lett. **44**, 95 (1980)
Eastman, D. E., Himpsel, F. J.: in P. Rhodes (Hrsg.), Physics of Transition Metals 1980, Inst. Phys. Conf. Ser. **55**, 115 (1981)
Eliashberg, G. M.: Ž. eksper. teoret. fiz. **38**, 966 (1960)
Eschrig, H., van Loyen, L., Ziesche, P.: phys. stat. sol. (b) **66**, 587 (1974)
Eschrig, H.: in P. Ziesche (Hrsg.), Proc. 6th Symp. Electronic Structure, TU Dresden 1976, S. 46
Eschrig, H., Feldmann, K., Hennig, K., Matz, W., Paufler, P.: phys. stat. sol. (b) **79**, 283 (1977)
Eschrig, H., Richter, R.: in P. Ziesche (Hrsg.), Proc. 12th Symp. Electronic Structure, TU Dresden 1982(a), S. 7
Eschrig, H.: 1983a, s. Ziesche, Lehmann u. a. 83, Teil [5]
Eschrig, H.: 1983b, s. Ziesche, Lehmann u. a. 83, Teil [8]
Faulkner, J. S., Stocks, G. M.: Phys. Rev. **B 21**, 3222 (1980)
Faulkner, J. S., Progr. Mat. Science **27**, 1 (1982)
Friedel, J.: Phil. Mag. **43**, 153 (1952)
Fulde, P.: in P. Ziesche (Hrsg.), Proc. 14th Symp. Electronic Structure, TU Dresden 1984
Giordano, N.: Phys. Rev. **B 22**, 5635 (1980)
Glötzel, D., Rainer, D., Schober, H. R.: Z. Phys. **B 35**, 317 (1979)
Grimvall, G.: The Electron-Phonon Interaction in Metals, North-Holland, Amsterdam 1981

GYORFFY, B. L., KOLLAR, J., PINDOR, A. J., STOCKS, G. M., STAUNTON, J., WINTER, H.: On the Theory of Ferro-Magnetism of Transition Metals at Finite Temperatures, Univ. o Bristol 1984

HAMANN, C., HÖHNE, H. J., KERSTEN, F., MÜLLER, M., PRZYBOROWSKI, F., STARKE, M.: phys. stat. sol (a) **50**, K 189 (1978)

HARRISON, W. A.: Pseudopotentials in the Theory of Metals, Benjamin, New York 1966, Übers. ins Russische: Pseudopotenziali w teorii metallow, Moskau 1968

HAYDOCK, R., JOHANNES, P. L.: J. Phys. **F 5** 2055 (1975)

HAFNER, J.: Phys. Rev. **B 15**, 617 (1977), **B 19**, 5094 (1979)

HAFNER, J., HEINE, V.: J. Phys. **F13**, 2479 (1983)

HEDIN, L., LUNDQVIST, S.: Solid State Physics **23**, 1 (1969)

HEDIN, L., LUNDQVIST, B. I.: J. Phys. **C 4**, 2064 (1971)

HEEGER, A. J., MACDIARMID, A. G.: in J. Bernasconi, T. Schneider (Hrsg.), Physics in One Dimension, Springer-Verlag, Berlin 1981, S. 179

HEINE, V., ABARENKOV, I. V.: Phil. Mag **9**, 451 (1964)

HEINE, V.: in J. M. Ziman (Hrsg.), The Physics of Metals, 1. Electrons, Cambridge University Press, 1969, S. 41

HOHENBERG, P., KOHN, W.: Phys. Rev. **136**, B 864 (1964)

HOPFIELD, J. J.: Phys. Rev. **186**, 443 (1969)

HUBBARD, J.: J. Phys. **C 2**, 1222 (1969)

JENA, P.: in F. Y. Fradin (Hrsg.), Treatise on Materials Science and Technology, Vol. 21, Electronic Structure and Properties, Academic Press, New York 1981, S. 351

JEPSEN, O.: Phys. Rev. **B 12**, 2988 (1975)

JEPSEN, O., MADSEN, J., ANDERSON, O. K.: Phys. Rev. **B 26**, 2790 (1982)

JOHN, W.: 1983, s. Ziesche, Lehmann u. a. 83, Teil [9]

JOHN, W., HAMANN, D., URWANK, P.: phys. stat. sol. (b) **86**, 569 (1978)

JOHN, W., NEMOSHKALENKO, V. V., ANTONOV, V. N., ANTONOV, Vl. N.: in P. Ziesche (Hrsg.), Proc. 12th Symp. Electronic Structure, TU Dresden 1982, S. 244

KAGAN, Ju. M.: Ž. eksper. teoret. fiz. **42**, 1375 (1962)

KAGAN, Ju. M., PUSCHKAROW, W. W., HOLAS, A.: Ž. eksper. teoret. fiz. **73**, 967 (1977)

KIVELSON, S.: Phys. Rev. Lett. **46**, 1344 (1981)

KOELLING, D. D., ARBMANN, G. O.: J. Phys. **F 5**, 2041 (1975)

KOHN, W., ROSTOKER, N.: Phys. Rev. **94**, 1111 (1954)

KOHN, W., SHAM, L. J.: Phys. Rev. **140**, A 1133 (1965)

KORRINGA, J.: Physica (Utrecht) **13**, 392 (1947)

KÜBLER, J.: J. Magn. Magn. Mater. **20**, 277 (1980)

LANDAU, L. D., LIFSCHITZ, E. M.: Lehrbuch der Theoretischen Physik, Band V, Statistische Physik, Teil 1, Akademie-Verlag, Berlin 1979, § 163

LANDAU, L. D., LIFSCHITZ, E. M.: Lehrbuch der Theoretischen Physik, Band IX, Statistische Physik, Teil 2, Akademie-Verlag, Berlin 1980

LANG, N. D., KOHN, W.: Phys. Rev. **B 1** 4555 (1970), **B 3**, 1215 (1971)

LEHMANN, G., RENNERT, P., TAUT, M., WONN, H.: phys. stat. sol. **37**, K 27 (1970)

LEHMANN, G., PEGEL, B.: Elektronenstruktur und mechanische Eigenschaften, Dt. Verlag für Grundstoffindustrie, Leipzig 1972, S. 191

LEHMANN, G.: Ann. Physik (Leipzig) **30**, 155 (1973)

LEHMANN, G.: phys. stat. sol. (b) **56**, K 33 (1973a)

LEHMANN, G.: Kristall und Technik **9**, 587 (1974)

LEHMANN, G.: phys. stat. sol. (b) **70**, 737 (1975)

LENK, R.: Theorie elektromagnetischer Felder, Deutscher Verlag der Wissenschaften, Berlin 1976

LOUCKS, T. L.: Augmented Plane Wave Method, Benjamin, New York 1967

MACKINTOSH, A. R., ANDERSEN, O. K.: in M. Springford (Hrsg.), Electrons at the Fermi Surface, Cambridge University Press, 1980, S. 149

MAHAN, D. G.: Phys. Rev. **B 21**, 1421 (1980)

MATTHEISS, L. F.: Phys. Rev. **B 1**, 373 (1970)

MAXIMOW, E. G., CHOMSKI, D. I.: in B. L. Ginsburg, D. A. Kirschnitz (Hrsg.), Problema wisokotemperaturnoi swerchprowodimosti, Nauka, Moskau 1977

McMILLAN, W. L.: Phys. Rev. **167**, 331 (1968)

MERTIG, I.: Dissertation A, TU Dresden, 1982

MERTIG, I., MROSAN, E., SCHÖPKE, R.: J. Phys. **F 12** (1982)

MERTSCHING, J., FISCHBECK, H. J.: phys. stat. sol. (b) **103**, 783 (1981)

MÖBIUS, A., GOEDSCHE, F., VOJTA, G.: Physica **95 A**, 294 (1979)

MORAN-LOPEZ, J. L., BENNEMANN, K. H., AVIGNON, M.: Phys. Rev. **B 23**, 5978 (1981)

MORUZZI, V. L., WILLIAMS, A. R., JANAK, J. F.: Phys. Rev. **B 15**, 2854 (1977)

MORUZZI, V. L., JANAK, J. L., WILLIAMS, A. R.: Calculated Electronic Properties of Metals, Pergamon, New York 1978

MOTT, N. F.: Metal Insulator Transitions, Taylor & Francis, London 1974

MROSAN, E., LEHMANN, G.: 1983, s. Ziesche, Lehmann u. a. 83, Teil [11]

MROSAN, E., LEHMANN, G.: phys. stat. sol. (b) **77**, 607 (1976), **78**, 159 (1976)

MROSAN, E., LEHMANN, G.: phys. stat. sol. (b) **87**, K 21 (1978)

MÜLLER, Ch., WONN, H., BLAU, W., KRIVITZKIJ, V. P.: in P. Ziesche (Hrsg.), Proc. 8th Symp. Electronic Structure, TU Dresden 1978, S. 189

MUKHERJEE, S., MORAN-LOPEZ, J. L., KUMAR, V., BENNEMANN, K. H.: Phys. Rev. **B 25**, 730 (1982)

NEMOSHKALENKO, V. V., ANTONOV, V. N., ANTONOV, Vl. N., JOHN, W., WONN, H., ZIESCHE, P.: phys. stat. sol. (b) **111**, 11 (1982)

OLÉS, A., STOLLHOFF, G.: Phys. Rev. **B29**, 314 (1984)

ONY, N. P., MONCEAU, P.: Phys. Rev. **B 16**, 3443 (1977)

PAASCH, G.: Dissertation A, TU Dresden 1970 und phys. stat. sol. **38**, K 123 (1970)

PAASCH, G., WOITTENNEK, H.: phys. stat. sol. (b) **55**, 537 (1973)

PAASCH, G., HIETSCHOLD, M.: phys. stat. sol. (b) **83**, 209 (1977)

PAASCH, G., HIETSCHOLD, M.: 1983, s. Ziesche, Lehmann u. a. 83, Teil [10]
PAPACONSTANTOPOULOS, A. A., BOYER, L. L., KLEIN, B. M., WILLIAMS, A. R., MORUZZI, V. L., JANAK, J. F.: Phys. Rev. **B 15**, 4221 (1977)
PAUFLER, P., LEUSCHNER, D.: Kristallografische Grundbegriffe der Festkörperphysik, Akademie-Verlag, Berlin 1975
PETTIFOR, D. G.: J. Phys. **C 2**, 1051 (1969)
PETTIFOR, D. G.: J. Phys. **C 3**, 367 (1970)
PETTIFOR, D. G.: J. Phys. **C 5**, 97 (1972)
PETTIFOR, G. D.: J. Phys. **F 7**, 1009 (1977)
PINSKI, F. J., ALLEN, P. B., BUTLER, W. H.: Phys. Rev. **B 23**, 5080 (1981)
POSTERNAK, M., KRAKAUER, H., FREEMAN, A. J.: Phys. Rev. **B 25**, 755 (1982)
RADWAN, A.: Dissertation A, TU Dresden 1976
RENNERT, P.: 1983, s. Ziesche, Lehmann u. a. 83, Teil [7]
RENNERT, P., LEHMANN, G.: in Intermetallische Phasen, Dt. Verlag für Grundstoffindustrie, Leipzig 1977, S. 91
RENNERT, P., PAASCH, G.: 1983, s. Ziesche, Lehmann u. a. 83, Teil [2]
RÖPKE, G., ZIESCHE, P.: 75 Jahre Quantentheorie, Abh. d. AdW d. DDR, Abt. Math., Nat. wiss., Technik, 7 N, Akademie-Verlag, Berlin 1977, S. 269
SHAW jr., R. W.,: Phys. Rev. **174**, 769 (1968)
SIEGBAHN, K. et al.: ESCA, Atomic, Molecular and Solid State Structure Studied by Means of Electron Spectroscopy, Almqvist and Wiksells, Uppsala 1967
SINGWI, K. S., SJÖLANDER, A., TOSI, A. P., LAND, R. M.: Phys. Rev. **B 1**, 1044 (1970)
SKRIVER, H. L.: J. Phys. **F 11**, 97 (1981)
SKRIVER, H. L.: The Linear Muffin-Tin Orbital Method, Springer, Berlin 1984
SKRIVER, H. L., JOHANSSON, B., ANDERSEN, O. K.: in V. Heine (Hrsg.), Europhysics Conference Abstracts **6 A**, 44 (1982), auch in: J. Freeman, G. H. Länder, J. Keller (Hrsg.), Handbook on the Physics and Chemistry of the Actinides, 1984
SLATER, J. C.: Phys. Rev. **51**, 846 (1937)
SLATER, J. C.: Phys. Rev. **81**, 385 (1951) **82**, 538 (1951)
SLATER, J. C., KOSTER, G. F.: Phys. Rev. **94**, 1498 (1954)
SLATER, J. C.: The Self-Consistent Field for Molecules and Solids, Mc Graw-Hill, New York 1974
SMITH, J. R.: Phys. Rev. **181**, 522 (1969)
SMRCKA, L.: in P. Ziesche (Hrsg.), Proc. 12th Symp. Electronic Structure, TU Dresden 1982
SOVEN, P.: Phys. Rev. **156**, 809 (1967)
SU, W. P., SCHRIEFFER, J. R., HEEGER, A. J.: Phys. Rev. Lett. **42**, 1698 (1979), Phys. Rev. **B 22**, 2099 (1980)
TACHIKI, M.: Helv. Phys. Acta **56**, 189 (1983)
TAUT, M.: 1983, s. Ziesche, Lehmann u. a. 83, Teil [6]

TAUT, M., HANKE, W.: phys. stat. sol. (b) **77**, 543 (1976)
THOULESS, D. J.: Phys. Rev. Lett. **39**, 1167 (1977)
URWANK, P.: Dissertation A, TU Dresden 1974
WEBER, W.: in P. Phariseau, W. Temmermann (Hrsg.), Electronic Structure of Complex Systems, Plenum Press, New York 1984
WOITTENNEK, H.: Dissertation A, TU Dresden 1975
WONSOWSKI, S. W., ISJUMOW, Ju. A., KURMAJEW, E. S.: Swerchprowodimostj perechodnych metallow, ych splawow i sojedinenij, Nauka, Moskau 1977
WU, T. C., VOGEL, F. L., PENDRY, L. A., ZELLER, C.: Mat. Science and Engineering **47**, 161 (1981)
ZELLER, R., DEDERICHS, P. H.: Phys. Rev. Lett. **42**, 1713 (1979)
ZELLER, R., PODLOUCKY, R., DEDERICHS, P. H.: Z. Phys. **B 83**, 165 (1980)
ZIESCHE, P., in: Intermetallische Phasen, Dt. Verlag für Grundstoffindustrie, Leipzig 1977, S. 115
ZIESCHE, P., WONN, H., MÜLLER, Ch., NEMOSHKALENKO, V. V., KRIVITZKIJ, V. P.: phys. stat. sol. (b) **87**, 129 (1978)
ZIESCHE, P., LEHMANN, G. u. a.: Ergebnisse in der Elektronentheorie der Metalle, Akademie-Verlag, Berlin 1983
ZIESCHE, P., LEHMANN, G., ESCHRIG, H.: 1983, s. Ziesche, Lehmann u. a. 83, Teil [0]
ZIESCHE, P., PAASCH, G.: 1983, s. Ziesche, Lehmann u. a. 83, Teil [1]
ZIMAN, J. M.: Solid State Physics **26**, 1 (1971)
ZIMAN, J. M.: Electrons and Phonons, Clarendon, Oxford 1976

Fußnoten zu S. 131

[1]) Dazu zählen (SE) M_4B_4 mit z. B. M = Rh, Ru, Jr, Os und SE = Er, Y; (SE) Mo_6S_8 mit z. B. SE = Ho; (SE) Rh_xSn_y, $Er_3Rh_4Sn_{13}$; $(SE)_2$ Fe_3Si_5, $(SE)_5$ Co_4Si_{10}; (SE) Cu_2Si_2.
In diesen Verbindungen sind die $4f$-Elektronen der SE-Ionen die Träger der magnetischen Elemente (lokalisiert an den entsprechenden Gitterplätzen), während die $3d$-, $4d$- und $5d$-Elektronen der Übergangsmetallionen hauptsächlich für die Supraleitung verantwortlich sind. — Übrigens treten in $CeCu_2Si_2$ (und UBe_{13}) Besonderheiten der Supraleitung auf („schwere-Elektronen- oder schwere-Fermionen-Supraleiter").

[2]) Hier entsteht die magnetische Ordnung durch itinerante Elektronen.

[3]) Bei den organischen Supraleitern $(TMTSF)_2$ X, X = ClO_4, PF_6, AsF_6 tritt oberhalb der Sprungtemperatur antiferromagnetische Ordnung auf.

[4]) Zur Theorie magnetischer Supraleiter s. Tachiki (83).

Verzeichnis von Abkürzungen

APW	augmented plane wave	[2.4]
ARPES	angle resolved photoelectron spectroscopy – winkelabhängige Photoelektronenspektroskopie	[4.3.3]
BCS	Bardeen-Cooper-Schrieffer(-Theorie)	[5.1.3]
BZ	Brillouin-Zone	[1.2.2]
CPA	coherent potential approximation (Näherung des kohärenten Potentials)	[2.7]
dHvA	de-Haas-van-Alphen(-Effekt)	[4.2.3]
ESCA	Elektronenspektroskopie für die chemische Analyse	[4.3.3]
hdp	hexagonal dicht gepackt (Gitterstruktur)	[3.1.1]
H-NFE-TB	Methode der Hybridisierung nahezu freier und stark gebundener Elektronen	[2.6]
KCP	Kalium-Cyano-Platinat	[6.3.2]
kfz	kubisch flächenzentriert (Gitterstruktur)	[3.1.1]
KKR	Kohn-Korringa-Rostoker(-Methode)	[2.5]
krz	kubisch raumzentriert (Gitterstruktur)	[3.1.1]
LAPW	lineare APW	[2.4]
LCAO	Linearkombination atomarer Orbitale	[2.1]
LDA	local density approximation (Näherung der lokalen Dichte)	[1.3.2]
LEED	low energy electron diffraction (Beugung niederenergetischer Elektronen)	[6]
LFK	Lokalfeldkorrektur	[5.2.1], [5.2.3]
LKKR	lineare KKR	[2.6.2]
LMTO	lineare MT-Orbital-Methode	[2.6.3]
MT	muffin-tin(-Potential)	[2.3.1]
NFE	nahezu freie Elektronen	[2.2.1]
OPW	orthogonalized plane wave	[2.2.1]
PES	Photoelektronenspektroskopie	[4.3.3]
RHEED	Beugung hochenergetischer Elektronen in Reflexion	[6]
RPA	random phase approximation	[5.2.3]
RMTA	rigid MT approximation (Näherung starrer MT-Potentiale)	[5.4.3]
TB	tight binding (starke Bindung)	[2.1.1]
TCNQ	Tetracyanoquinodimethan	[6.3.2]
TMTSF	Tetramethylselenofulvalen	[6.3.2]
TTF	Tetrathiofulvalen	[6.3.2]
UPS	Ultraviolett – PES	[4.3.3]
XPS	Röntgen – PES	[4.3.3]
WS	Wigner-Seitz(-Zelle)	[1.2.1]
xc	Austausch- und Korrelation(spotential), als Index	[1.3.2]

Naturkonstanten und atomare Einheiten

$\hbar = 1{,}055 \cdot 10^{-34}$ Ws²	Plancksches Wirkungsquantum
$m = 9{,}110 \cdot 10^{-31}$ kg	Ruhemasse des Elektrons
$e = -1{,}602 \cdot 10^{-19}$ As	Ladung des Elektrons
$\epsilon^2 = \dfrac{e^2}{4\pi\varepsilon_0}$	Kopplungskonstante der Coulomb-Wechselwirkung (ϵ^2/r, $4\pi\epsilon^2/q^2$)
$k_B = 1{,}381 \cdot 10^{-23}$ Ws/K	Boltzmann-Konstante
$a_0 = \dfrac{\hbar^2}{m\epsilon^2} = 0{,}5292 \cdot 10^{-10}$ m	Bohrscher Radius (atomare Länge)
$ryd = \dfrac{\hbar^2}{2ma_0^2} = \dfrac{\epsilon^2}{2a_0} = 13{,}60535$ eV	Rydberg (atomare Energie)

Charakteristische Größen des Elektronengases

$n = N/\mathcal{V}$	Dichte
$r_s = \sqrt[3]{3/4\pi n}/a_0$	dimensionsloser Dichteparameter
$k_F = \sqrt[3]{3\pi^2 n}$	Fermi-Wellenzahl
$\varepsilon_F^0 = (\hbar k_F)^2/2\,m$	Fermi-Energie
$D_F^0 = 3/2\varepsilon_F^0$	Fermi-Zustandsdichte
$q_{TF} = \sqrt{D_F^0 4\pi\epsilon^2 n}$	Thomas-Fermi-Wellenzahl
$\omega_{pl} = \sqrt{4\pi\epsilon^2 n/m}$	Plasmafrequenz
$v_q = 4\pi\epsilon^2/q^2$	Fouriertransformierte Coulomb-Wechselwirkung

Sachverzeichnis

Ergänzung zu Seite 71, erster Absatz

Besonders effektiv ist die ASA-Näherung (atomic sphere approximation), in der die WS-Zellen durch sich geringfügig überlappende WS-Kugeln ersetzt werden. Bei Weglassen der Hybridisierung entstehen kanonische Bänder, die für einen bestimmten Gittertyp charakteristisch sind. Die Bandstruktur für ein konkretes Metall entsteht daraus durch eine kontinuierliche Maßstabänderung der Energieskala (entsprechend der Energieabhängigkeit der Streuphasen).

FSC
www.fsc.org
MIX
Papier | Fördert
gute Waldnutzung
FSC® C083411

Zeitfracht Medien GmbH
Ferdinand-Jühlke-Straße 7
99095 Erfurt, Deutschland
produktsicherheit@kolibri360.de